工程材料及机械制造基础 Ⅱ

（热加工工艺基础）

王俊昌　王荣声　主　编
刘景武　谭建波　副主编

机 械 工 业 出 版 社

本书是根据国家教委高等教育司1995年5月3日印发的《教高司〔1995〕82号》通知，关于《工程材料及机械制造基础课程教学基本要求》（机械类专业适用）中"工程材料及机械制造基础Ⅱ（热加工工艺基础）"部分的指导精神编写的。内容包括：铸造、锻压、焊接、毛坯选择与质量检验四章及实验指导。各章后附有复习思考题。

本教材可作为高等工科院校机械类本科教材，也可作为机械类专科教材，并可供成人高等教育及工程技术人员选用和参考。

图书在版编目（CIP）数据

工程材料及机械制造基础Ⅱ：热加工工艺基础/王俊昌，王荣声主编. —北京：机械工业出版社，1998.2（2023.7重印）

ISBN 978-7-111-05878-6

Ⅰ.工… Ⅱ.①王… ②王… Ⅲ.①工程材料②机械制造工艺③热处理-工艺 Ⅳ.TH

中国版本图书馆CIP数据核字（97）第17655号

机械工业出版社（北京市百万庄大街22号 邮政编码100037）
责任编辑：吴天培 王华庆 版式设计：张世琴 责任校对：张莉娟
封面设计：姚 毅 责任印制：单爱军
北京虎彩文化传播有限公司印刷
2023年7月第1版第21次印刷
184mm×260mm · 12.25印张 · 295千字
标准书号：ISBN 978-7-111-05878-6
定价：39.80元

电话服务 网络服务
客服电话：010-88361066 机 工 官 网：www.cmpbook.com
010-88379833 机 工 官 博：weibo.com/cmp1952
010-68326294 金 书 网：www.golden-book.com
封底无防伪标均为盗版 机工教育服务网：www.cmpedu.com

前　言

本教材是依据国家教委高教司（1995）82号通知精神编写的《工程材料及机械制造基础》系列教材（共四册）之一。与之配套的有机械工业出版社出版的《工程材料及机械制造基础Ⅰ（工程材料）》（相瑜才、孙维连主编），《工程材料及机械制造基础Ⅲ（机械加工工艺基础）》（陈玉琨、赵云筑主编），《工程材料及机械制造基础（实习教材）》（王荣声、陈玉琨主编）。

本书内容包括：铸造、锻压、焊接、毛坯选择与质量检验等四章及实验指导。使用本书时可根据各院校、各专业的特点进行必要的调整或增删。

为适应高等学校工科专业教学改革的要求，按照“基本要求”的“了解”、“熟悉”、“掌握”的指导精神，在传统的金属工艺学教材基础上，作了以下各方面的调整。

1. 注意了系列教材各分册内容的分工、衔接和配合，避免不必要的重复或脱节。有关工种的操作、设备、工具等的叙述，尽量安排在实习教材中，实习教材中未编入部分本书做了适当补充。讲课应安排在金工实习之后。

2. 侧重于应用理论和应用技术，强调理论联系实际，加强综合、归纳、运用和培养能力的结合，增加了插图、表格，力求便于自学。

3. 将实验编入教材，并尝试性地将部分实验移至实习教材中去。各章后附有适当深度的复习思考题。

4. 注意了各种加工的经济性分析，以培养学生的经济观点，适应市场经济。

本书由王俊昌、王荣声任主编，刘景武、谭建波任副主编，孙新学、弋景刚参加了编写工作。

全书由田振祥教授担任主审。

本书在编写过程中，得到了全国金工研究会、河北省金工研究会，有关院校及厂矿企业各界前辈及同仁的大力支持和协助，在此一并表示感谢。

由于编者的水平有限，书中难免出现错误及不妥之处，恳请广大读者和有关同志批评指正。

目　录

第一章 铸 造

熔炼金属，制造铸型，并将熔融金属浇人铸型，凝固后获得一定形状和性能铸件的成形方法，称为铸造。铸造是一门应用科学，广泛用于生产机器零件或毛坯，其实质是液态金属逐步冷却凝固而成形，具有如下优点：

1）可以生产出形状复杂，特别是具有复杂内腔的零件毛坯，如各种箱体、床身、机架等。

2）铸造生产的适应性广，工艺灵活性大。工业上常用的金属材料均可用来进行铸造，铸件的重量可由几克到几百吨，壁厚可由0.5mm到1m左右。

3）铸造用原材料大都来源广泛，价格低廉，并可直接利用废机件，故铸件成本较低。

但是，液态成形也给铸件带来某些缺点，如铸造组织疏松、晶粒粗大，内部易产生缩孔、缩松、气孔等缺陷。因此，铸件的力学性能，特别是冲击韧度低于同种材料的锻件。加之铸造工序多，且难于精确控制，使得铸件质量不够稳定。同时铸造的劳动条件差。

尽管铸造存在着上述缺点，然而其优点是显然的，故铸造在工业生产中得到广泛应用。现代各类机器设备中，铸件所占的比例很大，如在机床、内燃机中，铸件占机器总重的70%～80%，在一些重型机械中，铸件可占总重的90%以上。

我国铸造生产有着悠久的历史。早在三千多年前，青铜铸器已有应用，二千五百年前，铸铁工具已经相当普遍。例如，始建于公元856年的河北正定隆兴寺内的铜佛菩萨，高22m余，42臂，重120t，是我国古代最大的佛像，且造型生动逼真，是一尊难得的佛教艺术珍品；再如制造于公元953年的河北沧州铁狮子，身高5.4m，长6.5m，宽3m，重40t，颈下及体外铸有“狮子王”“大周广顺二年铸”等字样，腹内还铸有金刚经文，雄伟壮观，具有极高的艺术价值，充分体现了我国古代劳动人民精湛的铸造技艺。大量历史文物显示出我国古代劳动人民在世界铸造史上作出的卓越贡献，如泥型、金属型、失蜡型三大铸造技术就是我国的创造。

随着铸造技术的发展，除了机器制造业外，在公共设施、生活用品、工艺美术和建筑等国民经济各个领域，也广泛采用着各种铸件。因此，学习铸造技术，研究铸造理论，发展铸造事业是非常重要的。

第一节 合金的铸造性能

铸造生产的目的在于制造合格的铸件，而这一目的的顺利实现，合金的铸造性能起着决定性的影响。铸造性能是合金在铸造生产中所表现出来的工艺性能，它是合金的流动性、收缩性、偏析和吸气性等性能的综合体现。其中流动性和收缩性对铸件的质量影响最大。

一、流动性和充型能力

（一）合金的流动性

1. 流动性　流动性是指熔融金属的流动能力。它是影响熔融金属充型能力的因素之一。

流动性好的合金，易于充满薄而复杂的铸型型腔，便于浇注出轮廓清晰的铸件，减少浇不到、冷隔等缺陷；有利于液体金属中气体和非金属夹杂物的上浮与排出，减少气孔、夹杂缺陷的产生；有利于对合金冷凝过程中所产生的收缩进行补缩，从而减少铸件中诸如缩孔、缩松及凝固后期所产生的热裂纹等铸造缺陷。因此，在铸件设计、选择合金和制定铸造工艺时，常常需要考虑合金的流动性。

合金流动性的好坏，通常以"螺旋形流动性试样"的长度来衡量，见图 1-1。将金属液体浇入螺旋形试样铸型中，在相同的浇注条件下，合金的流动性愈好，所浇出的试样愈长。

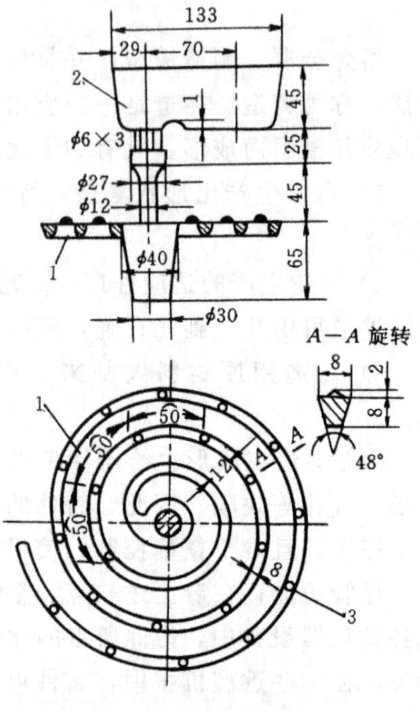

图 1-1　螺旋形试样

1—试样铸件　2—浇口

3—试样凸点

2. 流动性的影响因素　流动性是合金本身的属性，其影响因素很多，主要包括合金的种类、成分、结晶特征及其它物理性能。

(1) 合金的种类　表 1-1 是常用合金流动性的试验数值，可以看出，不同种类的合金，具有不同的螺旋线长度。其中灰铸铁的流动性最好，硅黄铜、铝硅合金次之，而铸钢的流动性最差。

(2) 化学成分和结晶特征　纯金属和共晶成分的合金，凝固是由铸件壁表面向中心逐层推进，凝固后的表面较平滑，对未凝固合金液体的流动阻力较小，所以流动性好，见图 1-2a。

在一定凝固温度范围内结晶的亚共晶合金，凝固时铸件壁内存在一个较宽的既有液体又有树枝状晶体的两相区。凝固温度范围越宽，则枝状晶越发达，对金属流动的阻力越大，金属的流动性就越差。这种凝固方式的示意图见图 1-2b。

表 1-1　常用合金的流动性

合金种类及化学成分	铸型种类	浇注温度/℃	螺旋线长度/mm
铸铁　w_C①+Si=6.2%	砂型	1300	1800
w_C+Si=5.9%			1300
w_C+Si=5.2%			1000
w_C+Si=4.2%			600
铸钢 w_C=0.45%	砂型	1600	100
		1640	200
铝硅合金（硅铝明）	金属型/300℃	680～720	700～800
镁合金（含 Al 及 Zn）	砂型	700	400～600
锡青铜（w_{Sn}=10% w_{Zn}=2%）	砂型	1040	420
硅黄铜（w_{Si}=1.5%～4.5%）	砂型	1100	1000

①w 表示质量分数。

铁碳合金的流动性与相图的关系，见图 1-3。图中表明，钝铁和共晶铸铁的流动性最好，亚共晶铸铁和碳素钢随着凝固温度范围增加，流动性变差。

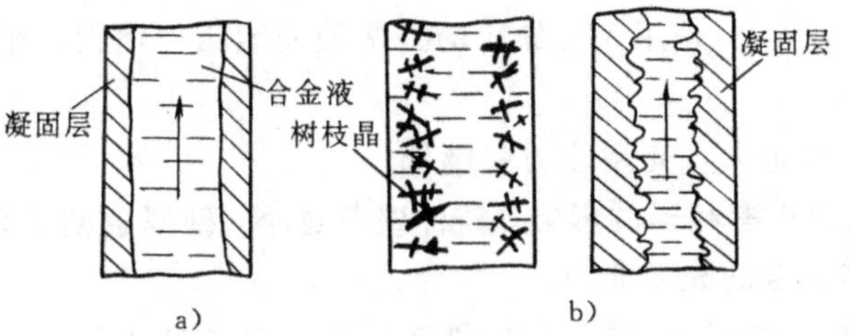

图 1-2 不同结晶特征的合金的流动性
a) 纯金属 b) 结晶温度范围宽的合金

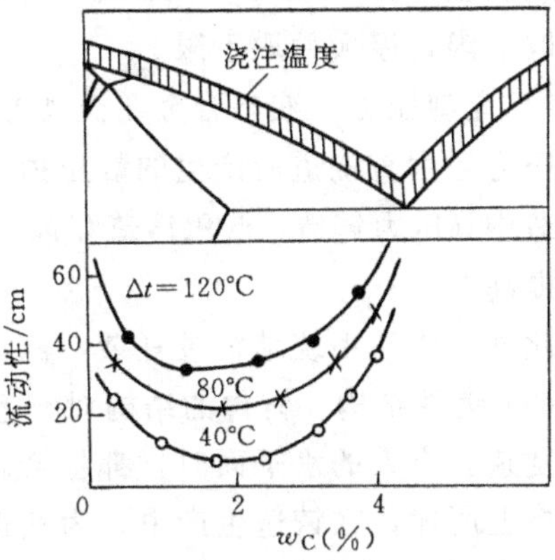

图 1-3 铁碳合金的流动性与相图的关系
Δt—温度梯度

此外，合金液的粘度、结晶潜热、热导率等物理性能对流动性都有影响，如高铬耐热钢钢液因含较多的 Cr_2O_3，使粘度显著增大，流动性很差。

（二）合金的充型能力

如前所述，合金的流动性是金属本身的属性，不依人们的意志而改变，材料一经选定，其本身的流动性即已确定。而在实际生产中，人们更加关注的是合金的另一性能——充型能力。

1. 充型能力　考虑铸型及工艺因素影响的熔融金属流动性叫合金的充型能力，即液态合金充满铸型型腔，获得形状完整、轮廓清晰铸件的能力。

在液态合金的充型过程中，有时伴有结晶发生。若充型能力不足，已形成的晶粒可能将金属流动的通道堵塞，产生浇不到、冷隔等类缺陷，造成废品。

2. 充型能力的影响因素　合金的流动性对充型能力的影响最大，此外，铸型和工艺条件也会改变合金的充型能力。

(1) 铸型填充条件　液态合金充型时，铸型的阻力将阻碍合金液的流动，而铸型与合金液之间的热交换又将影响合金保持流动的时间。故铸型对充型能力有显著影响：

1）铸型的蓄热能力　即铸型从金属液中吸收和储存热量的能力。铸型的热导率和质量热容越大，对液态合金的激冷作用越强，合金的充型能力就越差。如金属型铸造较砂型铸造容易产生浇不到等缺陷。

2）铸型温度　提高铸型温度，减少铸型和金属液之间的温差，减缓了冷却速度，可提高合金液的充型能力。

3）铸型中的气体　在金属液的热作用下，型腔中的气体膨胀，型砂中的水分汽化，有机物燃烧，都将增加型腔内的压力，如果铸型的透气性差，将阻碍金属液的充填，导致充型能力下降。

(2) 浇注条件

1）浇注温度　浇注温度对合金的充型能力有着决定性的影响。在一定范围内，随着浇注温度的提高，合金液的粘度下降，且在铸型中保持流动的时间增长，充型能力增加。因此，对薄壁铸件或流动性较差的合金，为防止浇不到和冷隔等缺陷的产生，可适当提高浇注温度。但浇注温度过高，液态合金的收缩增大，吸气量增加，氧化严重，容易导致产生缩孔、缩松、气孔、粘砂、粗晶等缺陷，故在保证充型能力足够的前提下，尽量降低浇注温度。通常，灰铸铁的浇注温度为1230℃～1380℃，铸钢为1520℃～1620℃，铝合金为680℃～780℃。复杂薄壁件取上限，厚大件取下限。

2）充型压力　液态合金在流动方向上所受的压力越大，其充型能力越好。砂型铸造时，充型压力是由直浇道所产生的静压力取得的，故增加直浇道的高度可有效地提高充型能力。特种铸造中（压力铸造、低压铸造和离心铸造等），是用人为加压的方法使充型压力增大，充型能力提高。

此外，浇注系统结构越复杂，流动阻力越大，充型能力就越低。

（3）铸件结构　铸件的结构对充型能力也有相当的影响。铸件壁厚过小，壁厚急剧变化，结构复杂，有大的水平面时，都将会影响合金的充型能力。

综上所述，在铸造生产中，为获得健全无缺陷铸件，应尽量选用流动性好的合金，同时采取措施提高合金的充型能力，如提高浇注温度和压头、合理设计浇注系统和改进铸件结构等。

二、合金的凝固与收缩

浇入铸型的金属液在其后的冷却凝固过程中，体积将会缩减，如果这种收缩得不到及时地补足，将在铸件中产生缩孔或缩松缺陷。同时，铸件中的热裂、析出性气孔、偏析、非金属夹杂等缺陷也都与合金的凝固过程有着密切的关系。为防止上述缺陷，提高铸件质量，认识合金的凝固规律具有十分重要的意义。

（一）铸件的凝固方式及影响因素

1. 铸件的凝固方式　铸造合金大都在一定温度范围内（状态图中的液相线到固相线之间）结晶凝固。在其凝固过程中，一般存有三个区域，即液相区、固相区和液固两相区（又称凝固区），其中液固两相区对铸件质量的影响最显著。通常根据液固两相区的宽窄将铸件的凝固方式分为逐层凝固方式、糊状凝固方式和中间凝固方式。

（1）逐层凝固方式　恒温下结晶的金属或合金，在凝固过程中，其铸件断面上的凝固区域宽度趋于零，断面上的固相和液相由一条界线（凝固前沿）清楚地分开，见图1-4a。随着

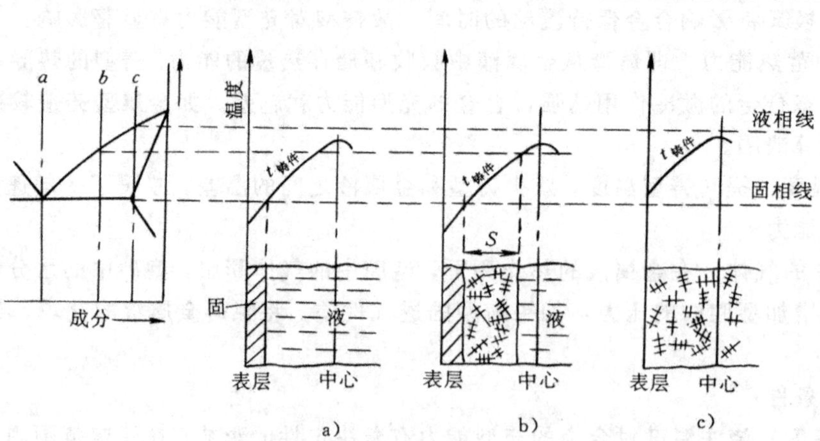

图1-4　铸件的凝固方式

a）逐层凝固　b）中间凝固　c）糊状凝固

温度的下降，固相层不断加厚，直达铸件中心，这种凝固方式称为逐层凝固方式。当铸件断面上的凝固区域很窄时，也属于逐层凝固方式。

常见合金如灰铸铁、低碳钢、工业纯铜、工业纯铝、共晶铝硅合金及某些黄铜都属于逐层凝固的合金。

呈逐层凝固方式的合金，其凝固前沿与液态金属接触（或凝固区域很窄），凝固阶段发生的收缩能及时得到液体的补足，故易获得组织致密的铸件；同时，如果凝固层因收缩受阻而产生了晶间裂纹，也很容易得到未凝固金属液的填补而弥合起来，从而大大减少了铸件的热裂缺陷；另外，呈逐层凝固方式的合金，具有良好的流动性，便于浇注出轮廓清晰的铸件。

(2) 糊状凝固方式　如果合金的凝固温度范围很宽，或铸件断面温度曲线较平坦，则其凝固区很宽，甚至在铸件凝固的某段时间内，液固并存的凝固区贯穿整个铸件断面，见图 1-4c。由于这种凝固方式与水泥相类似，即先呈糊状而后固化，故称糊状凝固方式。球墨铸铁、高碳钢、锡青铜和某些黄铜等都是糊状凝固的合金。

呈糊状凝固的铸件，当液固两相共存的糊状物变得粘稠后，树枝状等轴晶把尚未凝固的液体分割成若干互不相通的小熔池。这些液体结晶凝固时，其体积的缩减难于得到补充，于是在铸件中留下了许多分散的小孔洞（缩松）。因此通常认为呈糊状凝固方式的合金难以获得组织致密的铸件。另一方面，糊状凝固的合金树枝晶较发达，且过早地连成骨架，并开始线收缩，铸件易产生热裂。同时液体中较发达的枝晶增大了流动阻力，使合金的流动性降低。

(3) 中间凝固方式　大多数合金的凝固介于逐层凝固和糊状凝固之间（图 1-4b），称为中间凝固方式。中碳钢、高锰钢、白口铸铁等具有中间凝固方式。

2. 凝固方式的影响因素　影响铸件凝固方式的主要因素是合金的凝固温度范围和铸件结晶时的温度梯度[㊀]。

(1) 合金凝固温度范围的影响　在铸件断面温度梯度相近的情况下，凝固区域的宽度取决于合金的凝固温度范围。凝固区域的宽度可根据合金状态图上液相线和固相线之间的垂直距离直接判断，如两条相线交叉在一起（纯金属或共晶成分合金），或间距很小，则金属趋于逐层凝固；如两条相线之间的距离很大，则趋于糊状凝固；如两条相线间距离较小，则趋于中间凝固方式。

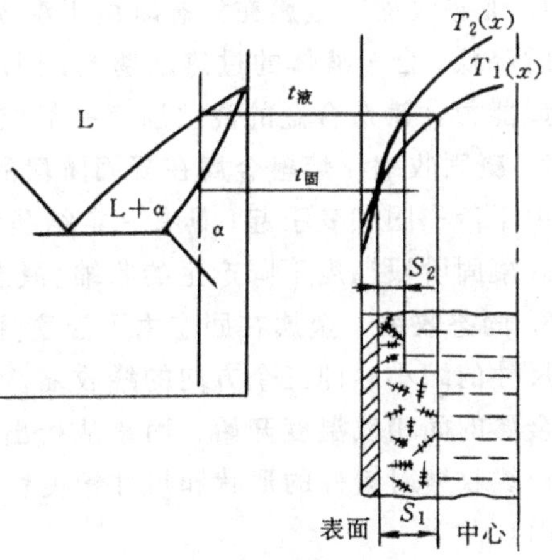

图 1-5　温度梯度对凝固区域的影响

(2) 铸件温度梯度的影响　当合金的化学成分确定之后，其凝固温度范围即已确定，铸件断面的凝固区域宽度则决定于铸件的温度梯度。较大的温度梯度可以使凝固区域变窄

㊀ 温度场内任一点温度与沿等温面（线）法线方向的任一点单位距离之间的温度差称温度梯度，常以单位距离若干℃表示。

(图 1-5)，如加大铸型的蓄热能力和激冷能力以及降低金属液的浇注温度，都可以增大铸件断面的温度梯度，使合金的凝固方式向逐层凝固转化；反之，铸件的凝固方式则向糊状凝固转化。故温度梯度是凝固方式的重要调节因素。

通过以上分析可以看出，倾向于逐层凝固的合金便于铸造，容易生产出优质铸件，故应尽量选用；当必须选用倾向于糊状凝固的合金时，则可考虑采用适当的工艺措施，提高铸件断面的温度梯度，以减小其凝固区域。

（二）铸造合金的收缩

铸造合金从液态冷却到室温的过程中，其体积和尺寸缩减的现象称为收缩。收缩是铸造合金的物理性能，是多种铸造缺陷（缩孔、缩松、残余内应力、变形、裂纹）产生的基本原因。

合金的收缩量通常用体收缩率或线收缩率来表示。当合金由温度 t_0 下降到 t_1 时，其体收缩率和线收缩率分别为：

$$\varepsilon_V=\frac{V_{模}-V_{铸件}}{V_{模}}\times 100\%=\alpha_V(t_0-t_1)\times 100\%$$

$$\varepsilon_L=\frac{L_{模}-L_{铸件}}{L_{模}}\times 100\%=\alpha_L(t_0-t_1)\times 100\%$$

式中 ε_V——体收缩率；

ε_L——线收缩率；

$V_{模}$、$V_{铸件}$——合金在 t_0、t_1 时的体积/cm^3；

$L_{模}$、$L_{铸件}$——合金在 t_0、t_1 时的长度/cm；

α_V、α_L——合金在 t_0 至 t_1 温度范围内的体胀系数和线胀系数（1/℃）。

铸造合金从浇注、凝固、冷却到室温的过程中，其收缩经历如下三个阶段：

1. 液态收缩　金属在液态时由于温度降低而发生的体积收缩。此时的收缩表现为型腔内液面的降低，合金液体的过热度越大，则液态收缩也越大。为减小合金的液态收缩及吸气，兼顾充型能力，铸造合金的浇注温度一般控制在高于液相线 50℃～150℃。

2. 凝固收缩　熔融金属在凝固阶段的体积收缩。纯金属及恒温结晶的金属，其凝固收缩单纯由于液—固相变引起；具有一定结晶温度范围的合金，则除液—固相变引起的收缩之外，还有因凝固阶段温度下降产生的收缩。液态收缩和凝固收缩是铸件产生缩孔缩松的基本原因。

3. 固态收缩　金属在固态由于温度降低而发生的体积收缩。固态体积收缩表现为三个方向线尺寸的缩小，即三个方向的线收缩。所以固态收缩一般用线收缩率来表示。但线收缩并非从金属的固相线温度开始，而是从析出的枝晶搭成骨架时开始，这一温度称为线收缩起始温度。线收缩对铸件的形状和尺寸精度影响很大，是铸造应力、变形和裂纹等缺陷产生的基本原因。

（三）影响收缩的因素

合金的总体积收缩为液态收缩、凝固收缩和固态收缩之和，其主要影响因素有合金的化学成分、浇注温度、铸型结构和铸型条件等。

1. 化学成分　不同成分的合金其收缩率一般也不相同。常见铁碳合金的体积收缩率，见表 1-2。

表 1-2　几种铁碳合金的体积收缩率　　(%)

合金种类	碳的质量分数	浇注温度/℃	液态收缩	凝固收缩	固态收缩	总体积收缩
碳素铸钢	0.35	1610	1.6	3	7.86	12.46
白口铸铁	3.0	1400	2.4	4.2	5.4～6.3	12～12.9
灰铸铁	3.5	1400	3.5	0.1	3.3～4.2	6.9～7.8

在常用铸造合金中铸钢的收缩最大，灰铸铁最小。这是因为灰铸铁结晶时所含碳大多以石墨形态析出，石墨质量体积大，使铸铁体积膨胀（每析出质量分数为1%的石墨，铸铁的体积约增加2%），因而抵消了一部分收缩。凡有利于石墨形成的元素都将减小铸铁的收缩。

2. 浇注温度　合金浇注温度越高，过热度越大，液体收缩越大。

3. 铸件结构与铸型条件　铸件冷却收缩时，因其形状、尺寸的不同，各部分的冷却速度不同，导致收缩不一致，且互相阻碍，又加之铸型和型芯对铸件收缩的阻力，故铸件的实际收缩率总是小于其自由收缩率。这种阻力越大，铸件的实际收缩率就越小。

（四）收缩对铸件质量的影响

1. 缩孔和缩松　铸件凝固过程中，其液态收缩和凝固收缩所减少的体积如果得不到及时的补充，则在铸件最后凝固的部位形成一些孔洞。大而集中的孔洞叫缩孔，细小而分散的孔洞叫缩松。缩孔和缩松的形成，降低了铸件的力学性能和气密性，严重时可能使铸件成为废品。

（1）缩孔的形成　缩孔总是出现在铸件上部或最后凝固的部位，其外形特征是：内表面粗糙，形状不规则，多近于倒圆锥形。通常缩孔隐藏于铸件的内部，有时经切削加工才能暴露出来。

纯金属和接近共晶成分的金属易形成缩孔，现以圆柱形铸件为例说明缩孔的形成过程，见图 1-6。

液态金属充满铸型型腔，降温时发生液态收缩，其减小的体积可以从浇注系统中得到补尝，见图 1-6a。

由于铸型的吸热，靠近型腔表面的金属率先凝固结壳，此时内浇道被冻结，见图 1-6b。

体系向外界散失热量，凝固层加厚，但封闭于硬壳内的液体金属因液态收缩和补充凝固层的凝固收缩，体积减小，液面下降，硬壳内出现空隙，见图 1-6c。

铸件凝固依次进行，硬壳层逐渐加厚，液面不断下降。此时若下降的液面得不到液体金属的补足，当铸件全部凝固后，在其上部形成了一个倒圆锥形的孔洞——缩孔，见图 1-6d。

已形成缩孔的铸件继续冷却到室温时，由于固态收缩，铸件的外形轮廓有所减小，缩孔的体积亦有所减小，但缩孔体积与铸件体积的比值保持不变，缩孔被保留下来，见图 1-6e。

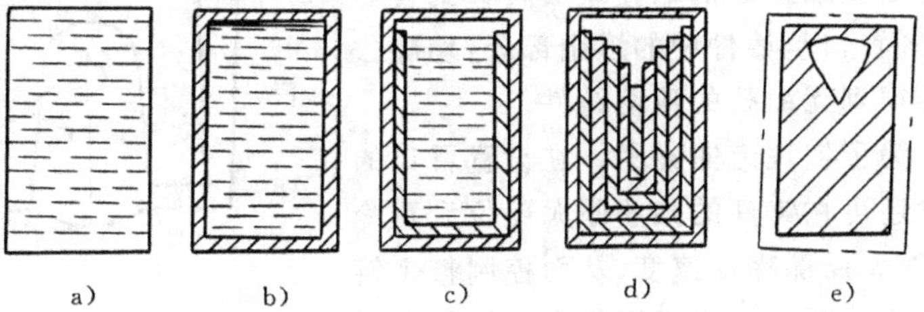

图 1-6　缩孔形成过程示意图

由以上分析可看出，缩孔形成的主要原因是液态收缩和凝固收缩。

（2）缩松的形成　如前所

述，缩松是分散在铸件某区域内的细小孔洞，可分为宏观缩松和显微缩松两种，见图 1-7。

宏观缩松多分布在铸件最后凝固的部位，如铸件的中心轴线处或缩孔的下方，用肉眼或借助于放大镜可以看出；显微缩松则是存在于在晶粒之间的微小孔洞，这种缩松的分布面积更为广泛，有时遍及整个截面，只有借助显微镜才能观察出来。

缩松的形成过程是在铸件结晶后期，其厚大截面的内部、尤其是凝固范围较宽的合金有一个较宽的液固两相区，继续凝固时，晶体不断长大，直至互相接触，此时互相接触的固体将液相分割成许多封闭的小区，封闭区内的金属液凝固收缩时无法得到补充，故最后形成一个个微小的分散孔洞，即缩松。如同缩孔一样，形成缩松的主要原因也是液态收缩和凝固收缩所致。

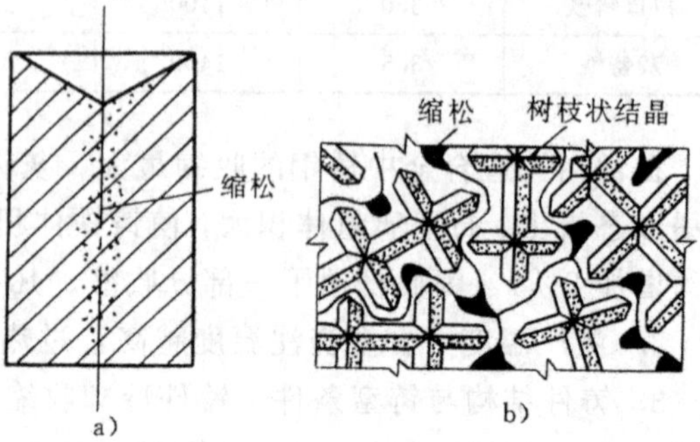

图 1-7　缩松示意图

a）宏观缩松　b）微观缩松

不同铸造合金形成缩孔和缩松的倾向不同。纯金属和接近共晶成分的合金倾向于逐层凝固方式，容易产生集中的缩孔；而凝固温度范围较宽的合金，如白口铸铁，则倾向于糊状凝固方式，容易产生分散的缩松。在生产中可以采取一定的工艺措施，控制铸件的凝固方式，使铸件中的缩孔和缩松在一定的范围内互相转化。

(3) 缩孔、缩松的防止措施　缩孔是铸件中的重要缺陷，它导致铸件的力学性能下降，甚至报废；而缩松虽对于一般铸件不做为缺陷对待，但对于气密性要求较高的铸件，例如承受液压和气压的铸件，则应设法将其减少，以防止铸件因发生渗漏等现象而报废。

产生缩孔、缩松的主要原因是液、凝固态收缩，而收缩是铸造合金的物理本性，在一定条件下其收缩容积是不能改变的。但生产中可以通过采取下列工艺措施，避免在铸件中产生缩孔、缩松缺陷。

1) 采用定向凝固的原则　所谓定向凝固，是使铸件按规定方向从一部分到另一部分逐渐凝固的过程。因为铸件中的缩孔总是出现在最后凝固的部位，采取工艺措施，在铸件最后凝固的部位加设冒口（冒口是指铸型中储存供补缩用熔融金属的空腔，也指该空腔中充填的金属）。使铸件从远离冒口的部分到冒口之间建立一个逐渐递增的温度梯度，从而实现由远离冒口的部位向冒口的方向定向地凝固，见图 1-8。这样，铸件的每一部分的收缩都能得到稍后凝固部分的金属液的补充，而将由收缩造成的缩孔最后转移到冒口中去。冒口是铸件中的多余部分，切除去后便得到无缩孔的致密铸件。

为了实现定向凝固，在设置冒口的同时还可在铸件的某些厚大部位设置冷铁，加大局部冷却速度，从而控制整个铸件的凝固顺序，使可能产生的缩孔向冒口方向转移，见图 1-9。

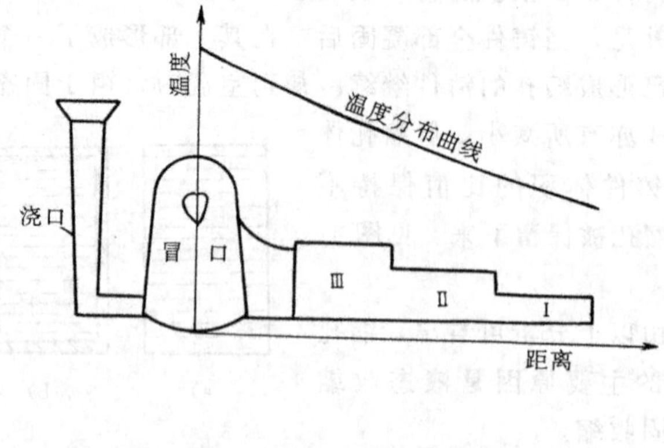

图 1-8　定向凝固原则示意图

冒口和冷铁的合理使用，可造成铸件的定向凝固，有效地消除缩孔、缩松（主要是宏观缩松）缺陷，故广泛应用于收缩大或壁厚差较大的易产生缩孔的铸件，如铸钢、高强度铸铁和可锻铸铁等。但定向凝固使铸件各部分的温差加大，容易导致变形、裂纹等缺陷的产生。

2）合理确定铸件的浇注位置、内浇道位置及浇注工艺　铸件的浇注位置要符合铸件的凝固原则，例如，当铸件的壁厚不均匀需要补缩时，应从定向凝固原则出发，将铸件的厚大部位放到上面或侧面，以便安放冒口进行补缩。

内浇道的位置对铸件各部分的温度分布影响极大，应尽量使内浇道开设在铸件的厚壁处或靠近冒口，以加强铸件的定向凝固和冒口的补缩作用。

合理选择浇注温度和浇注速度，在不增加其它缺陷的前提下，尽量降低浇注温度和浇注速度，以减少金属的液态收缩量。

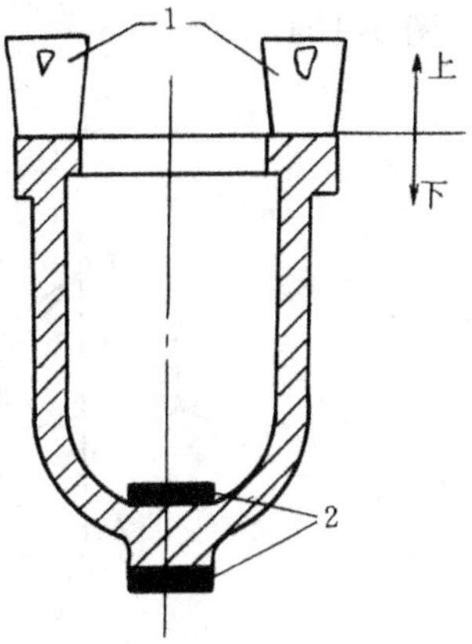

图 1-9　冒口、冷铁的应用
1—冒口　2—冷铁

2. 铸造应力、变形和裂纹　在铸件的凝固以及以后的冷却过程中，随温度的不断降低，收缩不断发生，如果这种收缩受到阻碍，就会在铸件内产生应力，引起变形或开裂，这种缺陷的产生，将严重影响铸件的质量。

（1）铸造应力的产生　铸造应力按其产生的原因可分为三种：

1）热应力　铸件在凝固和冷却过程中，不同部位由于不均衡的收缩而引起的应力。若铸件的各部分壁厚不均匀，则各部分的冷却速度不同，在同一时期内铸件各部分的收缩不一致。但铸件各部分彼此相连，相互制约，不能自由收缩，因而产生热应力。

框形铸件热应力的形成过程，见图 1-10。

图示框形铸件由中间的粗杆Ⅰ、两侧完全相同的细杆Ⅱ以及联系它们的上、下横梁所组成（图 1-10b)。铸件凝固时，粗细两杆均从同一温度 T_1 开始冷却。由于两杆厚度不一致，故其冷却速度不同，但最后两杆必定达到同一温度 T_0（室温）。这必然是细杆Ⅱ前期的冷却速度大于厚杆Ⅰ，而后期则是厚杆Ⅰ的冷却速度大于细杆Ⅱ，两杆的固态冷却曲线见图 1-10a。

图 1-10a 中，T_k 是金属弹、塑性转变的临界温度（例如钢和铸铁为 620～650℃），合金在此温度之上处于塑性状态，其下则处于弹性状态。

① 塑性阶段（$t_0 \sim t_1$）：此阶段粗杆Ⅰ和细杆Ⅱ均处于塑性状态。细杆降温较快，若能自由收缩，其收缩量必定会大于粗杆而变得比粗杆短；由于粗细杆之间有横梁联系，互相制约，两者只能收缩到同一长度。此时粗杆受压产生压应力，而细杆受拉产生拉应力（图 1-10c)。但由于此时粗细杆均处于塑性状态，所产生的瞬时应力通过其本身的塑性变形而自行消失，故此阶段铸件内不残留应力。

② 弹、塑性阶段（$t_1 \sim t_2$）：Ⅱ杆冷却较快，率先进入弹性状态，而Ⅰ杆由于冷却速度较慢仍停留在塑性状态。此阶段粗、细杆的收缩亦不相同，通过横梁的作用，收缩快的杆内产生拉应力，收缩较小的产生压应力。但由于厚杆Ⅰ处于塑性状态，在应力的作用下其发生微量塑性变形，以缓解所产生的应力，故此阶段铸件内亦不产生残留应力（图 10d)。

③ 弹性阶段（$t_2 \sim t_3$）：当铸件冷却到更低温度时，粗、细杆均进入弹性状态。此时粗杆

Ⅰ的温度高于细杆Ⅱ，在其后的冷却过程中Ⅰ、Ⅱ杆降到同一温度时，粗杆的收缩量必定会大于细杆。但由于横梁的作用，Ⅰ、Ⅱ杆必须保持同一长度，故粗杆的收缩受到细杆的强烈阻碍，其内产生拉应力，同时细杆内亦产生压应力。这种应力被保存在铸件内部，形成热应力（图 1-10e）。

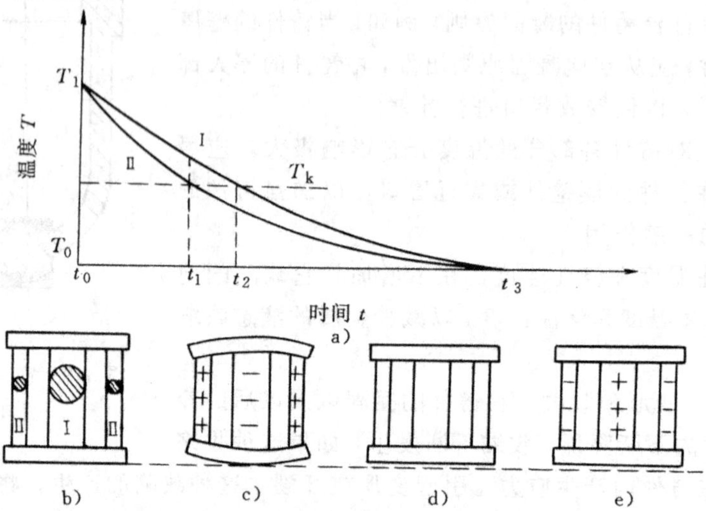

图 1-10　框形铸件热应力形成过程

＋表示拉应力　－表示压应力

由以上分析可以看出，铸件壁厚不均匀，凝固冷却后其内将产生残余内应力。内应力的性质为：横截面积较大的厚大部分受到拉伸，产生拉应力；而横截面积较小的细薄部分受到压缩，产生压应力，铸件的壁厚差别越大，合金的线收缩率越高，弹性模量越大，则铸件内产生的热应力就越大。

2）固态相变应力　铸件由于固态相变，各部分体积发生不均衡变化而引起的应力。铸件在凝固以后的冷却过程中如果有固态相变发生（例如钢和 铸铁的共析转变），则晶体的体积就会发生变化。若此时铸件各部分温度均匀一致，则相变同时发生，可能不产生应力；若铸件壁厚不均，冷却过程中存在着温度差，则各部分的相变不同时发生，其体积变化不均衡而导致产生相变应力。

3）收缩应力　铸件在固态收缩时，因受到铸型、型芯、浇冒口、箱挡等外力的阻碍而产生的应力。图 1-11 所示的套筒铸件中，筒身及内孔在固态收缩中将受到型砂和型芯的机械阻碍，其内部将产生拉应力。

收缩应力一般为临时应力，随着造成收缩应力原因的解除，如铸件落砂清理后，应力自行消除。但如果收缩应力大于相应温度下的强度极限时将会导致裂纹。

综上所述，铸造应力是热应力、固态相变应力和收缩应力的矢量和。根据不同情况，三种应力有时互相抵消，有时互相叠加，有的是临时性的，有的则残留下来。铸件铸出后存在于铸件不同部位的内应力称为残留应力。

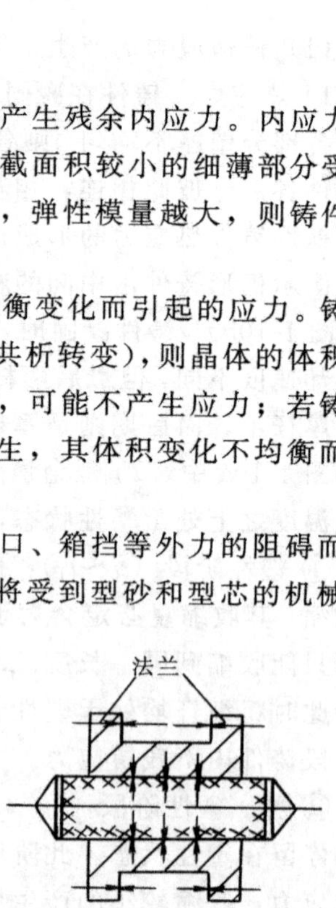

图 1-11　受砂型和型芯阻碍的铸件

（2）铸造应力的防止和消除措施　铸造应力的存在对铸件的危害极大，它将影响铸件的精度和使用寿命，甚至导致铸件的变形和开裂。减小和消除 铸造应力的方法如下：

1）采用同时凝固的原则　铸造应力的产生，总是和铸件不均匀地凝固冷却有关，预防热应力的基本途径是尽量减少铸件各部位间的温度差，采用同时凝固的原则。同时凝固是指通过设置冷铁、布置浇口位置等工艺措施，使铸件各部分在凝固过程中温差尽可能小。如图 1-12 所示，浇口开在薄壁处，厚壁处安放冷铁，从而实现同时凝固。

采用同时凝固原则可以有效地减小铸造应力，同时不用或少用冒口，工艺简单，节省金属。但同时凝固往往使铸件中心区域出现缩松，影响铸件的致密性。故同时凝固一般主要应用于收缩较小的合金，如灰铸铁以及对气密性要求不高的铸件。

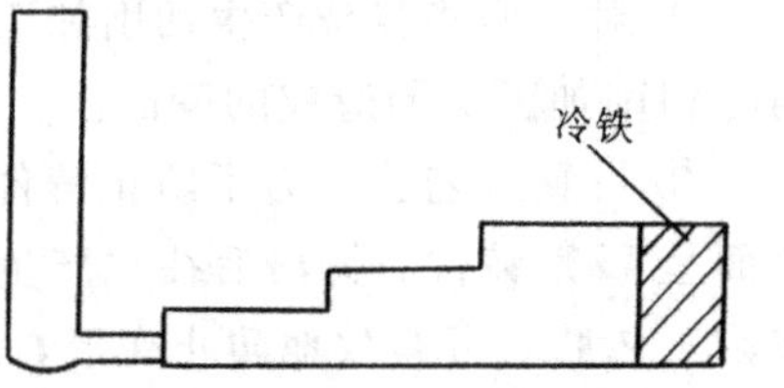

图 1-12　同时凝固原则

2）提高铸型温度　使整个铸件缓慢冷却，以减小铸型各部分的温度差。

3）改善铸型和型芯的退让性　避免铸件在凝固后的冷却过程中受到机械阻碍。

4）进行去应力退火　这是一种消除铸造应力最彻底的方法。

（3）铸件的变形和防止　如前所述，存有热应力的铸件，其厚大的部分受拉伸，薄的部分受压缩。但铸件的这种状态是不稳定的，它总是力图通过变形来减缓应力，以达到稳定状态。显然，只有原来受压的部分伸长、受拉的部分缩短，才能缓解铸件中的残留应力。

1）铸件变形　图 1-13 所示为铸件变形示意图。图 a 和图 b 为壁厚不同的相连 T 形杆铸件，当杆Ⅰ厚杆Ⅱ薄时，冷却凝固后厚杆Ⅰ内产生拉应力，而薄杆Ⅱ内产生压应力。两杆都有力图恢复原状的趋势，若铸件的刚度不够，则厚杆Ⅰ内凹变短，薄杆Ⅱ外凸，整个铸件发生弯曲变形，见图 1-13a；反之，当杆Ⅰ薄而杆Ⅱ厚时，则将发生反向翘曲，见图 1-13b。图 1-13c 为大平板铸件，尽管其壁厚均匀，但其中心部分的冷却速度低于边缘的冷却速度，故冷却速度慢的中心部分受拉应力，而边缘处则受压应力的作用；除具有反膨胀物理性质的合金（如灰铸铁、锑、铋等）外，一般铸型下面比上面先凝固，铸件产生如图所示的翘曲变形。

2）切削加工变形　存有内应力的铸件在铸态下虽无明显变形，但经切削加工后，应力重新分布，反而会产生新的变形甚至开裂。这种经切削加工后产生的变形称为切削加工变形。

图 1-14 所示圆柱体铸件，浇注后的冷却凝固过程中，心部较表层冷却速度慢，故铸件的心部产生拉应力（+），表层产生压应力（－）（图 1-14a），两种应力处于平衡态。

如车削此铸件的外圆，当外表面被加工掉一层后，心部所受拉应力减小，铸件缩短（图 1-14b）；如在此铸件的中心钻孔，表层所受压应力减小，铸件变长（1-14c）；若侧面刨去一层，则会产生图 1-14d

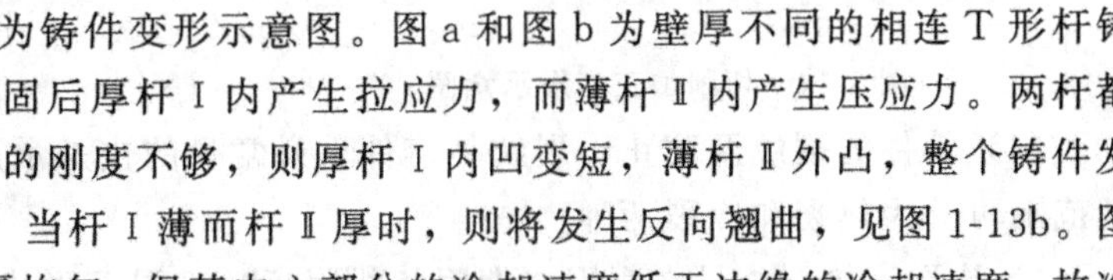

图 1-13　铸件变形示意图

a）、b）T 形杆铸件　c）平板铸件

所示的弯曲变形。

3）铸件变形的防止　铸件变形的根本原因在于铸造应力的存在，消除铸造应力的工艺措施也是防止变形的根本方法。此外，工艺上亦可采取一些方法来防止铸件变形的发生。

① 采用反变形法　铸件在铸造应力的作用下，特别是壁厚不均匀的长杆形铸件以及大平板铸件，极易发生翘曲变形从而导致加工余量不足而报废。为防止这种现象的发生，可在模样上做出与翘曲量相等而方向相反的预变形量来抵消铸件的变形，此种方法谓之反变形法。

② 对于那些容易产生切削加工变形的铸件，一定要先进行去应力退火，稳定铸件尺寸，以消除切削加工变形造成的废品。

③ 设置工艺肋　为了防止铸件的铸态变形，可在容易变形的部位设置工艺肋。图 1-15 为断面呈 U 形铸件，铸出后往往产生变形，开口尺寸增大，为了防止这类铸件缺陷，在开口处增设工艺肋，可有效地防止变形，工艺肋在铸件消除应力后割掉。

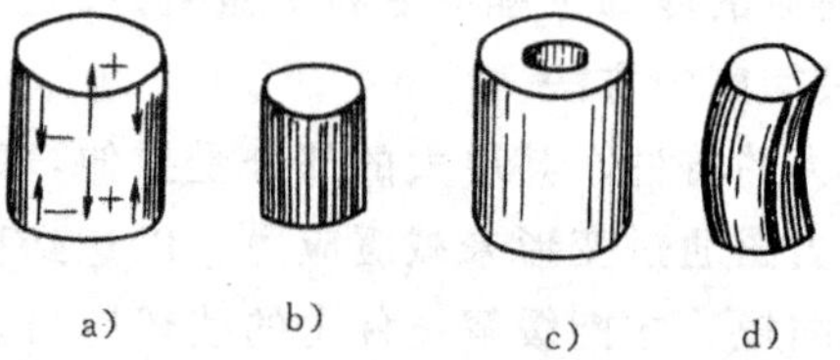

图 1-14　切削加工变形示意图

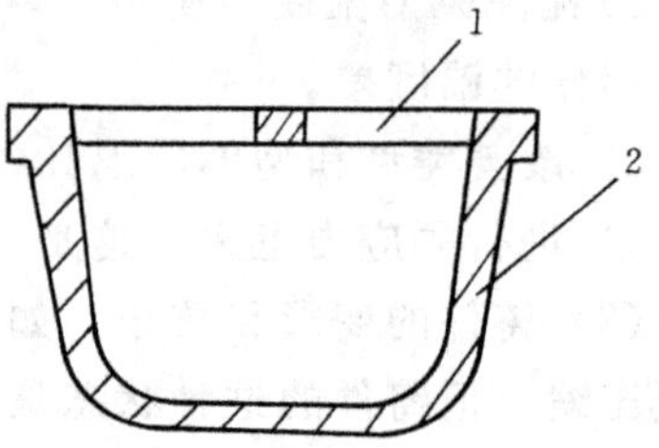

图 1-15　U 型铸件外壳上的拉肋

1—拉肋　2—铸件

(4) 铸件的裂纹及防止　裂纹是铸件上最常见的也是最严重的铸造缺陷，按其形成的温度范围可分为热裂和冷裂两种。

1）热裂　热裂纹是在凝固末期固相线附近的高温下形成的，裂纹沿晶界产生和发展，故其外形曲折短小，裂纹缝内表面呈氧化色。热裂纹一般分布在铸件上易产生应力集中的部位（内尖角、断面突变处）或铸件热节附近。铸钢件、可锻铸铁件以及某些铸造铝合金件容易产生热裂纹缺陷。

铸件凝固末期，固态合金已形成了完整的骨架，但晶粒之间尚存有少量液体，此时的强度、塑性极低。当固态合金的线收缩受到阻碍，产生的应力若超过该温度下合金的强度，即产生热裂。

2）冷裂　冷裂是铸件处于弹性状态时，铸造应力超过合金的强度极限而产生的。冷裂纹常常是穿过晶体而不是沿晶界断裂，裂纹细小，外形呈连续直线状或圆滑曲线状，且裂纹缝内干净，有时呈轻微氧化色。冷裂往往出现在铸件受拉伸的部位，特别是在有应力集中的地方。脆性大、塑性差的合金，如白口铸铁、高碳钢及某些合金钢最易产生裂纹，大型复杂铸件也容易产生冷裂纹。

带轮和飞轮铸件的冷裂纹示意，见图 1-16。带轮的轮缘、轮辐比轮毂薄，冷却速度较快，比轮毂先行收缩。当整个铸件进入弹性状态时，轮毂的收缩受到轮缘的阻碍，轮辐内产生拉应力，当其大于材料的强度极限时，轮辐发生断裂，见图 1-16a；而对于飞轮铸件，其轮缘较厚，轮缘后期的收缩将受到轮辐的阻碍而产生拉应力，在轮缘内产生裂纹，见图 1-16b。

铸件产生冷裂的倾向与铸件形成应力的大小密切相关。影响冷裂的因素与影响铸造应力的因素基本是一致的。

3）铸件裂纹的防止　裂纹是严重的铸造缺陷，往往造成铸件的报废。除了不正确地清理操作之外，裂纹缺陷产生的主要原因是铸造应力超过了材料的强度极限，故消除和防止铸造应力的所有措施都可以有效地防止裂纹缺陷的产生。

另外，铸造合金的结晶特点和化学成分对裂纹的产生均有明显的影响。合金凝固温度范围的宽窄决定了合金凝固收缩量的大小，合金的凝固范围越宽，其绝对收缩量越大，产生的热裂倾向就越大；反之，热裂倾向就小。灰铸铁和球墨铸铁由于凝固收缩甚小，故它们不易产生热裂；而铸钢、白口铸铁，由于其凝固范围较宽，故容易产生热裂缺陷。

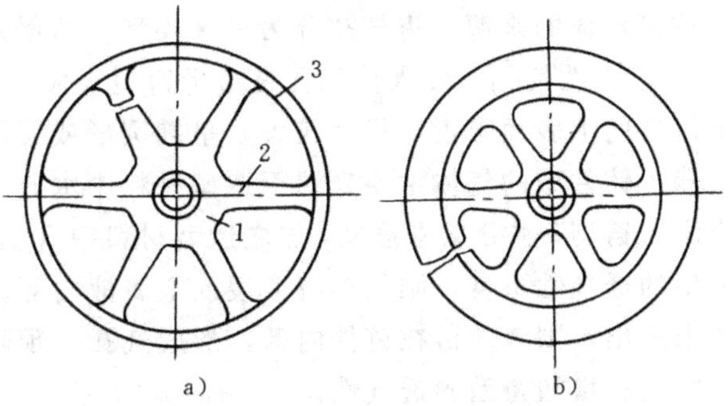

图 1-16　轮形铸件的冷裂
1—轮毂　2—轮辐　3—轮缘

钢铁中的硫、磷，因可在铸件中形成低熔点的共晶体，扩大了凝固温度范围，故含量越多，热裂倾向越大。

同时，钢铁中的磷增加了材料的冷脆性，如铸钢中磷的质量分数大于 0.1%、铸铁中磷的质量分数大于 0.5%时，因冲击韧度急剧下降，冷裂倾向将明显增加。

因此，为有效地防止铸件裂纹的发生，应尽可能采取措施减小铸造应力；在金属的熔炼过程中，严格控制有可能扩大金属凝固范围元素的加入量及钢铁中的硫、磷含量。

三、铸造合金的偏析和吸气性

1．偏析　铸件中出现化学成分不均匀的现象称为偏析。偏析可导致铸件的性能下降，严重时可造成废品。铸件的偏析可分为晶内偏析、区域偏析和体积质量偏析三类。

晶内偏析（又称枝晶偏析）是指晶粒内各部分化学成分不均匀的现象，这种偏析出现在具有一定凝固温度范围的合金铸件中。当铸件凝固时，往往初生晶轴上含熔点较高的组元多，而在枝晶的边缘上，含熔点较低的组元多，对于那些凝固范围较大的形成固溶体的合金，其晶内偏析尤为严重。为防止和减少晶内偏析的产生，在生产中常采取缓慢冷却或孕育处理的方法。若偏析已产生，则可采用扩散退火将其消除。

铸件在凝固时，与铸型壁相接触的外部先行凝固，于是靠近型壁的部分高熔点组元含量较多，而中心部分容易富集低熔点的组元和杂质。这种铸件截面的整体上化学成分和组织的不均匀，称为区域偏析。区域偏析难于采用热处理的方法予以消除，因为在实用的温度和时间内偏析元素不可能在长距离内扩散均匀。避免区域偏析的发生，主要应该采取预防措施，如控制浇注温度不要太高，采取快速冷却使偏析来不及发生，或采取工艺措施造成铸件断面较低的温度梯度，使表层和中心部分接近同时凝固。

铸件凝固过程中，如果液相和固相的体积质量相差较大，那么体积质量大的组元下沉，体积质量小的组元上浮，这种铸件上、下部分化学成分不均匀的现象称为体积质量偏析。如球墨铸铁的石墨飘浮、高铝铸铁的铝成分上浮以及铅青铜的上面富铜而下面富铅等现象都是由于体积质量偏析的缘故。为防止体积质量偏析，在浇注时应充分搅拌金属液或加速合金液的冷却，使液相和固相来不及分离，凝固即告结束。

2. 铸件中的气孔和合金的吸气　气孔是铸件中的常见缺陷，它破坏了金属的连续性，减小了铸件的有效承载面积，同时在气孔的附近引起应力集中，大大降低了铸件的力学性能及气密性。故气孔是最为严重的铸造缺陷，生产中应严格控制气孔的产生。

按照气体的来源，将气孔分为三种类型，即侵入性气孔、析出性气孔和反应性气孔。

1）侵入性气孔　侵入性气孔是由于铸型表面聚集的气体侵入金属液中而形成的孔洞。多位于铸件的上表面附近，尺寸较大，呈椭圆形或梨形，孔壁光滑，表面有光泽或有轻微氧化色。侵入铸件中的气体主要来源于造型材料中水分、有机粘结剂和各种附加物。当高温的金属液浇入铸型，水分急剧蒸发，加之造型材料中有机物的燃烧和挥发，形成了大量的气体。如果铸型的透气性不良，则气体将会侵入金属液内部。当铸件的表面已经结成硬壳，侵入的气体尚未逸出，则气体留在铸件内部，形成气孔。预防侵入性气孔的基本途径是降低造型材料的发气量和增加铸型的透气性。

2）析出性气孔　析出性气孔不同于侵入性气孔，它是溶解在金属液中的气体，在凝固时由金属液中析出而未能逸出铸件所产生的气孔。其特征是尺寸细小，多而分散，形状多为圆形、椭圆形或针状，往往分布于整个铸件断面内。析出性气孔的产生源于合金的吸气，所谓合金的吸气，是指熔融金属和固态金属溶解或结合气体的过程。气体在合金中的溶解度随温度和压力的提高而增加，特别是在液态下，能够溶解大量的气体。而在其后合金液冷凝过程中气体又逐渐析出，在合金的凝固阶段，这种析出最为剧烈。由于析出的气体所形成的气泡很小，而这时金属液的流动性已经很差，气泡较难聚集浮起，这样就在铸件中形成大量分散的小气孔。这类气孔在铸铁件中很少发现，但在非铁合金（主要是铝合金中）和铸钢中则经常存在，约占这两类合金铸件气孔缺陷总量的一半。

析出性气孔产生的主要原因是因为金属在熔炼过程中吸气过多。为减少合金的吸气，可采取以下措施：缩短熔炼时间；选用烘干过的炉料；在熔剂覆盖层下或者在真空条件下熔炼金属；对合金液进行精炼除气处理；提高铸型和型芯的透气性；降低造型材料中的含水量和对铸型进行烘干等。

3）反应性气孔　浇入铸型中的金属液与铸型材料、型芯撑、冷铁或熔渣之间，因化学反应产生气体而形成的气孔，统称反应性气孔。这种气孔经常出现在铸件表面层下1mm～2mm处，孔内表面光滑，孔径1mm～3mm。这种气孔又称为皮下气孔，它常出现在铸钢件和球墨铸铁件上。

铸钢件皮下气孔常呈针状，所以又称针孔。其产生原因在于当灼热的钢液与铸型接触时，发生如下反应

$$Fe+H_2O=FeO+2H$$

生成的氢一部分通过铸型逸出，另一部分则向钢液中扩散，使钢液表层的氢浓度达到饱和。另一方面，钢液中的氧化铁和碳发生如下反应

$$FeO+C=Fe+CO\uparrow$$

生成的CO气体不溶于钢液，常在冷铁、芯撑附近形成气孔。为防止针孔的发生，除了减少钢液中的气体含量外，还要控制铸型中的水分含量和增加铸型的透气性，以及冷铁、型芯撑表面不得有锈蚀、油污，并保持干燥。

皮下气孔是球墨铸铁的主要铸造缺陷之一，其产生原因是铁液中逸出的镁和铁液表面的硫化镁，与铸型中的水蒸气发生化学反应，生成了氢和硫化氢等气体，这些气体侵入铸件表

层，而形成了气孔缺陷。防止球墨铸铁件皮下气孔，除了减少铁液中的含气量外，要严格控制型砂水分，在保证球化的前提下尽量减少镁的加入量。提高浇注温度；在铁液表面覆盖冰晶石粉等对防止皮下气孔也有很好的效果。

第二节　常用合金铸件的生产

一、铸铁件的生产

铸铁是一系列主要由铁、碳和硅组成的合金的总称。在这些合金中，碳的质量分数超过了在共晶温度时能保留在奥氏体固溶体中的量。除铁、碳和硅外，铸铁中还含有锰、硫、磷等元素。有时为了获得特殊性能的铸铁，可加入钼、铬、铜、铝等合金元素，生产合金铸铁。铸铁是铸造生产中极为重要的合金，它大量用于制造机器，通常铸铁件占机器总重的50%以上。

（一）铸铁的分类

1. 根据碳在铸铁中的存在形式可分

（1）白口铸铁　指碳分主要以游离碳化铁形式出现的铸铁，断口呈银白色。这种铸铁组织中因存有大量莱氏体，非常硬脆，难以机械加工，故一般很少用它来制造机械零件，主要用作炼钢原料，或用于制造可锻铸铁的毛坯。

（2）灰铸铁　指碳分主要以片状石墨形式出现的铸铁，断口呈灰色。它是工业中应用最广的铸铁。

（3）麻口铸铁　指碳分部分以游离碳化铁形式出现，部分以石墨形式出现的铸铁，断口灰白色相间。这种铸铁也很硬脆，既不利于机械加工，又无特殊优异的使用性能，故目前一般应用很少。

2. 根据铸铁中石墨形态可分

（1）普通灰铸铁　简称灰铸铁，其石墨呈片状，见图1-17a、b。

（2）蠕墨铸铁　其石墨呈蠕虫状，见图1-17c。

（3）可锻铸铁　其石墨呈团絮状，见图1-17d、e。

（4）球墨铸铁　其石墨呈球状，见图1-17f。

3. 根据铸铁的化学成分又可分

（1）普通铸铁　指由规定质量分数常规元素组成的合金。

（2）合金铸铁　指常规元素高于规定含量或含有一种或多种合金元素，明显地具有某种特殊性能的铸铁。如耐磨铸铁、耐蚀铸铁、耐热铸铁等。

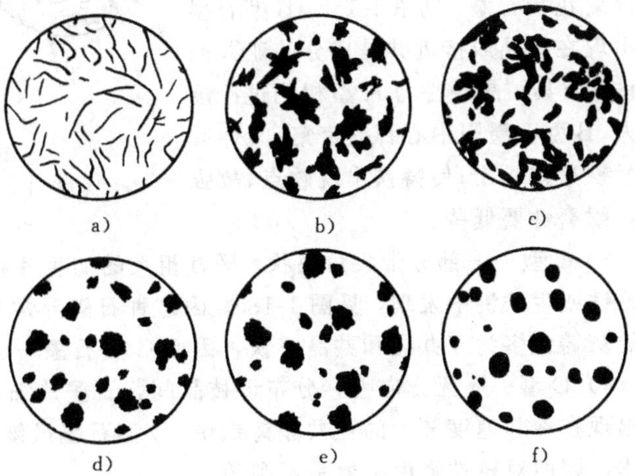

图1-17　铸铁中的石墨形状

a)、b) 灰铸件　c) 蠕墨铸铁　d)、e) 可锻铸铁　f) 球墨铸铁

（二）灰铸铁

在各种铸铁总产量中，灰铸铁占

80%以上。

1. 灰铸铁的显微组织及其性能

(1) 灰铸铁的显微组织　灰铸铁的显微组织由金属基体（铁素体和珠光体）与片状石墨组成。金属基体是影响铸铁力学性能的基本因素，按基体显微组织的不同，灰铸铁可分为三类：

1) 铁素体灰铸体　它是在铁素体的金属基体上，分布着粗大的片状石墨。这种铸铁不仅强度、硬度最低（由于铁素体质软，强度、硬度低所致），而且塑性和冲击韧度亦极低（由石墨对基体的割裂作用引起）。因而很少用来制造机器零件，但质软、易加工、铸造性能好、可用来制造少数要求不高的铸件，尤其是薄壁件。

2) 铁素体—珠光体灰铸铁　它是在铁素体和珠光体混合基体上分布着较为粗大的石墨片。珠光体强度、硬度高，且石墨片较前者小，使这种铸铁具有一定的强度和硬度，可满足一般机件要求，又因其铸造性能、切削性能和减振性能好，故用途最广。

3) 珠光体灰铸件　它是在珠光体基体上分布着细小而均匀的石墨片。由于珠光体的力学性能高，故比其它基体的灰铸铁强度、硬度高，可用来制造重要的机件。

(2) 片状石墨的分布　灰铸铁中常表现为片状或曲片状的石墨。

片状石墨分布特征见图 1-18。

1) A 型——均匀分布，无方向性的片状和曲片状石墨，见图 1-18a。这是灰铸铁中最常见的一种。A 型石墨主要出现在共晶或接近共晶成分的亚共晶铸铁中，其结晶条件是过冷度较小。A 型石墨在基体相同的条件下，铸铁的强度较好。

2) B 型——聚集无方向性，但在共晶团中心区域石墨片细小，外围较粗大，亦称菊花状石墨，见图 1-18b。B 型石墨也出现在共晶或接近共晶成分的亚共晶铸铁中，其结晶条件与 A 型相比过冷度较大。B 型石墨因中心石墨密集，又伴有大量铁素体析出；使铸铁出现软点，故强度，耐磨性要低些。

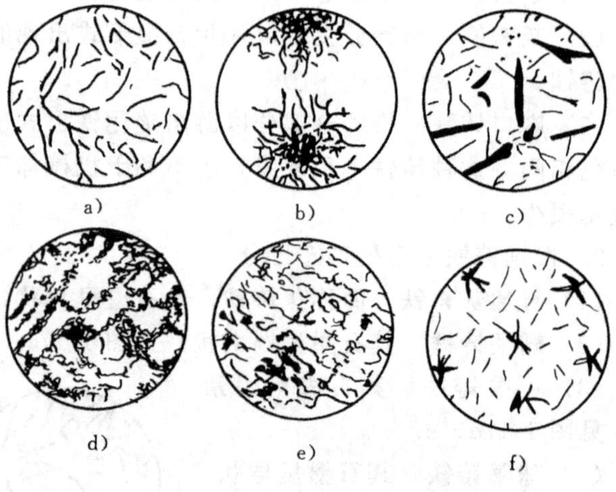

图 1-18　片状石墨的分布类型

a) A 型　b) B 型　c) C 型　d) D 型　e) E 型　f) F 型

3) C 型——部分带尖角块状、平直粗大的初生片状石墨和小片状共晶石墨。通常在过共晶铸铁或生铁锭中发现，见图 1-18c。因这种石墨异常粗大平直，故使铸铁强度剧烈下降。常用的灰铸铁多为亚共晶和共晶铸铁，因而 C 型石墨一般不常见。

4) D 型——无方向性，分布于枝晶间，石墨片细小，分枝频繁，见图 1-18d。这种石墨多出现在冷却速度较大的亚共晶铸铁中。D 型石墨虽细小，但分布不均，石墨四周又易出现铁素体，因而对铸铁强度一般是不利的。

5) E 型——有方向性，分布于枝晶间，石墨片细小，见图 1-18e。这种石墨也多在铸铁成分更远离共晶点的亚共晶铸铁中产生。这种分布因石墨是在晶间排列并有方向性，大大加强了石墨对基体的割裂作用，因而更显著地降低铸铁的强度。

6）F 型——小型蜘蛛状初生石墨和小型片状共晶石墨混合的均布，见图 1-18f。这种石墨仅出现于高碳的过共晶铸铁中，特别是薄壁铸件，冷却速度大时，更易产生这种石墨，如在单件铸造的铸铁活塞环中就常产生这种 F 型石墨。

（3）灰铸铁的性能　灰铸铁如同在钢的基体中嵌入了大量石墨片，它具有如下的性能特征：

1）力学性能　灰铸铁的抗拉强度和弹性模量均比钢低得多，通常 σ_b 仅 120MPa～250MPa，而塑性和冲击韧度近于零，属于脆性材料。铸铁中的石墨与天然石墨没有区别，其性能软而脆、强度极低（σ_b<20MPa，HBS≈3，塑性近于零）。由于石墨的体积质量（密度），约 2.25g/cm^3，为铁的三分之一，因此，占质量 3%左右的游离碳就可形成占体积 10%的石墨。所以可将灰铸铁视为布满微形孔洞或裂纹的钢。

石墨的存在，一方面在铸铁中占有一定量的体积，使基体承受负荷的有效截面积减少（石墨的减缩作用）；另一方面铸件中石墨片尖锐边缘在承受负荷时易造成应力集中现象（石墨的切割作用和应力集中作用），其峰值应力可达平均值的五倍以上。石墨的这种缩减、切割及应力集中作用（见图 1-19）使得工件在不大的负荷作用下，就会使材料从局部开裂，并迅速扩展，形成脆性断裂，这就是铸铁抗拉强度低，基体强度利用率低（仅 30%～50%）、脆性大的原因。

石墨的缩减作用取决于石墨的大小、数量和分布、尤以数量为主；其切割作用主要取决于石墨的形状和分布，尤以形状为主。所以铸铁中石墨越多、越粗大、分布越不均或呈方向性，对基体的割裂越严重，其力学性能就越差。然而，石墨对灰铸铁抗压强度影响较小，其抗压强度与钢接近，一般可达 600MPa～800MPa，这对于灰铸铁的合理应用甚为重要。

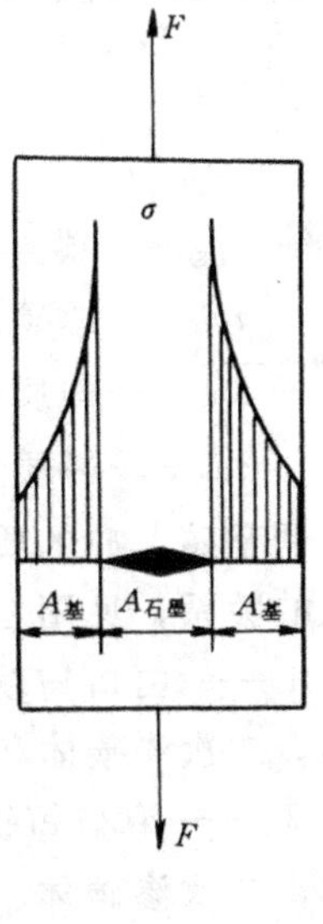

图 1-19　石墨的缩减、切割作用

2）工艺性能　灰铸铁属于脆性材料，不能进行锻造和冲压。同时，其焊接性能差，原因在于焊接时常出现白口组织，工件易产生裂纹，切削加工困难。由于灰铸铁成分接近共晶，凝固温度范围小，结晶时石墨的膨胀可抵消部分凝固收缩，故收缩小、流动性好、铸造性能优良、铸件产生缺陷的倾向小。此外，由于石墨的存在、切削加工时呈崩碎切屑，通常不需切削液，切削加工性能好。

3）减振性　灰铸铁中由于存在着大量的片状石墨，阻止振动的传递，并能把它转化为热量而消失，所以灰铸铁具有良好的减振性。其减振能力为钢的 5～10 倍，故工业上常用灰铸铁制造机床床身、机座等。

4）耐磨性　石墨本身是一种良好的润滑剂，当其脱落在摩擦面上时，可起润滑作用。此外，灰铸铁摩擦面上在石墨被磨掉的地方形成大量的显微凹坑，可以储存润滑油以保证油膜的连续性，所以其耐磨性比钢好，适合于制造机床导轨、滑动轴承、衬套、活塞环等。

5）缺口敏感性低　由于石墨的存在，等于使灰铸铁基体形成了大量缺陷，因此外来缺口如键槽、刀痕、锈蚀、夹渣、微裂纹等对灰铸铁的疲劳强度影响甚微，从而增加了零件工作的可靠性。而钢件若有上述外来缺陷，因应力集中作用，其疲劳强度将显著降低。

2. 影响铸铁组织和性能的因素　铸铁的性能取决于组织，而组织的不同实质上是碳在铸铁中存在形式的不同。灰铸铁中的碳是由化合碳（Fe_3C）和石墨碳组成，即 $w_{C总}=w_{C石墨}+w_{C化合}$。灰铸铁中的碳绝大部分形成石墨，又有少量碳存在于珠光体中。若化合碳 $w_{C化合}=0.8\%$，则为珠光体灰铸铁；化合碳 $w_{C化合}<0.8\%$时，为铁素体—珠光体灰铸铁；若碳全部以石墨状态存在，则为铁素体灰铸铁。因此，要想控制铸铁的组织和性能，必须控制铸铁的石墨化程度。影响铸铁石墨化的主要因素是化学成分和冷却速度。

(1) 化学成分　灰铸铁除含碳外，还含有硅、锰、硫、磷等，它们对铸铁石墨化影响如下

1）碳和硅　碳和硅是普通灰铸铁中最主要的两种化学元素，它们对铸铁的组织与性能起着决定性的影响。生产上经常通过控制、调整碳与硅的含量来控制和改善普通灰铸铁的性能。

碳是形成石墨的元素，也是促进石墨化元素。碳的含量越高，析出的石墨就越多、越粗大，且形成铁素体基体的倾向越大、珠光体减少；反之，基体中珠光体量就增加、石墨减少，且细化。

硅是强烈促进铸铁石墨化的元素，随着硅含量的增加，铸铁的石墨化程度逐渐提高，石墨变得粗大，在基体中，珠光体数量减少，铁素体数量增多、铸铁变软。同理，铸铁中若硅的含量降低，铸铁石墨化程度降低，石墨变得细小。硅的含量过低，石墨难以形成，易出现麻口或白口组织。硅除促进石墨化外，还可改善铸造性能，如提高铸铁的流动性、降低收缩率等。

碳当量是表示铸铁中硅和磷对铁碳共晶综合影响的指标。用来估计某一铸铁成分在一定冷却速度时接近共晶的程度。对未经处理和未加大量合金元素的铸铁而言，碳当量的计算方法是将铸铁中硅、磷等元素折算为碳量，并将其折算值加上实有的总碳质量分数，以百分率表示

$$w_{CE}=w_C+\frac{1}{3}(w_{Si}+w_P)$$

式中　w_{CE}——碳当量（%）；

w_C——总碳质量分数（%）；

w_{Si}——硅质量分数（%）；

w_P——磷质量分数（%）。

调整碳、硅的质量分数，可得到不同的铸铁组织。砂型铸造时，碳、硅质量分数与铸铁组织的关系，见图 1-20。

Ⅰ——白口铸铁区，其组织由莱氏体，二次渗碳体和珠光体组成。

$Ⅱ_a$——麻口铸铁区，其组织由莱氏体，二次渗碳体、珠光体和石墨组成。

Ⅱ——珠光体灰铸铁区，其组织由珠光体和石墨组成。

$Ⅱ_b$——铁素体—珠光体灰铸铁区，其组织由铁素体、珠光体和石墨组成。

Ⅲ——铁素体灰铸铁区，其组织由铁素体和石墨组成。

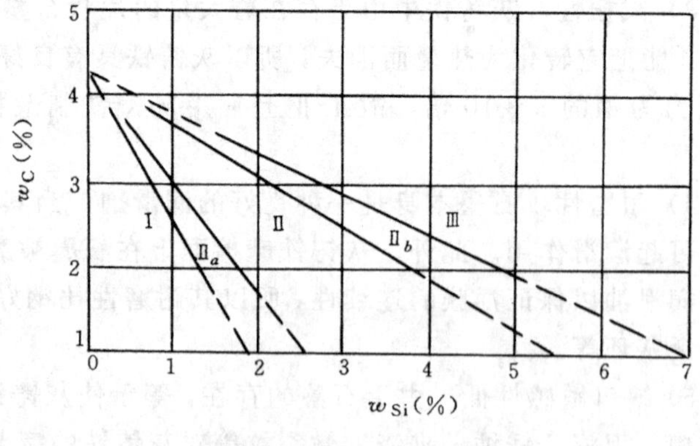

图 1-20　铸铁组织图

（铸件壁厚 50mm，砂型铸造）

由图可见，碳、硅质量分数的改

变，铸铁的组织和性能也随之改变。过高碳、硅质量分数将形成强度极低的铁素体灰铸铁；反之，容易出现硬、脆的白口组织。通常灰铸铁的碳、硅质量分数分别为 $w_C=2.7\%\sim3.9\%$，w_{Si} $1.1\%\sim2.5\%$。

2）硫和锰　硫和锰在铸铁中是密切相关的两种元素。

硫来自铁料和焦炭，是严重阻碍石墨化的元素。硫的含量高时，铸铁有形成白口的倾向。硫在铸铁中可形成 FeS，而 FeS 与 Fe 又可在晶界上形成低熔点（985℃）的共晶体，使铸铁具有热脆性。此外，硫还使铸铁的铸造性能恶化，如降低流动性，增大收缩率等。因此，必须严格控制其质量分数，通常限制在 0.1%～0.15%以下，高强度铸铁则应更低。

锰可抵消硫的一些有害作用，故属有益合金元素。锰和硫之间有比较大的亲和力，在铁液中可发生如下反应

$$Mn+S=MnS$$
$$Mn+FeS=MnS+Fe$$

MnS 的熔点为 1610℃±10℃，高于一般冲天炉铁液的温度，所以在铁液中多呈固体质点存在，又因其体积质量小，易浮出铁液起除硫作用，因此大大减弱了硫的有害影响。

铸铁中的锰除与硫发生作用外，其余量还可溶入铁素体和渗碳体，提高基体的强度。但过多的锰会起阻碍石墨化作用。铸铁中锰的质量分数一般为 0.6%～1.2%。

3）磷　磷也是来自金属炉料，它对铸铁石墨化影响不显著，但它可提高铸铁的流动性。当磷的质量分数超过 0.3%时，则形成以 Fe_3P 为主的共晶体，这种共晶体熔点低、硬度高，分布在晶界处，因而提高了铸铁的耐磨性。因磷共晶体呈网状，若磷含量过高，会增加铸铁的冷脆倾向。因此，对一般铸件来说，磷属有害杂质，多限制在 0.5%以下，高强度铸件则限制在 0.2%～0.3%以下，只有某些薄壁或耐磨件的磷的质量分数可提高到 0.5%～0.7%。

(2) 冷却速度　相同化学成分的铸铁，若冷却速度不同，其组织和性能也不同。炉前常用三角形试样断口来判断金属组织，见图 1-21。从图中可以看到，冷却速度较慢的上部呈暗灰色，其心部晶粒较为粗大，属灰口组织，灰口和白口交界处属麻口组织。这是由于缓慢冷却时，石墨得以顺利析出，并不断长大，得到粗大石墨片；冷却速度加大后，少数碳形成渗碳体，使基体中出现珠光体；而快速冷却时，因石墨来不及析出，形成白口铸铁。为了确保铸件的组织和性能，必须考虑冷却速度对铸铁组织和性能的影响。铸件的冷却速度主要取决于铸型材料和铸件的壁厚。

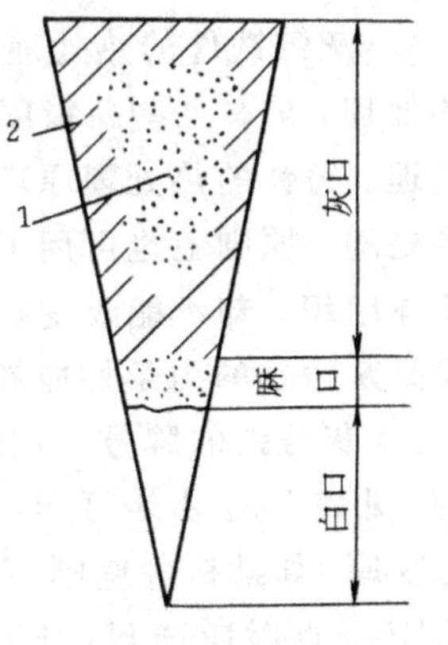

图 1-21　冷却速度对铸铁组织的影响
1—粗粒　2—细粒

各种铸型材料的导热能力不同。如金属型比砂型导热快，冷却速度大，石墨化受到阻碍，铸件容易产生白口组织，故金属型铸造很少用于铸铁件生产；反之，砂型冷却速度缓慢，干砂型较湿砂型更慢，容易获得灰口组织，这也是砂型铸造广泛用于铸铁件生产的原因之一。在实际生产中，有时采用不同铸型材料，使铸件各部分组织和性能不同。如铸造冷硬轧辊、车轮时，就是采用局部金属型（其余用砂型）以激冷铸件上的耐磨表面，使其产生耐磨的白口组织。

综上所述，要使铸件获得所需的组织和性能，主要是根据铸件壁厚来控制铸件的碳、硅含量，配合适当的锰量，限制有害元素硫和磷。必须注意，在冲天炉化铁时，金属炉料与炽热焦炭直

接接触，铸铁中碳的质量分数难以大幅度改变，通常在3%～3.4%之间，因此，控制铸铁组织最有效的措施是改变硅的质量分数。同时，在冲天炉熔化过程中，铁料中的硅将烧损10%～15%，锰烧损20%～25%，硫因吸收焦炭的硫分而比原来增加50%左右。为此，进行冲天炉配料计算时，必须考虑各元素的变化，使铁液符合化学成分要求。

3. 孕育铸铁　指铁液经孕育处理后，获得的亚共晶灰铸铁。孕育是以少量材料加入熔融金属，促进成核，以改善其组织和性能的方法。加入的材料称为孕育剂。常用的孕育剂是FeSi75，熔点为1300℃。硅铁要求预先粉碎成5mm～10mm大小的颗粒，处理前还要经过预热烘干。灰铸铁孕育处理过程，见图1-22。在出铁槽或浇包内均匀加入孕育剂，其加入量为铁液质量的0.2%～0.5%，由出炉的铁液将其冲熔、吸收。铁液搅拌均匀后，取样进行炉前检验，合格后在15min之内及时浇注，防止孕育衰退。

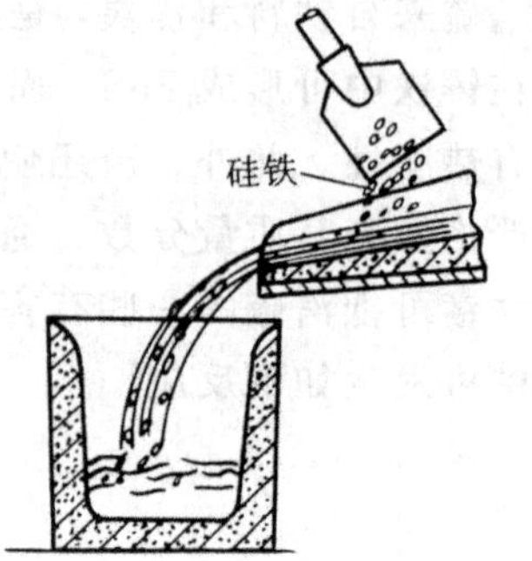

图1-22　灰铸铁的孕育处理

孕育剂加入后，铁液中很快形成许多细小的质点，由于硅是很强的石墨化元素，故在这些质点周围石墨很快析出，形成大量的分布均匀的石墨结晶核心，凝固后便得到细小而均匀分布的石墨片，从而改善了铸铁的力学性能。考虑到处理后的铁液温度有所下降，铁液出炉温度必须高达1400℃～1450℃。为了取得应有的孕育效果，原始铁液的碳、硅质量分数较低，一般为$w_C=2.7\%\sim3.3\%$和$w_{Si}=1\%\sim2\%$，这种铁液若不经孕育处理而直接进行浇注，将形成白口或麻口组织。如原始铁液中碳硅质量分数高，则孕育处理后强度不但不会提高，反而有所下降。

孕育铸铁的强度、硬度比普通灰铸铁有显著提高，其抗拉强度为250MPa～400MPa，硬度为170HBS～270HBS。碳的含量越低，石墨片越细小，则强度、硬度越高、耐磨性越好。但因孕育铸铁的石墨仍为片状，故塑性、韧性仍然很低。孕育铸铁的冷却速度对其组织、性能影响极小，使铸件厚大截面上的组织、性能均匀，见图1-23。

孕育铸铁适用于对强度、硬度和耐磨性要求较高的重要铸件，尤其是厚大铸件，如床身、凸轮、凸轮轴、气缸体和气缸套等。

4. 灰铸铁件的热处理　灰铸铁铸件一般不需要进行热处理，只有某些高精度和高耐磨的铸造零件才进行热处理。铸铁的热处理原理与钢大致相同。用于钢的各种热处理，原则上也可用于铸铁。但热处理只能改变铸铁基体组织，却不能改变石墨的形状。因而通过热处理来提高灰铸铁的力学性能效果不大。

5. 灰铸铁的牌号及用途　灰铸铁的牌号及其力学性能，见表1-3。由表可知，选择铸铁牌号时必须考虑铸件的壁厚。如某铸件壁厚30mm～50mm，要求抗拉强度200MPa，此时应选HT250而不是HT200。此外，若铸件过厚或过薄，超出表中所列数值时，则应适当提高或降低牌号。

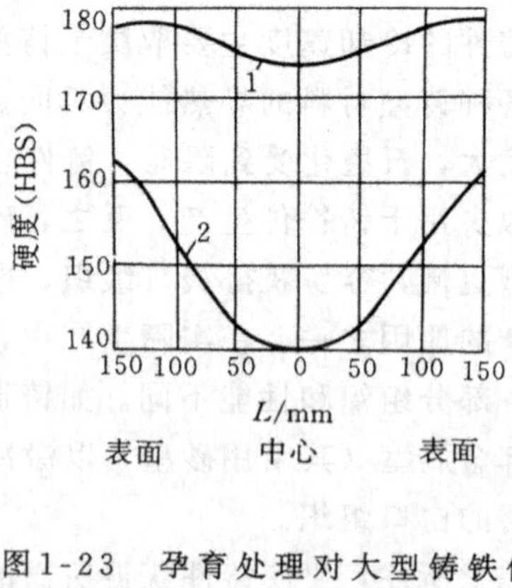

图1-23　孕育处理对大型铸铁件(300mm×300mm)截面硬度的影响

1—孕育铸铁　2—普通灰铸铁

表 1-3　灰铸铁牌号、特征及用途（GB9439—88）

类别	牌号	铸件壁厚/mm	力学性能(不小于) σ_b/MPa	力学性能(不小于) HBS	特性和用途
普通灰铸铁	HT100	2.5～10	130	110～167	铸造性能好。工艺简便，铸造应力小，不用人工时效处理，减振性优良，适用于负荷小，对摩擦，磨损无特殊要求的零件。例如：盖、外罩、油盘、手轮、支架、底板、重锤等
		10～20	100	93～140	
		20～30	90	87～131	
		30～50	80	82～122	
	HT150	2.5～10	175	136～205	性能特点和 HT100 基本相同，但有一定的机械强度，适用于承受中等应力，以及在弱腐蚀介质中工作的零件。例如：普通机床上的支柱、底座、齿轮箱、刀架、床身、轴承座、工作台；圆周速度 6m/s～12m/s 的带轮；工作压力不大的管件和壁厚＜30mm 的耐磨轴套；以及在纯碱或染料介质中工作的化工容器、泵壳、法兰等
		10～20	145	119～179	
		20～30	130	110～167	
		30～50	120	105～157	
	HT200	2.5～10	220	157～236	强度较高，耐磨、耐热性较好，减振性也良好；铸造性能较好，但需进行人工时效处理。适用于承受较大应力和要求一定的气密性或耐蚀性的零件。例如：一般机械制造中较为重要的铸件（如气缸、齿轮、机座、机床床身及立柱）；汽车、拖拉机的气缸体、气缸盖、活塞、刹车轮联轴器盘等；具有测量平面的检验工件（如划线平板、V 形架、平尺、水平仪框架等）；承受压力的液压缸、泵体、阀体；圆周速度 12mm/s～20mm/s 的带轮；要求有一定耐蚀能力和较高强度的化工容器、泵壳等
		10～20	195	148～222	
		20～30	170	134～200	
		30～50	160	129～192	
孕育铸铁	HT250	4.0～10	270	174～262	
		10～20	240	164～247	
		20～30	220	157～236	
		30～50	200	150～225	
	HT300	10～20	290	182～272	这是属于高强度、高耐磨性一级的灰铸铁，其强度和耐磨性均优于以上牌号的铸铁，但白口倾向大，铸造性能差，铸后需进行人工时效处理。适用于承受高应力要求保持高度气密性的零件。例如：机械制造中某些重要的铸件，如剪床、压力机、自动车床和其它重型机床的床身、机座机架及受力较大的齿轮、凸轮、衬套、大型发动机的曲轴、气缸体、缸套、气缸盖等；高压的液压缸、泵体、阀体；镦锻和热锻锻模、冷冲模；圆周速度＞20m/s～25m/s 的带轮等
		20～30	250	168～251	
		30～50	230	161～241	
	HT350	10～20	340	199～298	
		20～30	290	182～272	
		30～50	260	171～257	

注：1. 当一定牌号的铁液浇注壁厚均匀而形状简单的铸件时，壁厚变化所造成抗拉强度的变化，可从本表查出参考性数据，当铸件壁厚不均匀，或有芯子时，此表仅能近似地给出不同壁厚处抗拉强度值，铸件设计应根据关键部位实测值进行。

2. 硬度和抗拉强度之间的关系：σ_b＞196MPa 时 HB＝RH（100＋0.438σ_b），当 σ_b＜196MPa 时，HB＝RH(44＋0.72σ_b)式中 RH 为相对硬度值(0.8～1.2)，由原材料、熔化工艺、处理工艺以及铸件冷却速度等因素实测得出。

（三）可锻铸铁

可锻铸铁是白口铸铁通过石墨化或氧化脱碳可锻化处理，改变其金相组织或成分而获得的有较高韧性的铸铁。可锻铸铁实际上并非可以锻造，这个名子只表示它具有一定的塑性和韧性。

1. 可锻铸铁件的生产及其性能特点　制造可锻铸铁件的首要步骤是先铸出白口铸铁坯料，若坯料在退火前已存有石墨、则无法退火出现团絮状石墨。为此，必须采用碳、硅质量分数均低的铁液，通常为 w_C＝2.4%～2.8%和 w_{Si}＝0.4%～1.4%。

石墨化退火是制造可锻铸铁最主要过程。将清理后的白口坯料叠放于退火箱内，将箱盖用泥封好后送入退火炉中，缓慢加热到 900℃～980℃的高温，保温 10h～20h，并按规范冷却到室温，对于黑心可锻铸铁还要在 700℃以上进行第二阶段保温。石墨化退火的总周期一般为 40h～70h。其退火过程见图 1-24，其实质就是使渗碳体分解而形成石墨。高温阶段是自由渗碳体分解，低温阶段是共析渗碳体分解，最后获得铁素体基体的可锻铸铁。如果只进行高温阶段的退火，直接冷下来，则获得珠光体基体的可锻铸铁。

由于石墨呈团絮状，数量又较少，因此大大减轻了对基体的割裂作用，所以可锻铸铁抗拉强度显著提高，一般达 300MPa～400MPa，最高可达 700MPa。此外，团絮状石墨不会使基体组织形成尖锐的缺口，应力集中的影响明显减小，所以可锻铸铁具有一定的塑性和较高的冲击韧度，$2\%\leqslant\delta\leqslant12\%$，$a_K\leqslant30J/cm^2$。此外，可锻铸铁还有较好的耐蚀性，可在潮湿空气、炉气或泥和水中工作。

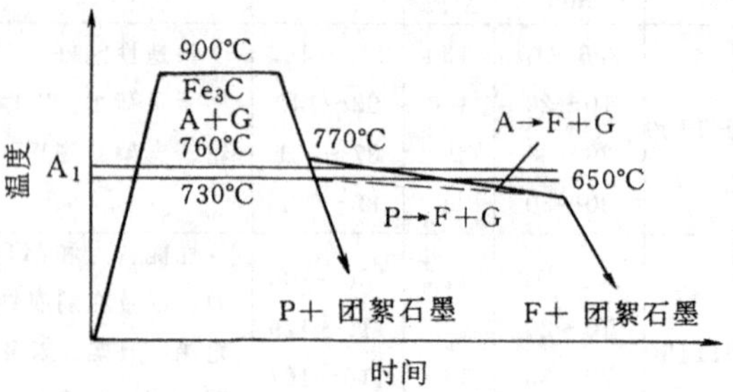

图 1-24 可锻铸铁的退火过程

A—奥氏体 G—石墨 F—铁素体 P—珠光体

可锻铸铁的缺点是：在原料中必须加入大量的废钢；与灰铸铁比较，其铁液的流动性低，收缩量大；生产过程复杂，退火周期长，能源消耗大，铸件成本较高。此外，可锻铸铁只适用于生产壁厚不超过 25mm 的铸件。如果铸件太厚，会使退火前的铸件不易获得纯白口组织，且由于退火时间太长，铸件易引起较大的变形，不易校正。

2. 可锻铸铁的牌号、组织和用途 按退火方法的不同，可锻铸铁可分为黑心可锻铸铁，珠光体可锻铸铁和白心可锻铸铁三种。常用可锻铸铁牌号，力学性能和用途举例见表 1-4。

表 1-4 常用可锻铸铁牌号、力学性能和用途举例（GB9440—88）

种类	铸铁牌号 A	铸铁牌号 B	试样直径 d/mm	力学性能（不小于）σ_b/MPa	$\sigma_{0.2}$/MPa	δ/%	HBS	特性和用途
黑心可锻铸铁	KTH300—06	—	12或15	300	—	6	≤150	有一定的韧性和强度，气密性好适用于承受低动载荷及静载荷要求气密性好的工作零件，如管配件、中低压阀门等
	—	KTH330—08		330	—	8		有一定的韧性和强度，用于承受中等动载荷和静载荷的工作零件，如：农机上的犁刀、犁柱、车轮壳、机床的板手以及钢丝绳轧头等
	KTH350—10	—		350	200	10		有较高的韧性和强度，用于承受较高的冲击，振动及扭转负荷下的工作零件。如：汽车拖拉机上的前后轮壳，差速器壳，转向节壳，制动器等农机上的犁刀、犁柱及铁道零件，冷暖器接头，船用电机壳等
	—	KTH370—12		370	—	12		
珠光体可锻铸铁	KTZ450—06	—		450	270	6	150～200	韧性低但强度大，硬度高，耐磨性好，且切削加工性良好，可用来代替低碳、中碳、低碳合金钢及非铁金属合金制造承受较高负荷，耐磨损并要求有一定韧性的重要工作零件，如曲轴、凸轮轴、连杆、齿轮、摇臂、活塞环、轴承、犁刀、耙片、闸、万向接头、棘轮、扳手、传动链条、矿车轮等
	KTZ550—04	—		550	340	4	180～230	
	KTZ650—02	—		650	430	2	210～260	
	KTZ700—02	—		700	530	2	240～260	

（续）

种类	铸铁牌号 A	铸铁牌号 B	试样直径 d/mm	力学性能（不小于） σ_b/MPa	$\sigma_{0.2}$/MPa	δ/%	HBS	特性和用途
白心可锻铸铁	KTB350—04		9	340	—	5	≤230	白心可锻铸铁的特点是：(1) 薄壁铸件仍有较好的韧性；(2) 可切削性好；但工艺复杂，生产周期长，强度及耐磨性较差，在机械中很少应用。适用于制作厚度在15mm以下的薄壁铸件和焊接后不需进行热处理的零件
			12	350	—	4		
			15	360	—	3		
	KTB380—12		9	320	170	15	≤200	
			12	380	200	12		
			15	400	210	8		
	KTB400—05		9	360	200	8	≤220	
			12	400	220	5		
			15	420	230	4		
	KTB450—07		9	400	230	10	≤220	
			12	450	260	7		
			15	480	280	4		

注：1. 黑心可锻铸铁和珠光体可锻铸铁试样直径12mm，只适用于铸件主要壁厚小于10mm的铸件。

2. 牌号KTH300—06适用于气密性零件。

3. 牌号B系列为过渡牌号。

4. 白心可锻铸铁试样直径应尽可能与铸件的主要壁厚相近。

可锻铸铁通常用于制造形状复杂、承受冲击载荷的薄壁小件。这些小件若用一般铸钢制造困难大；若用球墨铸铁，质量上又难保证。上述三种可锻铸铁中，目前应用较多的是铁素体可锻铸铁。根据我国的资源特点，白心可锻铸铁应用较少。

3. 可锻铸铁的铸造性能　可锻铸铁的碳、硅质量分数低，熔点比灰铸铁高，凝固温度范围大，故铁液的流动性差，必须适当提高铁液的出炉温度，以防产生冷隔、浇不到等缺陷。

可锻铸铁的凝固过程没有石墨化膨胀阶段，体积收缩和线收缩较大，易形成缩孔和裂纹等缺陷。在设计铸件时除应考虑合理的结构形状外，在铸造工艺上应采用定向凝固的原则设置冒口和冷铁，适当提高型砂的耐火度，退让性和透气性，为挡住熔渣，在浇注系统中应安放过滤网。

（四）球墨铸铁

球墨铸铁是铁液经过球化处理而不是在凝固后经过热处理使石墨大部分或全部呈球状，有时少量为团絮状的铸铁。

1. 球墨铸铁的组织与性能　球墨铸铁的铸态组织是在钢的基体上分布着球状石墨。由于石墨呈球状，使它对基体的破坏作用缩小到最低程度。实际有效截面积可达70%～90%，且对基体组织应力集中的影响也缩减到了最小程度，这就使球墨铸铁不仅有很高的抗拉强度，而且还有一定的塑性和良好的韧性，成为目前十分重要的铸造合金。

球墨铸铁不仅强度远远高于灰铸铁，优于可锻铸铁，甚至可与钢媲美，尤其屈强比（一般大于0.7）明显高于碳钢（仅0.6左右），疲劳强度与中碳钢接近，而且其耐磨性远高于45钢表面淬火轴颈。此外，球墨铸铁还具有优良的热处理性能，它可通过退火、正火、调质、高频淬火、等温淬火等热处理，使其强度、硬度或韧性大大提高。

球墨铸铁的铸造性能、减振性、切削加工性及缺口敏感性较灰铸铁差，但仍优于铸钢。其塑性和韧性虽低于钢，但仍能满足一般零件的要求（一般 $\delta=1.5\%\sim10\%$，$a_K=8\text{J/cm}^2\sim15\text{J/cm}^2$）。因此，球墨铸铁在许多方面可以代替铸钢和锻钢，而且价格较钢低。

2. 球墨铸铁的生产　在球墨铸铁的生产过程中，要严格控制铁液的化学成分，选择合理的球化剂和孕育剂，掌握好球化处理和热处理工艺。

(1) 铁液的化学成分　铁液成分与灰铸铁相比要求严格。一般为：高碳（$w_C=3.6\%\sim4\%$），以改善球化效果和铸造性能；低硅（$w_{Si}\leqslant1.3\%$），因为孕育处理时尚需较大的硅量；低硫（$w_S\leqslant0.07\%$），因硫易与球化剂化合成硫化物，增加球化剂损耗，严重影响球化效果；低磷（$w_P\leqslant0.1\%$），因磷会降低球墨铸铁塑性、韧性和强度，增加冷脆性。

(2) 球化剂和孕育剂　球化剂的作用是使石墨结晶呈球状析出。目前我国应用最广的球化剂是稀土镁合金。镁是重要的球化元素，但体积质量小、沸点低（1120℃），若直接加入铁液中，将立即沸腾，镁的回收率低。稀土元素包括镧、铈等十七种，其球化作用虽比镁弱，但有强烈的脱硫去气能力，还能细化组织，改善铸造性能。球化剂的加入量一般为铁液量的1%～1.6%。

孕育剂的作用是促进铁液的石墨化，防止产生白口铁组织。同时，通过孕育还可使石墨球圆整、细化，改善球墨铸铁的力学性能。常用的孕育剂是FeSi75，其加入量较大，一般为铁水质量的0.4%～1.0%。

(3) 球化处理工艺　球化处理方法很多，以冲入法最为普遍，见图1-25a。它是将球化剂放在铁液包的堤坝内，上面覆盖硅铁粉或稻草灰，以防止球化剂上浮并使其作用缓和，节约球化剂用量。开始时，先将铁液包容量2/3左右的铁液冲入包内，使球化剂与铁液充分反应，然后，将孕育剂放在冲天炉出铁槽内，用剩余的1/3铁液将其冲入包内，

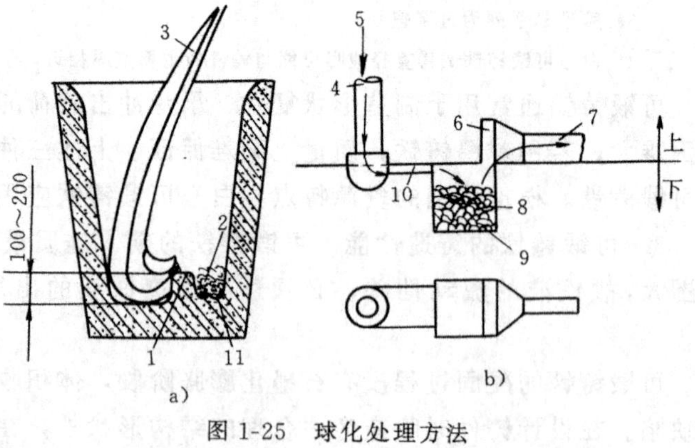

图1-25　球化处理方法

a) 堤坝式包底冲入法　b) 型内球化法

1—堤坝　2—硅铁粉　3、5—铁液　4—直浇道　6—出口　7—横浇道　8—反应室　9、11—球化剂　10—入口

进行孕育，搅拌扒渣后及时进行浇注，以防止球化衰退和孕育衰退。冲入法球化处理，反应稳定、热损失小、操作简单、安全可靠、铁液量不受限制，利于流水线生产，但要求球化剂体积质量较大，沸点较高。

型内球化法，见图 1-25b，是近年发展的工艺方法，它是将球化剂置于浇注系统特制的反应室内球化处理，该法可降低球化剂用量，克服球化衰退和孕育衰退等现象，并能提高球墨铸铁的力学性能。

3. 球墨铸铁的铸造工艺特点　球墨铸铁的铸造性能介于灰铸铁与铸钢之间。因其化学成分接近共晶点（碳当量为 4.5%～4.7%），其流动性与灰铸铁相近，可生产壁厚 3mm～4mm 铸件。但由于球化和孕育处理时，铁液温度降低（100℃以上），且易于氧化，要求铁液的出炉温度高（1400℃～1440℃或更高），以保证必需的浇注温度。同时要加大内浇道截面，采用快速浇注等措施，以防止产生浇不到、冷隔等缺陷。

球墨铸铁的结晶特点是在凝固收缩前有较大的膨胀，当铸型的紧实度小时，铸件的外廓尺寸会胀大，使铸件尺寸及铸件内各结晶体之间间隙增大，故容易产生缩孔，缩松等缺陷。因此，在铸造工艺上应采用定向凝固原则，用干型或水玻璃砂快干型提高铸型的强度，并增设冒口以加强补缩。此外，球墨铸铁凝固时有较大的内应力、变形和冷裂倾向，故对重要的球墨铸铁件要退火以消除应力。

由于铁液中 MgS 与型砂中水分作用，产生 H_2S 气体，易使铸件产生皮下气孔。所以应严格控制型砂中水分和铁液中硫的质量分数。

为了防止石墨飘浮及球化不良等缺陷，必须严格控制碳、硅质量分数和尽量缩短球化处理后铁液停留时间，一般不超过 15min～20min。球化处理后常含有 MgO、MgS 等夹渣，故应考虑，除渣措施，一般采用半封闭式浇注系统。

4. 球墨铸铁的热处理　多数球墨铸铁要进行热处理才能保证质量。根据不同性能要求可采用退火、正火、淬火、回火及等温热处理、表面热处理等工艺。

5. 球墨铸铁的牌号和应用（见表 1-5）

表 1-5　球墨铸铁的牌号、力学性能和应用举例（GB1348—88）

铸铁牌号	力学性能			供参考		主要特性	应用举例
	σ_b/MPa	$\sigma_{0.2}$/MPa	δ/%	HBS	主要金相组织		
QT400-18	400	250	18	130～180	铁素体	焊接性及切削加工性能好，韧性高、脆性转变温度低	1. 农机具：犁铧、犁柱，收割机及割草机上的导架、差速器壳、护刃器 2. 汽车、拖拉机轮毂驱动桥壳体，离合器壳、差速器壳、拨叉等 3. 通用机：阀门的阀体、阀盖、压缩机上高低汽缸等 4. 其它：铁路垫板、电机机壳、齿轮箱、飞轮壳等
QT400-15	400	250	15	130～180			
QT450-10	450	310	10	160～210		同 QT400-18.15，但塑性略低而强度与小能量冲击力较高	
QT500-7	500	320	7	170～230	铁素体＋珠光体	中等强度与塑性，切削加工性尚好	内燃机的机油泵齿轮，汽轮机中温气缸隔板、铁路机车车辆轴瓦、机器座架、传动轴、飞轮、电动机架等

（续）

铸铁牌号	力学性能			供参考		主要特性	应用举例
	σ_b/MPa	$\sigma_{0.2}$/MPa	δ/(%)	HBS	主要金相组织		
QT600-3	600	370	3	190～270	铁素体＋珠光体	中高强度，低塑性、耐磨性较好	1. 内燃机 5HP～4000HP 柴油机和汽油机的曲轴，部分轻型柴油机和汽油机的凸轮轴、气缸套连杆、进排气门座等 2. 农机具：脚踏脱粒机齿条、轻负荷齿轮、畜力犁铧 3. 部分磨床、铣床、车床的主轴 4. 气压机、冷冻机、制氧机、泵的曲轴，缸体、缸套 5. 球磨机齿轴、矿车轮、轿式起重机大小滚轮、小型水轮机主轴等
QT700-2	700	420	2	225～305	珠光体		
QT800-2	800	480	2	245～335	珠光体或回火组织	有较高的强度和耐磨性，塑性及韧性较低	
QT900-2	900	600	2	280～360	贝氏体或回火马氏体	有较高的强度和耐磨性、较高的弯曲疲劳强度，接触疲劳强度和一定的韧性	1. 农机上的犁铧、耙片 2. 汽车上的弧齿锥齿轮、转向节、传动轴 3. 拖拉机上的减速齿轮 4. 内燃机曲轴、凸轮轴

（五）、蠕墨铸铁　指大部分石墨为蠕虫状石墨的铸铁。它是近年来发展起来的一种新型铸铁，其石墨呈短片状，片端钝而圆，类似蠕虫，这种石墨是介于片状和球状石墨之间。

1. 蠕墨铸铁的性能　蠕墨铸铁的力学性能介于基体相同的灰铸铁和球墨铸铁之间，其抗拉强度优于灰铸铁，且有一定的塑性和韧性（σ_b＝360MPa～440MPa　δ＝1.5%～4.5%），但强度、韧性不如球墨铸铁。蠕墨铸铁断面敏感性较普通灰铸铁小，故厚大截面上的力学性能较为均匀。

2. 蠕墨铸铁的生产　制造蠕墨铸铁的原铁液和炉前处理与球墨铸铁类似。炉前处理时，先加入蠕化剂，再加入孕育剂。蠕化剂一般采用稀土镁钛、稀土镁钙合金或镁钛合金，加入量为铁液质量的1%～2%。

蠕墨铸铁的铸造性能接近灰铸铁，缩孔、缩松倾向比球墨铸铁小，故铸造工艺较简便。

3. 蠕墨铸铁的应用　由于蠕墨铸铁力学性能高，导热性和耐热性优良，因而适于制造工作温度较高或具有较高温度梯度的零件，如大型柴油机气缸盖，制动盘，钢锭模，金属型等。由于其断面敏感性小，铸造性能好，故可用于制造形状复杂的大铸件，如重型机床和大型柴油机机体等。用蠕墨铸铁代替孕育铸铁既可提高强度，又可节省许多废钢。蠕墨铸铁综合性能优良，具有广阔的发展前景。

二、铸钢件的生产

铸钢也是一种重要铸造合金，其年产量仅次于灰铸铁，约为可锻铸铁和球墨铸铁的总和。

（一）铸钢的种类、性能和用途

按化学成分的不同，铸钢可分为铸造碳素钢和铸造合金钢两大类，其中，碳素钢应用较广，约占铸钢件总产量的80%以上。

1. 碳素铸钢　指以碳为主要合金元素并含有少量其它元素的铸钢。根据碳质量分数的高低可分为低碳、中碳和高碳铸钢。

低碳铸钢由于熔点高、流动性差、易氧化和热裂，且容易粘砂，故应用较少。但由于低碳铸钢具有良好的导磁性，常用于铸造电磁吸盘和电机壳体等零件；中碳铸钢的综合性能较好，广泛应用于铸造重要的机器零件；高碳铸钢因其韧性较差，很少应用。

常用铸造碳素钢牌号、成分、力学性能及用途举例，见表1-6。其中，牌号“ZG”后面的数字中，第一组代表屈服强度值，第二组代表抗拉强度值。

由表可见，铸钢的强度与球铁相近，但铸钢的冲击韧度和疲劳强度都高得多，因此，对于承受冲击载荷较大的工件来说，铸钢是很重要的材料。还应指出，铸钢的焊接性能远比铸铁优良，这对于采用铸—焊工艺、制造重型机器零件具有重要意义。

表 1-6 铸钢的牌号、成分、性能和用途 (GB11352—89)

铸钢牌号		主要化学成分 $w/\%\leqslant$					室温力学性能$\geqslant$					特性和用途
牌号	原牌号	C	Si	Mn	P	S	σ_s或$\sigma_{0.2}$	σ_b	δ	ψ	$A_{KV}(a_K)$/	
							MPa		/%	/%	$J\cdot cm^{-2}$)	
ZG200-400	ZG15	0.20	0.50	0.80	0.04		200	400	25	40	30 (60)	有良好的塑性，韧性和焊接性能；用于受力不大，要求韧性的各种机械零件。如机座、变速箱等
ZG230-450	ZG25	0.30	0.50	0.90	0.04		230	450	22	32	25 (45)	有一定的强度和较好的塑性、韧性、焊接性能良好、可切削性尚可。用于受力不大，要求韧性的各种机械零件，如砧座、外壳、轴承盖、底板、阀体、犁柱等
ZG270-500	ZG35	0.40	0.50	0.90	0.04		270	500	18	25	22 (35)	有较高的强度和较好的塑性，铸造性能良好，可切削性佳，焊接性好，用途广泛。用作轧钢机机架、轴承座、连杆、箱体、曲拐、缸体等
ZG310-570	ZG45	0.50	0.60	0.90	0.04		310	570	15	21	15 (30)	有高的强度、硬度和耐磨性，可切削性中等，焊接性较差，流动性好，裂纹敏感性较大，用作齿轮，棘轮等。
ZG340-640	ZG55	0.60	0.60	0.90	0.04		340	640	10	18	10 (20)	有高的强度、硬度和耐磨性、可切削性中等，焊接性较差，流动性好，裂纹敏感性较大，用作齿轮，棘轮等。

2. 铸造合金钢　对于具有较高力学性能或某些特殊性能要求的零件或工具，可采用合金铸钢（即铸造合金钢）。合金铸钢按其合金质量分数可分为低合金铸钢和高合金铸钢。

低合金铸钢指合金元素总量一般小于5%的铸钢；高合金铸钢主要用于耐热、耐磨、耐酸等条件下工作的零件。如：碳质量分数为1.0%～1.35%。锰质量分数为11%～14%的奥氏体铸造高锰钢ZGMn13，经过淬火韧化处理后，具有高度的韧性和耐磨性，专门用于铸造轧石机牙板、挖土机掘斗、拖拉机、坦克的履带等要求耐磨的工件，它具有较好的铸造性能，但切削加工非常困难，一般直接用铸件装配使用，高速钢可直接铸出异形铣刀，铸造不锈钢则用以制造耐酸泵等耐腐蚀零件。

（二）铸钢的铸造工艺特点

1. 钢液的流动性差　其铸件壁厚不能小于8mm，且浇注系统应力求简单、截面尺寸要比铸铁大、铸型常用干型；此外，铸钢件晶粒粗大，热裂、气孔和粘砂等倾向大，故应根据具体情况确定合适的浇注温度。一般小件、薄壁及形状复杂的铸件，其浇注温度比钢的熔点高150℃左右；大件、厚壁铸件的浇注温度比钢的熔点高100℃左右。

2. 铸钢的体积收缩率和线收缩率大　铸钢的体积收缩率为10%～14%，线收缩率为1.8%～2.5%，均大于铸铁。为防止铸件产生缩孔和裂纹等缺陷，铸件壁厚要均匀，避免尖角和直角结构，此外，还可采用如下措施予以防止：

(1) 铸造小肋　由于铸钢的固态收缩较大，铸件结构的转角内侧常因收缩应力而产生热裂。铸造小肋是防止这种热裂的有效工艺措施，见图1-26。

铸件结构转角的内侧散热条件较差。钢液开始凝固时，该处结壳较薄，由于收缩应力集中，容易在高温下被拉裂。铸造小肋的厚度约为铸件壁厚的1/4～1/3，浇注后很快地凝固冷却，有足够的强度防止铸件产生热裂。铸造小肋通常是由造型工挖割而成的，并不在模样上制出，以免使模样构造复杂化。影响零件使用的铸造小肋，可在铸件退火后割除。

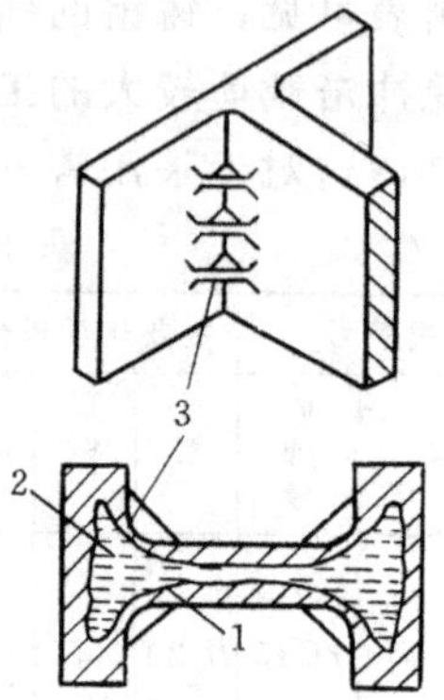

图1-26　铸造小肋

1—凝固层　2—熔液　3—小肋

(2) 提高型砂和型芯的退让性　在型砂中加入锯末、焦炭或采用空心型芯和油芯等，可有效地减小铸钢的收缩应力，避免裂纹。

(3) 多开内浇道　对于轮廓尺寸较大、壁厚均匀的薄铸件，可多开设内浇道以较快的速度充填铸型，使之同时凝固，见图1-27。

(4) 设置冒口和冷铁　对于壁厚相差较大的铸件，为了防止缩孔、缩松，在厚壁部位设置冒口和冷铁，使之定向凝固，见图1-28。

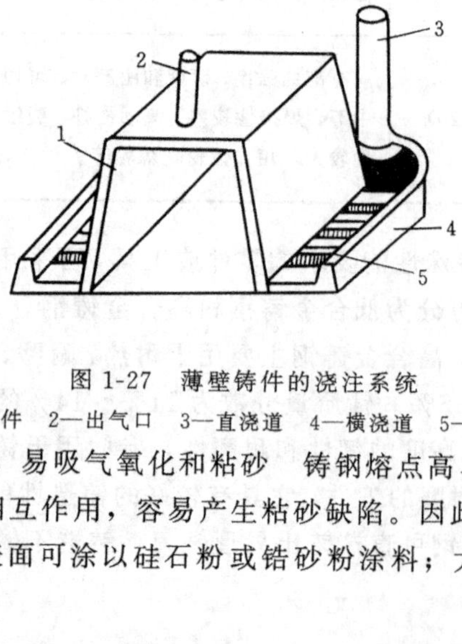

图1-27　薄壁铸件的浇注系统

1—铸件　2—出气口　3—直浇道　4—横浇道　5—内浇道

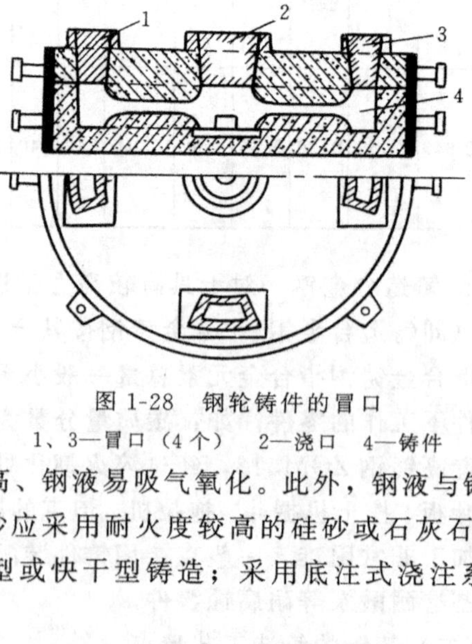

图1-28　钢轮铸件的冒口

1、3—冒口（4个）　2—浇口　4—铸件

3. 易吸气氧化和粘砂　铸钢熔点高、浇注温度高、钢液易吸气氧化。此外，钢液与铸型材料相互作用，容易产生粘砂缺陷。因此，铸钢用砂应采用耐火度较高的硅砂或石灰石砂；铸型表面可涂以硅石粉或锆砂粉涂料；大件多用干型或快干型铸造；采用底注式浇注系统等。

（三）铸钢件与铸铁件铸造工艺的比较

铸钢的综合性能较铸铁高，但其铸造性能却比铸铁差。二者最突出的差异在于：铸钢件在铸造工艺上必须首先考虑补缩问题。

图 1-29 为铸钢和铸铁轴承端盖的不同铸造工艺简图。按常理，轴承端盖的装配面是质量要求较高的主要加工面，浇注位置应该向下，见图 1-29a。但由于该处截面较厚，为了便于设置补缩冒口，铸钢件的工艺方案必须使其向上，见图 1-29b。这时，为了保证装配面的质量，只能增大加工余量。

为了实现铸件均匀冷却，铸铁轴承端盖的内浇道沿圆周一边的切线方向开设。而对于铸钢件，为了避免钢液冲击飞溅，不希望钢液在型腔内转动，故其内浇道沿圆周两边切线开设。又因钢液流动性较差，所以铸钢零件的形状还作了较大的简化。

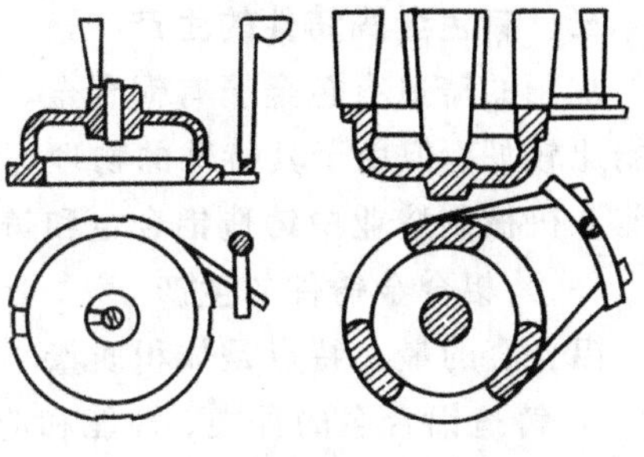

a）　　b）

图 1-29　轴承盖浇冒口的不同设计

a）灰铸铁件　b）铸钢件

（四）铸钢件的热处理

热处理是生产铸钢件的重要工序。因为铸态钢件晶粒粗大、组织不均，各种偏析严重，且常存有残留应力，致使铸件的强度，特别是塑性和韧性不够高。为了细化组织，消除内应力，改善偏析，提高铸件的力学性能，必须对铸钢件进行正火或退火处理。正火的力学性能较退火高，且生产率高、成本低、应尽量采用正火代替退火。但正火较退火的内应力大，因此形状复杂、易产生裂纹、硬化的铸钢件，则需退火。

对于小型中碳钢铸件，则常用调质处理，以提高其综合力学性能。

（五）铸钢熔炼

熔炼铸钢的方法主要有平炉、电弧炉和感应电炉等，其中，电弧炉和感应电炉应用最广。

三相电弧炉构造见图 1-30a。通电后三根石墨电极与金属炉料间产生强烈的电弧，电弧产生的热量将金属炉料熔化炼成钢液。电弧炉炼钢具有温度高、合金元素烧损少、开炉停炉方便、设备投资少，对炉料要求不高等特点。同时，电弧炉炼钢可以严格控制钢液成分，故能炼优质钢、高级合金钢和特殊钢等钢种，但耗电量大、成本高。

感应电炉工作原理图见图 1-30b。它是利用感应线圈中通过交变电流产生磁场，在金属炉料内产生感应电流（即涡流），使金属料熔化。感应电炉炼钢合金元素烧损少、成

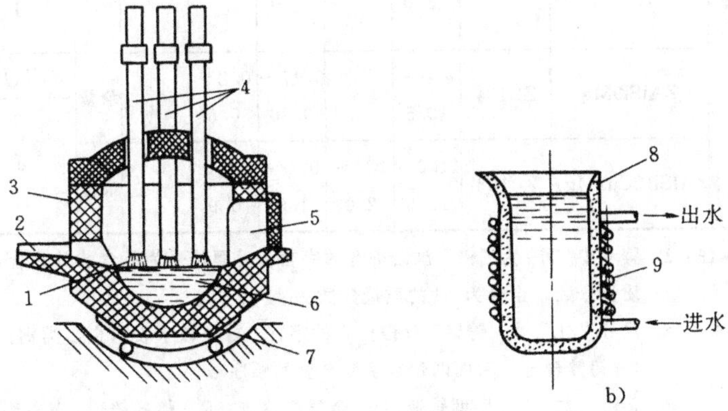

a）　　b）

图 1-30　铸钢熔炼设备

a）三相电弧炉　b）感应电炉

1—电弧　2—出钢口　3—炉墙　4—电极　5—加料口　6—钢液　7—倾斜机构　8—坩埚　9—感应线圈

分、温度易控制、钢液质量高、熔炼速度快、操作简便、劳动条件好、能耗小且易实现真空熔炼。但设备投资大、容量小。它能熔炼各种合金钢和碳质量分数极低的钢，适用于中小型铸件的生产。

平炉炼钢适用于重型机器厂生产重型铸件，其容量一般在100t以下。其熔炼周期长、设备结构庞大而复杂、产量低、质量不如电弧炉和感应电炉，故适用范围受到限制。

近年来真空感应电炉和等离子感应炉等新的炼钢法被广泛采用。等离子感应炉的生产率比感应电炉高25%～30%，且耗电量比感应电炉低。

三、有色金属铸件的生产

常用的铸造有色金属有铜合金、铝合金、镁合金及轴承合金等。与钢、铁相比，其力学性能比较低。但由于其特殊的物理、化学性能，如耐腐蚀性、耐磨性和耐热性、导电性好等，目前，机械制造业中铸造铝合金和铸造铜合金得到广泛应用。

（一）铝合金铸件的生产

铝合金的最大特点是体积质量小，有一定的力学性能、良好的导电、导热和耐蚀性等。

1. 铸造铝合金的种类、性能和应用　按化学成分的不同，铸造铝合金可分为铸造铝硅合金、铝铜合金、铝镁合金和铝锌合金，见表1-7。

表1-7　常用铸造铝硅合金牌号、代号、成分、性能和用途（GB1173—1995）

<table>
<tr><th rowspan="2">品种</th><th rowspan="2">牌号</th><th rowspan="2">合金代号</th><th colspan="6">主要元素成分 w（%）</th><th rowspan="2">铸造方法</th><th rowspan="2">合金状态</th><th colspan="3">力学性能（≥）</th><th rowspan="2">应用举例</th></tr>
<tr><th>Si</th><th>Cu</th><th>Mg</th><th>Mn</th><th>Ti</th><th>Al</th><th>σb/MPa</th><th>δs/%</th><th>HBS</th></tr>
<tr><td rowspan="11">铝硅合金</td><td rowspan="2">ZAlSi7Mg</td><td rowspan="2">ZL101</td><td rowspan="2">6.5～7.5</td><td rowspan="2"></td><td rowspan="2">0.25～0.45</td><td rowspan="2"></td><td rowspan="2"></td><td rowspan="2">余量</td><td>S、R、J、K</td><td>T5</td><td>195</td><td>2</td><td>60</td><td rowspan="4">用于形状复杂的中等负荷零件、如飞机、仪表零件、抽水机壳体等</td></tr>
<tr><td>JB</td><td>T4</td><td>185</td><td>4</td><td>50</td></tr>
<tr><td rowspan="2">ZAlSi7MgA</td><td rowspan="2">ZL101A</td><td rowspan="2">6.5～7.5</td><td rowspan="2"></td><td rowspan="2">0.25～0.45</td><td rowspan="2"></td><td rowspan="2">0.08～0.20</td><td rowspan="2">余量</td><td>S、R、K</td><td>T5</td><td>235</td><td>4</td><td>70</td></tr>
<tr><td>J、JB</td><td>T4</td><td>225</td><td>5</td><td>60</td></tr>
<tr><td rowspan="3">ZAlSi12</td><td rowspan="3">ZL102</td><td rowspan="3">10.0～13.0</td><td rowspan="3"></td><td rowspan="3"></td><td rowspan="3"></td><td rowspan="3"></td><td rowspan="3">余量</td><td>SB、JB</td><td rowspan="2">F</td><td>145</td><td>4</td><td>50</td><td rowspan="3">用于形状复杂的低负荷零件、工作温度在200℃以下的气密性零件</td></tr>
<tr><td rowspan="2">J</td><td>155</td><td>2</td><td>50</td></tr>
<tr><td>T2</td><td>145</td><td>3</td><td>50</td></tr>
<tr><td rowspan="2">ZAlSi9Mg</td><td rowspan="2">ZL104</td><td rowspan="2">8.0～10.5</td><td rowspan="2"></td><td rowspan="2">0.17～0.30</td><td rowspan="2">0.2～0.5</td><td rowspan="2"></td><td rowspan="2">余量</td><td>S、R、J、K</td><td>F</td><td>145</td><td>2</td><td>50</td><td rowspan="2">200℃以下工作的气缸体、机体等</td></tr>
<tr><td rowspan="3">J</td><td rowspan="2">T1</td><td>195</td><td>1.5</td><td>65</td></tr>
<tr><td rowspan="2">ZAlSi12Cu2Mg1</td><td rowspan="2">ZL108</td><td rowspan="2">11.0～13.0</td><td rowspan="2">1.0～2.0</td><td rowspan="2">0.4～1.0</td><td rowspan="2">0.3～0.9</td><td rowspan="2"></td><td rowspan="2">余量</td><td>195</td><td>1</td><td>70</td><td rowspan="2">要求高温强度及低膨胀系数的内燃机活塞及耐热零件</td></tr>
<tr><td>T6</td><td>225</td><td>0.5</td><td>70</td></tr>
</table>

注：1. 牌号中“Z”为“铸”汉语拼音的字首，后面符号为所含的其它合金元素，数字分别表示Si及其它合金元素的质量分数，余量为Al的质量分数。

2. 代号“ZL”为“铸铝”汉语拼音的字首。首位数字表示合金类别：1—铝硅合金；2—铝铜合金；3—铝镁合金；4—铝锌合金。后面两位数字为合金的顺序号。

3. 铸造方法：S—砂型铸造；J—金属型铸造；R—熔模铸造；K—壳型铸造；B—变质处理

4. 合金状态：F—铸态；T_1—人工时效；T_2—退火；T_4—固溶处理加自然时效；T_5—固溶处理加不完全人工时效；T_6—固溶处理加完全人工时效；T_7—固溶处理加稳定化处理；T_8—固溶处理加软化处理。

2. 铝合金的熔炼　铝合金一般在坩埚炉内熔炼。现以铝硅合金为例说明熔炼时应注意的问题。

铝硅合金是以硅为主要合金的铝基合金。硅质量分数小于10%的为亚共晶合金，硅质量分数12%左右的为共晶合金，硅质量分数更高的为过共晶合金，硅质量分数16%～22%的合金，有较高耐磨性。

铝硅合金高温下氧化严重，生成Al_2O_3悬浮于铝液表面构成一层致密的氧化薄膜。Al_2O_3熔点高为2050℃，这层薄膜可起保护作用，防止铝液的进一步氧化。此外，铝液还极易吸收氢气。吸收的气体被铝液表面致密的Al_2O_3薄膜阻碍不易排出，使铸件产生针孔，显著降低铸件的力学性能。为了减缓合金氧化，熔化时常向坩埚内加入KCl、NaCl等盐类作为覆盖剂，熔炼温度应低于800℃，不能搅拌溶液，且保温时间应尽量短。

(1) 铝合金的精炼处理　为了排出铝液中吸入的气体，在铝液出炉前要进行精炼，以使金属液净化，提高合金的力学性能。常用精炼方法有以下两种：

1) 气体精炼法　根据通入铝液气体的不同，精炼原理亦有差异。

① 通入与铝液不发生化学反应的气体，如氮气。氮气以气泡形式从铝液底部上浮时，氢气随气泡上升而逸出，气泡上升的同时，固态夹杂物可一并上浮到液面而被清除。

② 通入与铝液发生化学作用的气体，如氯气，其反应如下

$$3Cl_2+2Al \rightleftharpoons 2AlCl_3\uparrow$$

$$Cl_2+H_2 \rightleftharpoons 2HCl\uparrow$$

$AlCl_3$和HCl在熔炼条件下均为气体，以气泡形式上浮，将合金液中的气体和固态夹杂物带出。氯气精炼效果好、成本低、不会增加铝液中的杂质，但氯气有毒，应采取通风与安全措施。

2) 固体精炼法　常用的精炼剂有氯化物C_2Cl_6、$ZnCl_2$、$MnCl_2$。如在合金熔液中加入质量分数为0.5%～0.7%的C_2Cl_6，经过12min～18min后，合金的熔液就能基本净化，其反应如下

$$3C_2Cl_6+2Al \rightleftharpoons 3C_2Cl_4\uparrow+2AlCl_3\uparrow$$

C_2Cl_4和$AlCl_3$在熔炼条件下均为气体，在气泡上浮过程中起着与通气法类似的精炼作用。C_2Cl_6便于保存、使用方便、除气效果好、应用普遍。

(2) 铝硅合金的孕育处理　硅的质量分数大于6%的铝硅合金应进行孕育处理，以细化晶粒、提高力学性能。

起孕育作用的主要是钠，而实际多用钠盐处理铝合金。钠盐与铝能发生置换反应，被置换出来的钠即可起到孕育作用。如氟化钠和铝可以产生如下反应

$$3NaF+Al=3Na+AlF_3$$

为了适用于不同的铝合金，孕育剂常用不同的钠盐或钾盐配成不同比例的混合物，以便使孕育剂具有不同的熔点。孕育剂的加入量为合金熔液质量的1.5%～2%。一般加入730℃～780℃的铝液中，经过10min～12min后，即可浇注。

3. 铝合金的铸造工艺特点

1) 铸造铝合金熔点低、流动性好、对型砂耐火度要求不高，可用细砂造型，以减小铸件表面粗糙度值，还可浇注薄壁复杂铸件。

2) 为防止铝液在浇注过程中的氧化和吸气，通常采用开放式浇注系统及应用，蛇形直浇道和缝隙内浇道等，见图

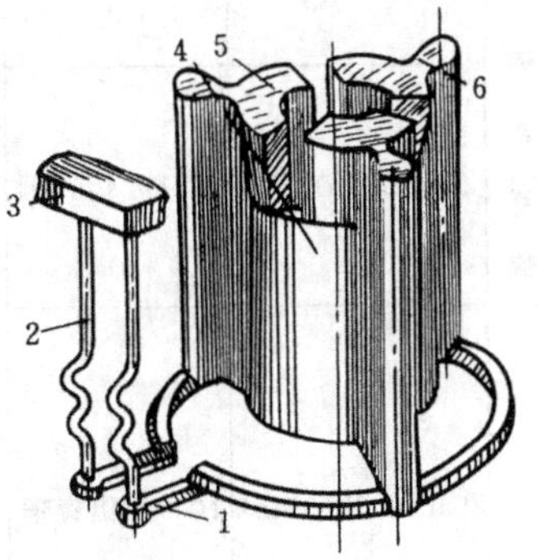

图1-31　蛇形直浇道与缝隙内浇道
1—横浇道　2—蛇形直浇道　3—外浇道　4—铸件　5—冒口　6—缝隙内浇道

1-31。使铝液迅速而平稳地充满铸型，不产生飞溅、涡流和冲击。浇注时不能断流。

3）应能造成合理的温度分布，使铸件进行定向凝固，并在最后凝固部位设置冒口进行补缩，以消除缩孔和缩松。

另外，提高型砂，型芯的退让性以防止裂纹。

（二）铜合金铸件的生产

铜合金具有较高的耐磨性、耐蚀性、导电性和导热性，广泛用于制造轴承、蜗轮、泵体、管道配件以及电器制冷设备上的零件。但铜的体积质量大，而且价格昂贵。

1. 铜合金种类、牌号、性能和应用　铸造铜合金按其成分不同可分为黄铜和青铜。常用铸造铜合金的牌号、成分、性能和用途，见表 1-8。

表 1-8　常用铸造铜合金的牌号、成分、性能和用途（GB1176—87）

类别	合金牌号	合金名称	主要化学成分 w/%				铸造方法②	力学性能(≥)			主要特性	应用实例
			铜	锌	锡	其它		σ_b/MPa	δ_5/%	HBS①		
铸造黄铜	ZCuZn16Si4	16-4 硅黄铜	79.0～81.0	其余		2.5Si～4.5Si	S	345	15	885	具有较高的力学性能和良好的耐蚀性、铸造性能好、流动性高、组织致密	接触海水工作的管配件和水泵、叶轮等，以及工作压力在 4.5MPa 250℃以下蒸汽中铸件
							J	390	20	980		
	ZCuZn31Al2	31-2 铝黄铜	66.0～68.0	其余		2.0Al～3.0Al	S	295	12	785	铸造性能良好、在空气、淡水、海水中耐蚀性好，易切削可以焊接	适用于压力铸造，如电机、仪表等压力铸件，以及造船和机械制造业的耐蚀零件
							J	390	15	885		
铸造青铜	ZCuSn10Pb1	10-1 锡青铜	其余		9.0～11.5	05P～1.0P	S	220	3	785	硬度高、耐磨性极好，不易产生咬死现象，有较好的铸造性能和切削加工性能，在大气和淡水中有良好的耐蚀性	可用于高负荷（20MPa 以上）和高滑动速度（8m/s）下工作的耐磨零件，如连杆、衬套、轴瓦齿轮、蜗轮等
							J	310	2			
							Li	330	4	885		
							La	360	6			
	ZCuSn3Zn11Pb4	3-11-4 锡青铜	其余	9.0～13.0	2.0～4.0	3.0Pb～6.0Pb	S	175	8	590	铸造性能好，易加工、耐腐蚀	海水、淡水蒸汽中、压力不大于 2.5MPa 的管配件
							J	215	10			
	ZCuAl10Fe3Mn2	10-3-2 铝青铜	其余			9.0Al～11.0Al 2.0Fe～4.0Fe 1.0Mn～2.0Mn	S	490	15	1080	具有高的力学性能和耐磨性、可热处理，高温下耐蚀性和抗氧化性好，在大气、淡水和海水水中耐蚀性好	要求强度高、耐磨、耐蚀的零件，如齿轮、轴承、衬套、管嘴以及耐热管配件等
							J	540	20	1175		

① 布氏硬度试验力的单位为牛顿。

②铸造方法：Li—离心铸造；La—连续铸造。

(1) 铸造黄铜　黄铜是以锌为主要合金元素的铜基合金。锌的价格低廉，且能提高黄铜的强度和塑性，锌质量分数在30%～40%之间时，黄铜强度和塑性都较高。黄铜的凝固温度范围小，流动性高，组织致密，具有良好的铸造性能，广泛应用于制造耐磨和耐腐蚀零件。为改善黄铜的力学性能，常加入少量的其它元素，如锰、镍、硅、铅等。加入锰等元素的称为高强度锰黄铜，加入镍等元素的称为白铜，用于重载齿轮、蜗轮和轮船螺旋浆等零件。铅和硅可有效地增加黄铜的耐磨性。

(2) 铸造青铜　原指铜锡合金，现在除黄铜、白铜以外的铜合金均泛称青铜。按其成分不同，铸造青铜可分为锡青铜和无锡青铜（即特殊青铜）两大类。特殊青铜包括铝青铜、铅青铜、锰青铜，其中以铝青铜应用最广。

锡青铜是铜和锡的合金。锡能显著提高青铜的强度和硬度，但其质量分数超过5%～6%时，塑性就变得较差。锡青铜的耐磨性和耐蚀性较黄铜高，常用作较重要的零件。为改善锡青铜性能，常加入磷、铅、锌等元素。磷能提高锡青铜的弹性模量、疲劳强度和耐磨性；铅能使锡青铜组织致密，防止缩松、并增加耐磨性。锌可缩小锡青铜的凝固温度范围，改善流动性，并使组织致密。因此；ZCuSn5Pb5Zn5是一种铸造性能较好的锡青铜，适用于一般的耐磨零件，以及泵体和各种管配件。

铝青铜是以铝为主要合金元素的铜基合金。铝能提高青铜的强度和塑性，其质量分数超过8%时，铝青铜能淬火强化，获得较高的力学性能，铝的质量分数一般为8.5%～10.5%。

2. 铜合金的熔炼　铜合金的熔炼设备为坩埚炉。坩埚炉常用焦炭或煤气作燃料，成本低、使用方便，故应用较广。液态铜合金易氧化生成Cu_2O溶于铜中使其力学性能下降，因此熔化铜合金时，应使金属炉料不与燃料直接接触，以减少铜及合金元素的氧化和烧损，保持金属料的纯净。故加入覆盖剂（硼砂或玻璃），使其与空气隔离，熔炼青铜时还要加入0.3%～0.6%的磷铜进行脱氧。由于黄铜中的锌本身就是良好的脱氧剂，所以熔炼黄铜时，不需另加熔剂和脱氧剂。

3. 铜合金的铸造工艺特点

图1-32为铸铜合金蜗轮的铸造工艺简图。其特点是采用牛角形内浇道由中央底注。因为进入型腔处的浇口截面较大，所以铜液流入型腔时不会喷溅。轮缘四周全部应用冷铁，使补缩区集中到中心轮毂，由一个冒口进行补缩。铜液表面形成的氧化膜相当坚韧，两部分铜液汇合处很容易产生氧化膜隔层，因此一般情况下，每个铸件只开一个内浇道。又因铜液冷却较快，为了避免延长浇注时间，所以浇口截面应该较大，而且在一个直浇道下尽可能同时浇注较多的铸件，这样还能节省浇口金属的消耗。

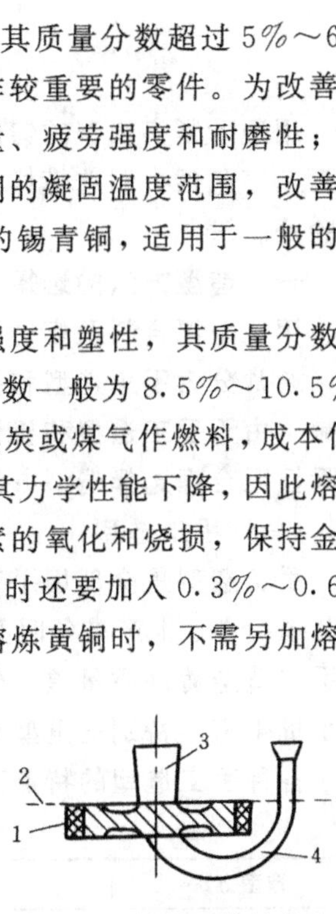

图1-32　铸铜蜗轮的铸造工艺简图
1—冷铁　2—分型面　3—补缩冒口　4—牛角浇口

除此之外，不同的铜合金有着各自不同的铸造特点。

1) 铸造黄铜熔点低、结晶温度窄（30℃～70℃），流动性好、对型砂耐火度要求不高，可用细砂造型，以减小铸件表面粗糙度值、减小加工余量，并可浇注薄壁铸件。但其收缩率大、容易产生集中缩孔，铸造时应配置较大的冒口。

2) 锡青铜在液态下易氧化，在开设浇道时，应尽力使金属液流动平稳、防止飞溅，故常用开放式及底注式浇注系统。锡青铜的凝固温度宽（150℃～200℃），凝固收缩和线收缩率小，虽不易产生大的集中缩孔，但常出现枝晶偏析与缩松，降低铸件的致密度。这种缩松便于储存润滑油，适宜制造滑动轴承。壁厚不大的锡青铜铸件常采用同时凝固原则。锡青铜适合采用金属型铸造，利于快速冷却与补缩，铸件结晶细小致密。

3）铝青铜的凝固温度范围小，有利于提高流动性和铸件组织致密度，是青铜的代用材料，广泛应用于制造重要的齿轮、轴套、蜗杆和阀体等铸件。但铝青铜的收缩较大，易产生集中缩孔，为此需安置冒口、定向凝固。又因液态铝青铜易氧化吸气，故宜采用开放式及底注式浇注系统，且浇注时不能断流。此外，浇注系统中还应安放过滤网以除去浮渣。

4）铅青铜浇注时，因铅体积质量大会下沉，故需控制浇注温度，且浇注前应充分搅拌，并加快铸件冷却以减小偏析。

第三节　砂型铸造

用型砂紧实成型的铸造方法称为砂型铸造。砂型铸造是应用最广泛的一种铸造方法，其主要工序包括：制造模样，制备造型材料、造型、造芯、合型、熔炼、浇注、落砂、清理与检验等。

一、造型方法的选择

用造型混合料及模样等工艺装备制造铸型的过程称为造型。造型是砂型铸造的最基本工序，通常分为手工造型和机器造型。造型方法选择是否合理，对于铸件质量和成本有着很大影响。由于手工造型和机器造型对铸造工艺的影响不同，因此要根据零件的结构形式和工厂实际情况合理选择造型方法。

（一）手工造型

手工造型是全部用手工或手动工具完成的造型工序。手工造型操作灵活、适应性广，工艺装备简单、生产准备时间短、模样成本低，目前仍是铸造生产中应用很广的一种造型方法。但手工造型铸件质量差、生产率低、劳动强度大、技术水平要求高，故手工造型主要用于单件小批生产，特别是重型和形状复杂的铸件。

各种手工造型的特点和适用范围见表 1-9，其中两箱分模造型法应用最为广泛。

表 1-9　各种手工造型方法的特点和应用

造型方法		简　图	主　要　特　征	适用范围
按砂型特征分	两箱造型	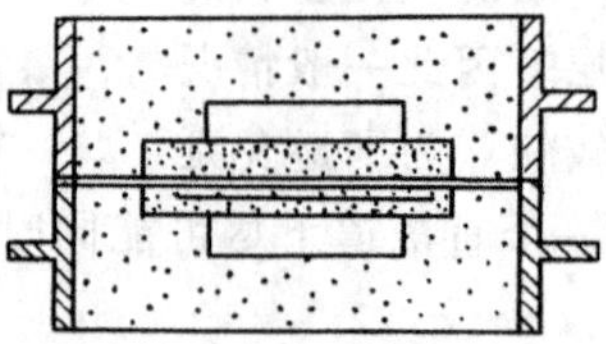	为造型最基本方法，铸型由成对的上型和下型构成，操作简单	适用于各种生产批量和各种大小的铸件
	三箱造型	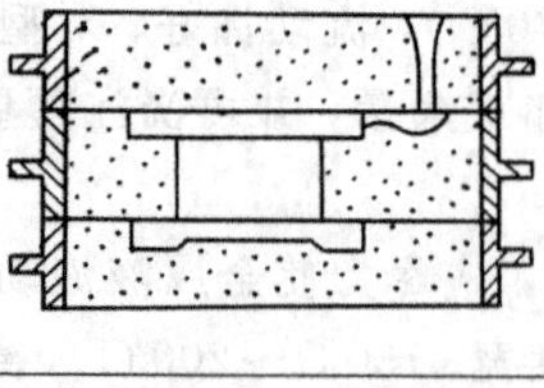	铸型由上、中、下三型构成。中型高度须与铸件两个分型面的间距相适应。三箱造型操作费工，且需配有合适的砂箱	适用于具有两个分型面的单件、小批生产的铸件

（续）

造型方法		简　图	主　要　特　征	适用范围
按砂型特征分	脱箱造型	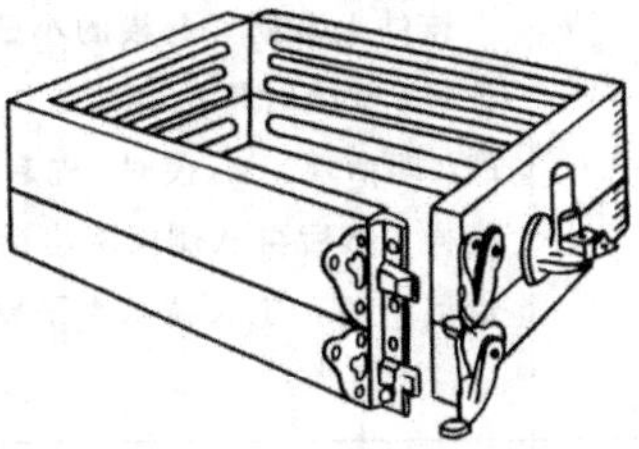	采用活动砂箱来造型，在铸型合型后，将砂箱脱出，重新用于造型。一个砂箱可制出许多铸型。金属浇注时为防止错型，需用型砂将铸型周围填紧，也可在铸型上套箱	常用于生产小铸件，因砂箱无箱带，故砂箱一般小于400mm
	地坑造型	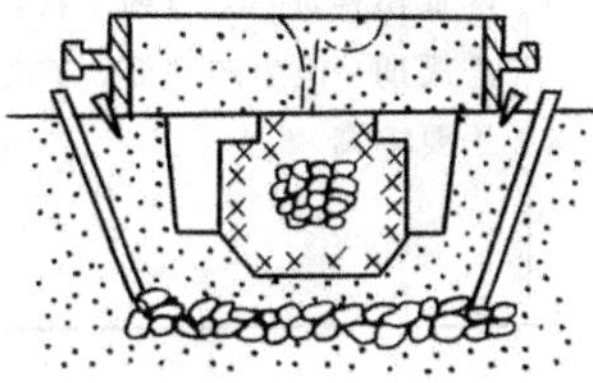	造型是利用车间地面砂床作为铸型的下箱。大铸件需在砂床下面铺以焦炭，埋上出气管，以便浇注时引气。地坑造型仅用或不用上箱即可造型，因而减少了造砂箱的费用和时间，但造型费工、生产率低，要求工人技术水平高	适用于砂箱不足，或生产批量不大、质量要求不高的中、大型铸件，如砂箱、压铁、炉栅、芯骨等
	组芯造型	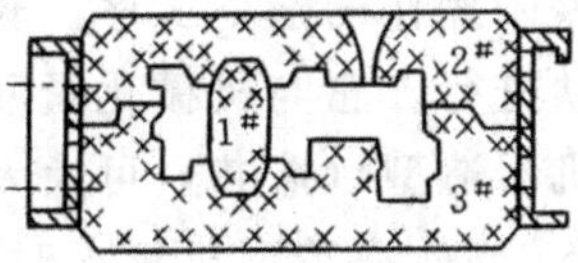	用若干块砂芯组合成铸型，而无需砂箱。它可提高铸件的精度，但成本高	适用于大批量生产形状复杂的铸件
按模样特征分	整模造型	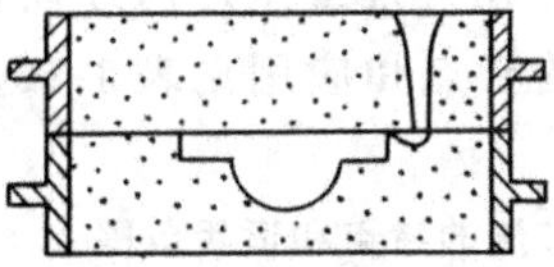	模样是整体的，分型面是平面，铸型型腔全部在半个铸型内，其造型简单，铸件不会产生错型缺陷	适用于铸件最大截面在一端，且为平面的铸件
	挖砂造型	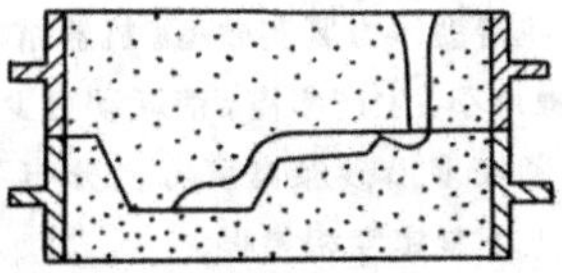	模样是整体的，但铸件分型面为曲面。为便于起模，造型时用手工挖去阻碍起模的型砂、其造型费工、生产率低，工人技术水平要求高	用于分型面不是平面的单件、小批生产铸件
	假箱造型	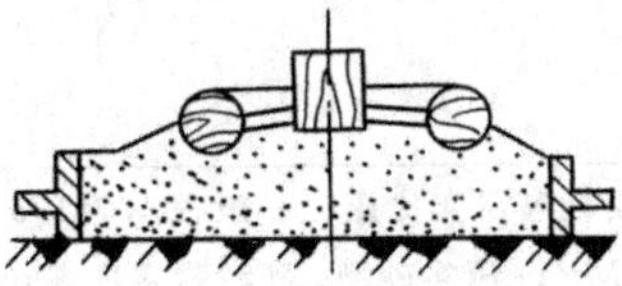	为克服挖砂造型的挖砂缺点，在造型前预先做个底胎（即假箱），然后在底胎上制下箱，因底胎不参予浇注，故称假箱。比挖砂造型操作简单，且分型面整齐	适用于成批生产中需要挖砂的铸件
	分模造型	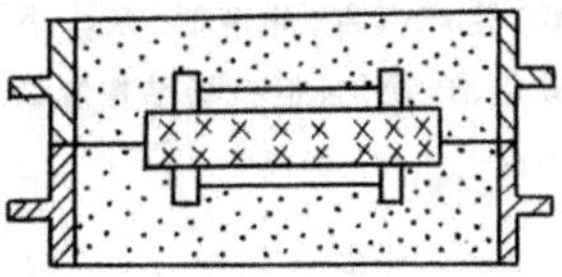	将模样沿最大截面处分成两半，型腔位于上、下两个砂箱内，造型简单省工	常用于最大截面在中部的铸件

（续）

造型方法		简　图	主　要　特　征	适用范围
按模样特征分	活块造型	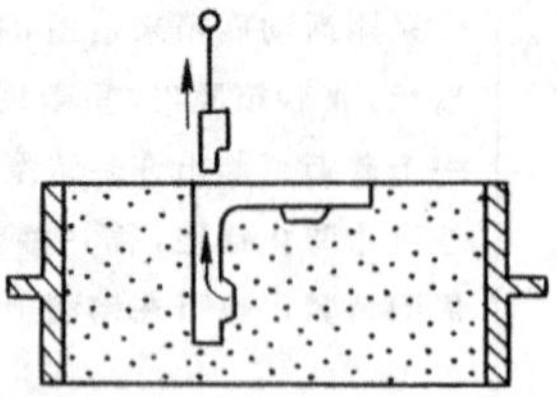	铸件上有妨碍起模的小凸台，肋条等。制模时将这些部分作成活动的（即活块）。起模时，先起出主体模样，然后再从侧面取出活块。其造型费时，工人技术水平要求高	主要用于单件、小批生产带有突出部分、难以起模的铸件
	刮板造型	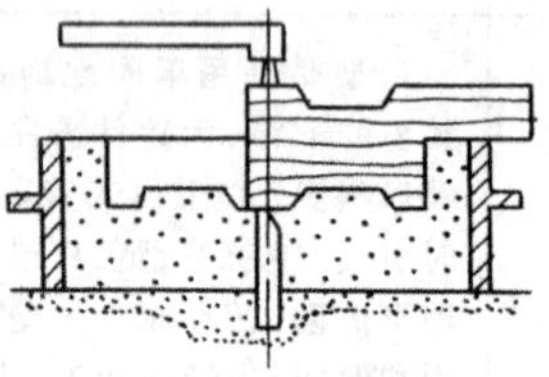	用刮板代替实体模样造型，它可降低模样成本，节约木材，缩短生产周期。但生产率低，工人技术水平要求高	用于有等截面或回转体的大、中型铸件的单件、小批生产、如带轮、铸管、弯头等

（二）机器造型

机器造型指用机器全部地完成或至少完成紧砂操作的造型工序。较完善的造型机还可使整个造型过程（包括填砂；搬运和翻箱等）自动进行。它与机械化紧砂处理、浇注和落砂等工序共同组成流水生产线。与手工造型相比，机器造型（造芯）可大大提高劳动生产率，如普通震压式造型机的生产率为 30 箱/h～80 箱/h，高效率造型机每小时可达数百箱。此外，机器造型铸件尺寸精确、表面光洁、加工余量小，同时还可改善工人的劳动条件。但机器造型需专用设备、专用砂箱和模板、投资较大，只有在大批量生产时才能显著降低铸件成本。

机器造型方法很多，常用的各种造型方法的特点和应用见表 1-10，其中微震压实式造型机有陶汰震压式造型机的趋势。

表 1-10　各种机器造型方法的特点和适用范围

紧砂方法	简　图	主　要　特　点	适用范围
压实紧实	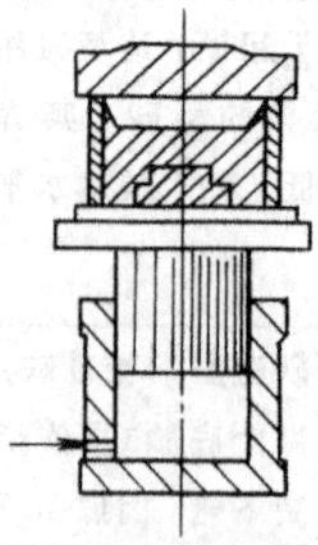	单纯借助压力紧实砂型。机器结构简单、噪声小，生产率高，消耗动力少。型砂的紧实度沿砂箱高度方向分布不均匀，上下紧实度相差很大	适用于成批生产高度小于 200mm 薄而小的铸件
高压紧实	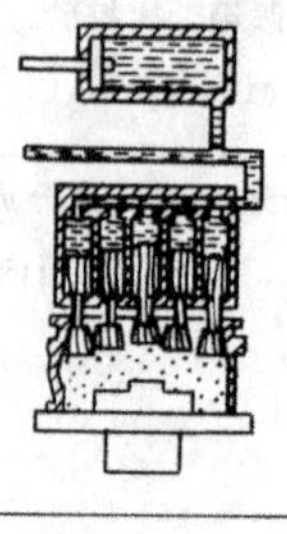	用较高压实比压（一般在 0.7MPa～1.5MPa）压实砂型。砂型紧实度高，铸件尺寸精度高，表面粗糙度 R_a 值小，废品率低，生产率高、噪声低、灰尘小、易于机械化、自动化、但机器结构复杂、制造成本高	适用于大量生产中、小型铸件，如汽车、机车车辆，缝纫机等产品较为单一的制造业

（续）

紧砂方法	简　　图	主　要　特　点	适用范围
震击紧实	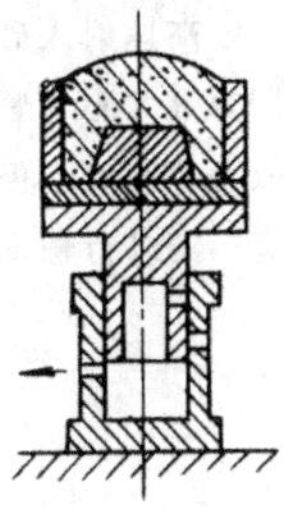	依靠震击力紧实砂型。机器结构简单，制造成本低，但噪声大、生产率低、要求厂房基础好。砂型紧实度沿砂箱高度方向愈往下愈大	适用于成批生产中，小型铸件
震压紧实	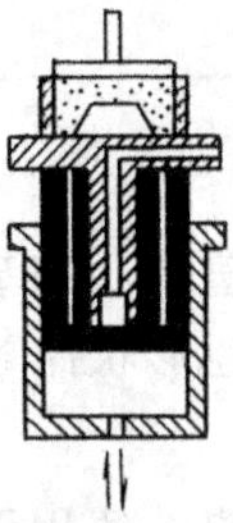	经过多次震击后再压实砂型。生产率高，能量消耗少，机器磨损少，砂型紧实度较均匀，但噪声大	广泛用于成批生产中、小型铸件
微震压实	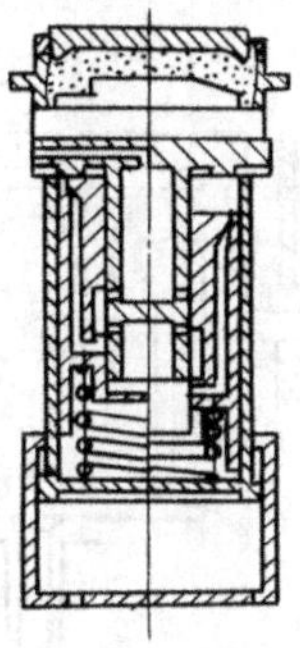	在加压紧实型砂的同时、砂箱和模板作高频率、小振幅震动。生产率较高、紧实度均匀、噪声小	广泛用于成批生产中、小型铸件
抛砂紧实	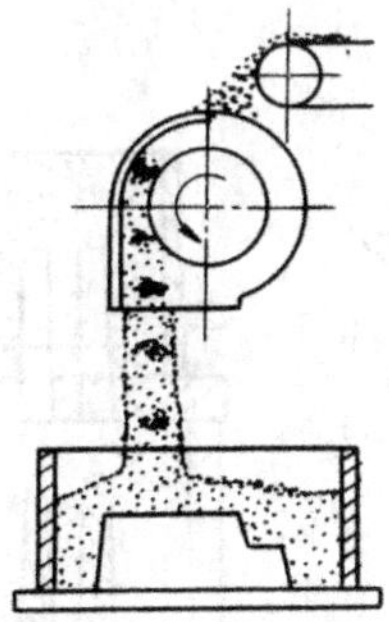	用离心力抛出型砂，使型砂在惯性力下完成填砂和紧实。生产率高，能量消耗少、噪声低、型砂紧实度均匀、适用性广	单件、小批、成批、大量生产中、大型铸件或大型芯
射压紧实	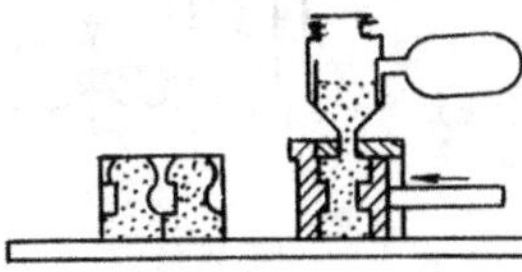	由于压缩空气骤然膨胀，将型砂射入砂箱进行填砂和紧实，再进行压实。生产率高，紧实度均匀，砂型型腔尺寸精确、表面光滑、工人劳动强度低、易于自动化、但造型机调整维修复杂	大批、大量生产形状简单的中、小型铸件

（续）

紧砂方法	简　图	主　要　特　点	适用范围
射砂紧实	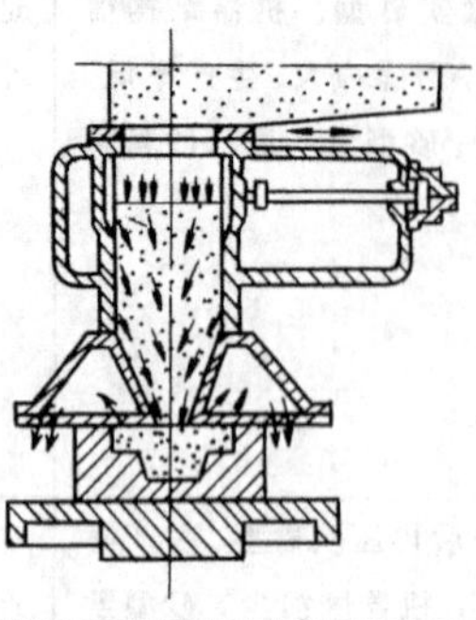	用压缩空气将型（芯）砂高速射入砂箱或芯盒而进行紧实。因其将填砂、紧实两个工序同时完成，故生产率高，但用于造型，其紧实度不高、需进行辅助压实	广泛用于制芯、并开始用于造型

常见微震压实机造型的起模装置有以下四种：

1. 顶箱起模　当砂型紧实后，造型机的四根顶杆同时垂直向上将砂箱顶起完成起模。顶箱起模的造型机，机构简单，但起模时易掉砂，只适用于型腔形状简单，高度较小的模样起模，多用于制造上箱，见图 1-33a

2. 落模起模　起模时将砂箱托住，模样下落，与砂箱分离，适用于形状简单，高度较小的模样起模，见图 1-33b。

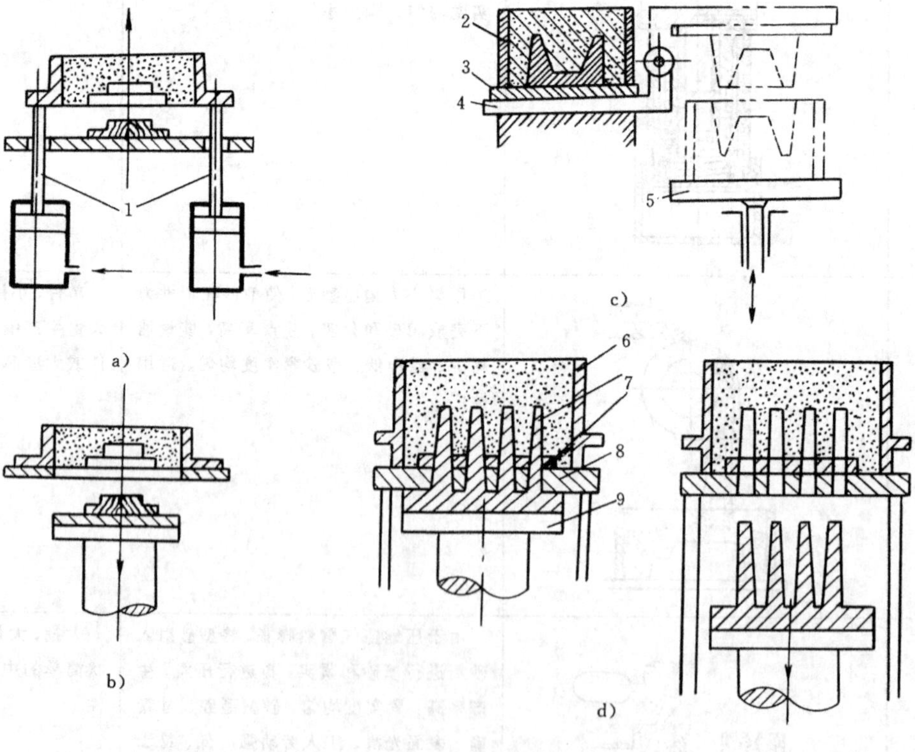

图 1-33　起模方法

a）顶箱起模　b）落模起横　c）翻转起模　d）漏模起模

1—顶杆　2、6—砂箱　3、7—模板　4—翻台　5—接箱台　8—漏板　9—工作台

3. 翻转起模　起模前先将砂箱连同模样一起翻转 180°，再使砂箱下落完成起模。这种起模方法不易掉砂，适用于型腔较深，形状复杂的模样起模，多用于制造下箱，见图 1-33c。

4. 漏模起模　当砂型型腔较深、模样起模斜度小或不允许有起模斜度时，常采用漏模起模。为了防止起模时型砂脱落，用漏板托住型砂，当模样从漏板中抽出后，再将漏板拿掉。漏模起模常用于半机械化生产中。见图 1-33d。

二、铸造工艺设计

铸造工艺设计是根据铸件结构特点、技术要求、生产批量、生产条件等，确定铸造方案和工艺参数，绘制图样和标注符号，编制工艺卡和工艺规程等。

（一）铸造工艺图

铸造工艺图是表示铸型分型面、浇冒口系统、浇注位置、型芯结构尺寸、控制凝固措施（冷铁、保温衬板）等的图样。可按规定的工艺符号或文字绘制在零件图上，或另绘工艺图样。它是指导模样和铸型的制造、生产准备和验收的最基本的工艺文件，也是大批量生产中绘制铸件图、模样图和铸型装配图的主要依据。

铸造工艺图是根据零件结构特点、技术要求，生产批量及生产条件等生产工艺的前提下绘制的。图中应表示出：铸件的浇注位置、分型面、型芯的数量、形状、尺寸及固定方法、加工余量、起模斜度、浇口、冒口、冷铁的尺寸和位置。

1. 铸件图（毛坯图）　它是反映铸件实际形状、尺寸和技术要求的图样，是铸造生产、铸件检验与验收的主要依据。铸件图根据已定的铸造工艺方案，用图形、工艺符号和文字标注，其内容有：切削余量、工艺余量、不铸出的孔槽、铸件尺寸公差、加工基准、铸件金属等级、热处理规范、铸件验收技术条件等。

公差、起模斜度及圆角只标特殊部位，其余可写在技术要求中；加工定位用符号"⌐V⌐"、夹紧用符号"↓"；用双点划线表示零件轮廓形状，在双点划线和粗实线间标注加工余量尺寸，在剖视图上网格部分表示加工余量和不铸出孔（槽）等被切去的部分。

大批量生产或重要铸件应绘制铸件图。一般生产批量不太大时，亦可只绘制铸造工艺图，省略铸件图的绘制。如衬套的零件图和铸造工艺图见图 1-34。

2. 铸造方案的确定

（1）浇注位置的选择　浇注位置是浇注时铸型分型面所处的位置。分型面为水平、垂直或倾斜时分别称为水平浇注、垂直浇注或倾斜浇注。

浇注位置的确定是铸造工艺中重要环节，它关系到铸件质量、也涉及到铸件尺寸精度以及造型工艺过程，应认真分析，择优确定。

确定铸件浇注位置应考虑以下几个原则。

1）体收缩大的合金如铸钢，球墨铸铁及壁厚差较大的铸件，应按定向凝固的原则，将壁厚较大和铸件的热节部置于上部或侧部，以便设置冒口进行补缩，见图 1-35。

2）重要加工面、耐磨表面等质量要求较高部位应置于下面或侧面。当铸件的重要加工面有数个时，则应将较大的平面朝下。因为铸件下部的气孔、夹渣、砂眼等缺陷比上部少，组织比上部致密。图 1-36 是锥齿轮在铸型中的两种不同浇注位置。由于齿轮齿部要求无明显缺陷、且组织致密，需进行机械加工，将齿部放在铸型的下部。图 1-37 为缸套在铸型的两种不同浇注位置。由于缸套的质量要求较高，全部表面都要机械加工，且周围内表面要求质量一致，所以按图 a 所示浇注虽便于采用两箱造型、合型方便，但上部周围表面质量难以保证，若

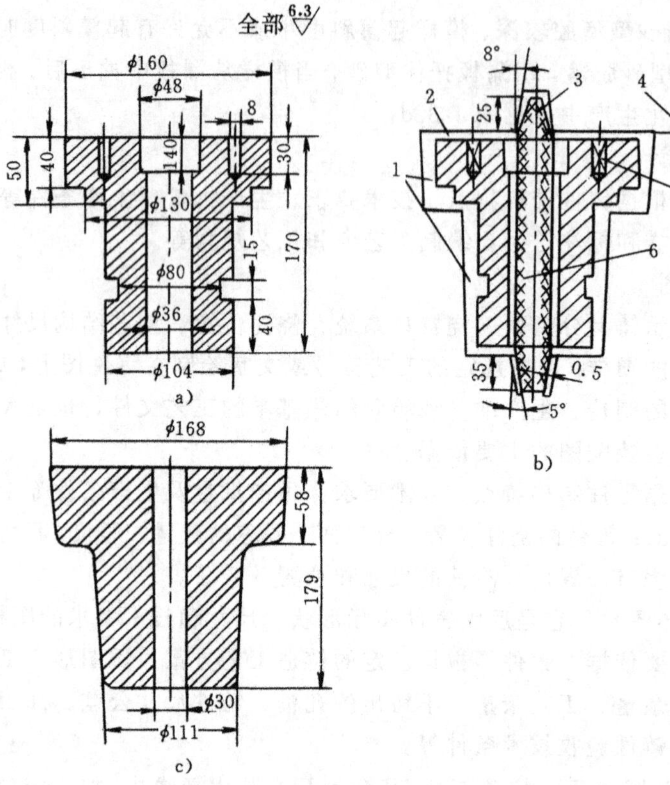

图 1-34 衬套的零件图、铸造工艺图和铸件图

a）零件图 b）铸造工艺图 c）铸件图

1、2－加工余量① 3－芯头② 4－分型线① 5－不铸出孔① 6－型芯②

① 一般用红色示出 ② 一般用蓝色示出

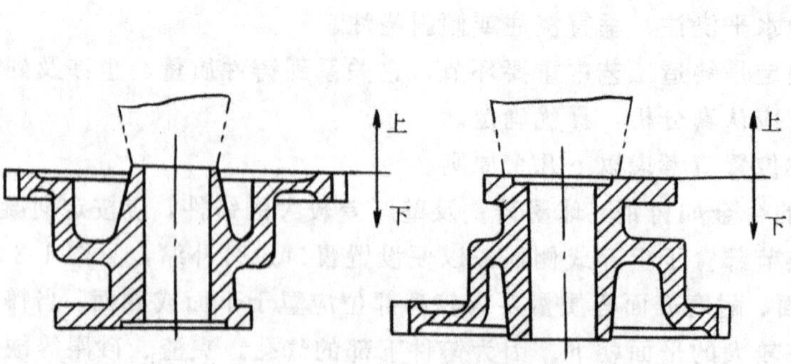

图 1-35 收缩大的钢铸件浇注位置选择

a）不利于补缩 b）有利于补缩

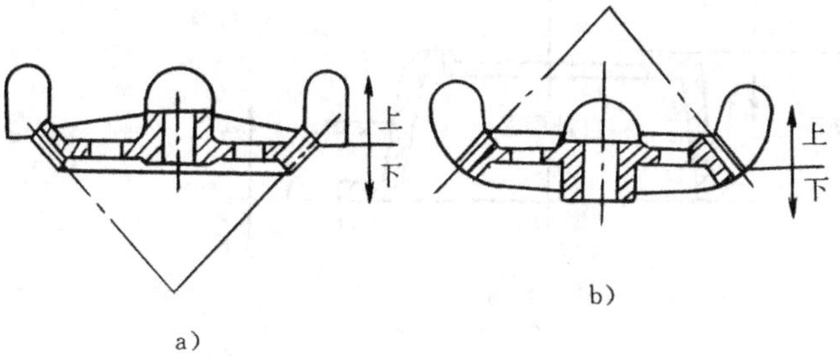

图 1-36　锥齿轮浇注时的位置
a) 正确　b) 不正确

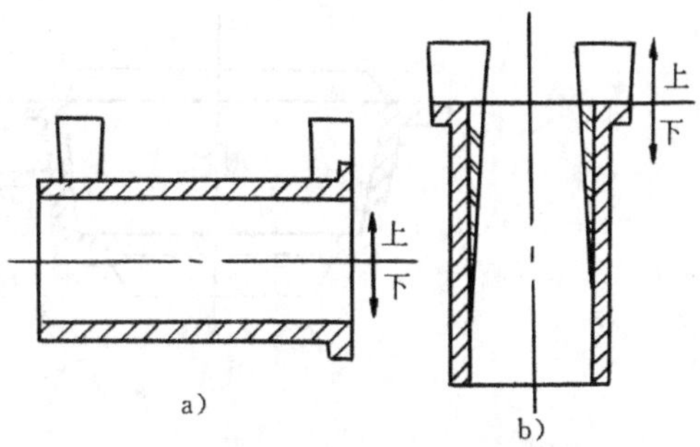

图 1-37　套筒浇注时的位置
a) 不正确　b) 正确

采用图 b 所示立浇，可使套筒全部周围表面均处于垂直位置，保证质量一致。

3) 具有大面积的薄壁铸件，应将薄壁部分放在铸型的下部，同时要尽量使薄壁部分处于垂直位置或倾斜位置。这样有利于薄壁部分的充型，防止浇不到或冷隔等缺陷。箱盖在铸型中的两种不同设置方法见图 1-38。

4) 具有大平面的铸件，应将铸件的大平面朝下。这是由于在浇注过程中金属液对型腔上表面有强烈的热辐射，型砂因剧烈膨胀和强度下降而拱起或干裂，金属液进入表层裂缝之中形成夹砂缺陷，因此，平板、圆盘类铸件大平面应朝下。带肋条的平板在铸型的浇注位置见图 1-39。

5) 尽量减少型芯的数目，最好使型芯位于下型以便下芯和检查，同时应保证型芯在铸型中安放牢靠、排气通畅，图 1-40 采用自带型芯方案，简化了铸造工艺。

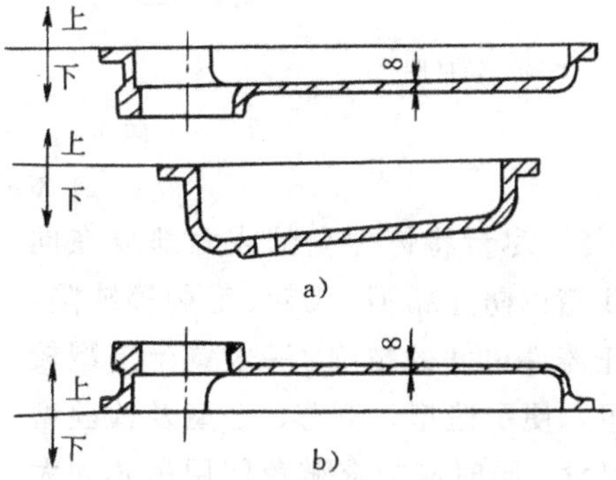

图 1-38　箱盖浇注时的位置
a) 正确　b) 不正确

另外，应使铸件的铸造和其它加工工时与材料消耗为最少　如在单件生产时，应尽量利用已有的砂箱等工具，以节省制造工具的费用。又如，在同样完成补缩的情况下，尽量减少冒口数量，可减少制模、造型和切除冒口的工时成本，同时亦可减少金属的消耗。

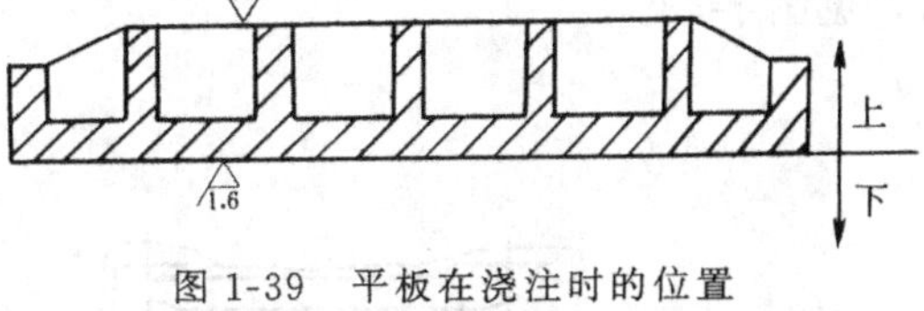

图 1-39　平板在浇注时的位置

(2) 分型面的选择　分型面为铸型组元间的接合面。两箱造型有一个分型面，三箱造型有两个分型面。浇注位置和分型面之间的关系，一般来说，分型面在确定浇注位置后再选择。但是，分析各种分型面利弊之后，可能再次调整浇注位置。在生产中，浇注位置和分型面有时是同时确定的。分型面的选择在很大程度上对铸造工艺的繁简，同时对铸件质量、成本和生产率均具有一定的影响。因此，要仔细分析后慎重择优选择。

选择分型面应考虑以下原则

1) 分型面应尽量采用平面分型，避免曲面分型，并应尽量选在最大截面上，以简化模具制造和造型工艺。图 1-41a 和图 1-42a 需挖砂或假箱造型，即使是大批量生产，也会使模板的制造成本增加。

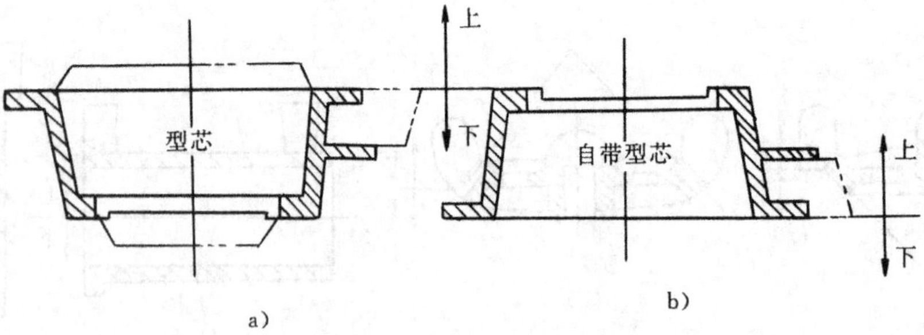

图 1-40 床腿铸件两种浇注位置方案

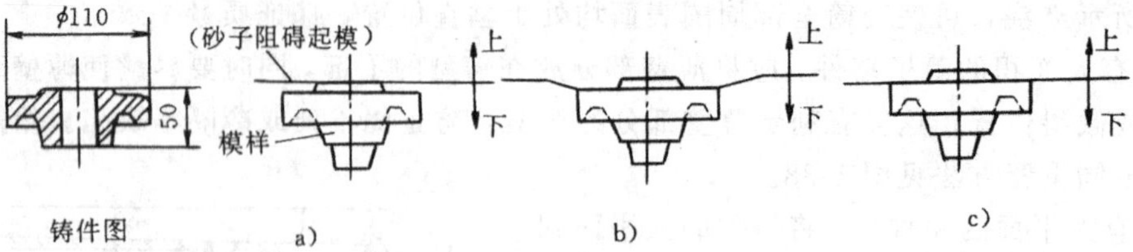

图 1-41 分型面应选在最大截面处

a) 不正确 b) 正确 c) 正确

2) 尽量将铸件全部或大部放在同一砂箱以防止错型、飞翅、毛刺等缺陷，保证铸件尺寸的精确。一般置于下型较理想，便于造型、下芯、合型及检验型腔尺寸。同时应力求避免使用吊芯和大的吊砂。由于铸型分型面处往往出现间隙，金属液易流入。因此，铸件表面沿分型面易产生垂直于表面的厚薄不均匀的薄片状金属凸起物，称为飞翅或毛刺，见图 1-43。

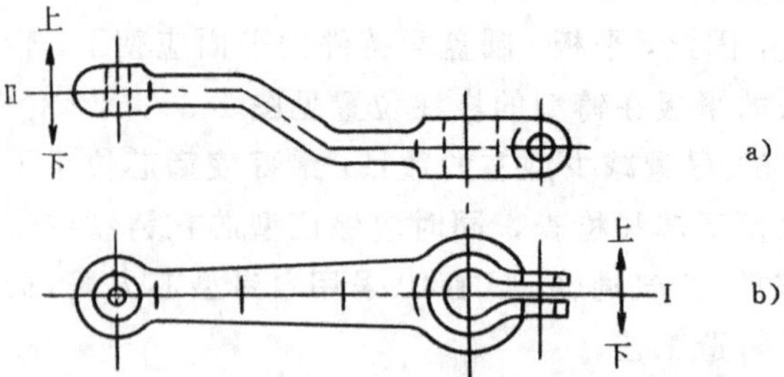

图 1-42 起重臂的分型面

a) 不正确 b) 正确

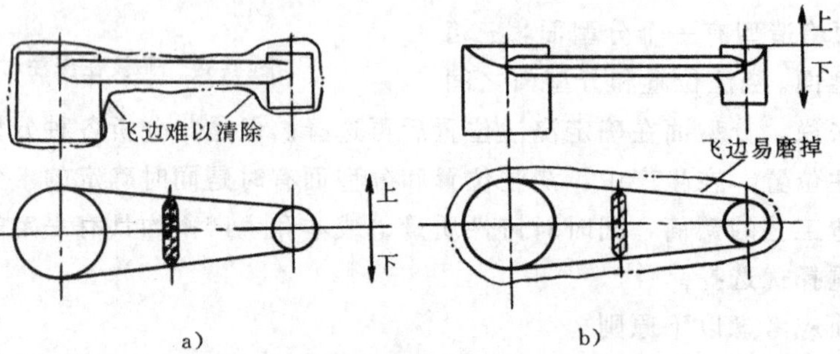

图 1-43 分型面的位置应能减少错型、飞翅

a) 不合理 b) 合理

3）应使铸件的加工面和加工基准面处于同一砂箱中　图 1-44b 所示螺栓塞头的分型面是合理的，因为铸件上部的方头（夹具夹紧处）是车削前外圆面上螺纹的基准，它们处于同一砂箱，可避免错型，保证铸件质量。

4）若铸件的加工面很多，又不可能全部与基准面放在分型面的同一侧时，则应使加工基准面与大部分加工面处于分型面的同一侧。图 1-45 的轮毂铸件在加工 ϕ161mm 外圆时，是以 ϕ278mm 为基准的，故分型面 A 比 B 好。否则，如果错型易造成 ϕ161mm 外圆的加工余量不够。

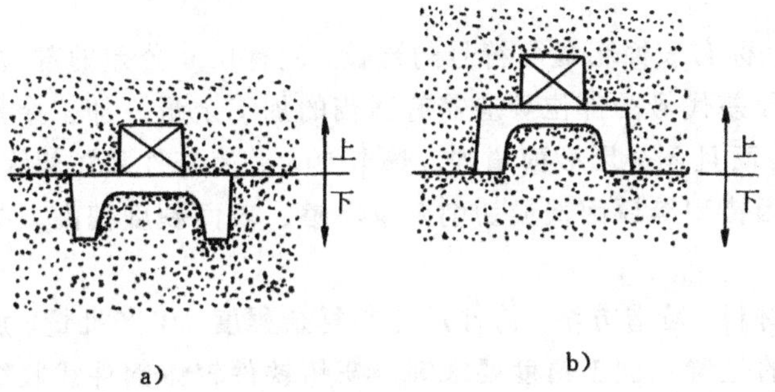

图 1-44　螺栓塞头的分型面
a）不合理　b）合理

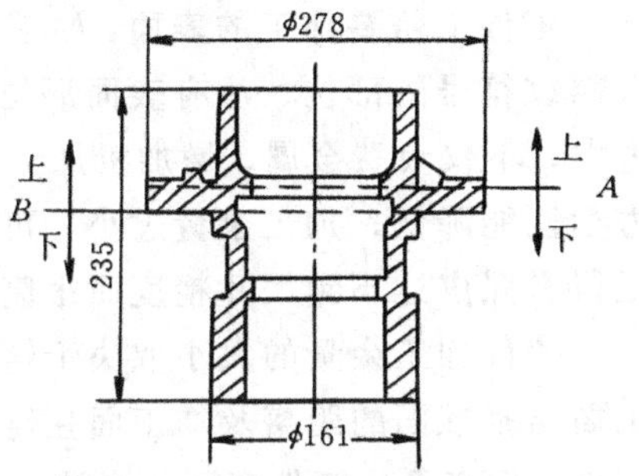

图 1-45　轮毂的分型面

5）尽量减少分型面的数目，最好只有一个分型面。这样不仅可简化操作过程，提高铸件精度，而且容易实现机器造型。成批或大量生产时，应避免采用三箱造型。此外，为提高生产率，须用外型芯替代活块。尽量少用活块，以简化制模造型、合型等工序。图 1-46a 采用环形外型芯减少了一个分型面，可进行两箱造型。

必须指出，实际选定分型面时，要从实际出发，对一些大而复杂或具有特殊要求的铸件，有时采用两个以上分型面，反而有利保证铸件质量和简化工艺。

6）铸件的非加工表面上，尽量避免有披缝，见图 1-47。

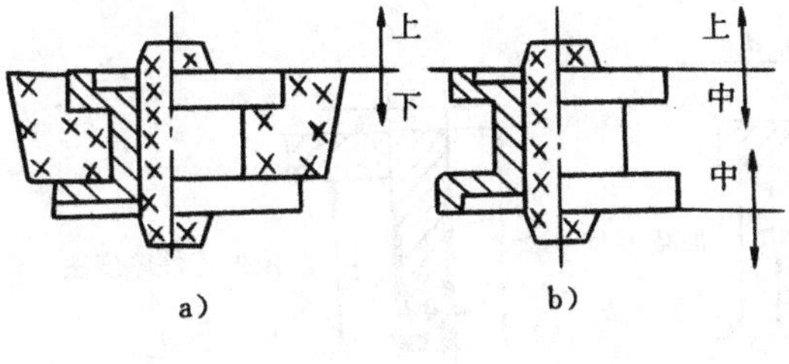

图 1-46　确定分型面数目实例
a）一个分型面　b）两个分型面

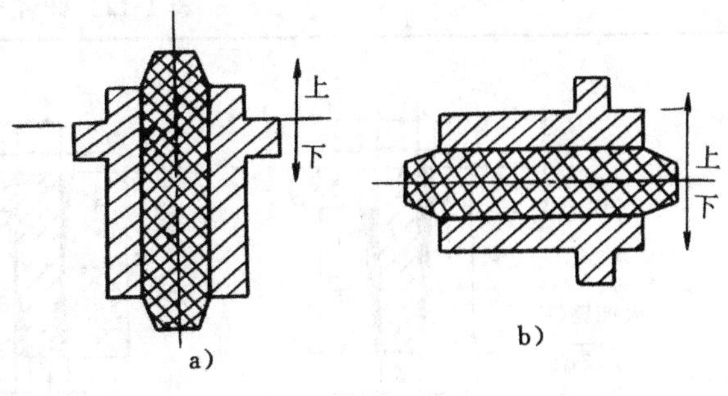

图 1-47　在非加工表面上避免披缝的方法
a）没有披缝　b）有披缝

7）分型面的选择应尽量与铸型浇注时位置一致。这样可避免合型后，再翻动铸型。因为翻动铸型时，可能使型芯的固定位置发生移动，影响铸件的精度，同时亦增大了工人的劳动强度。

此外，分型面的选择应尽量使铸型高度最低，这样不仅节约型砂，而且还能减少劳动量，对机器造型具有较大的经济意义。

3. 铸造工艺参数的选择　铸造工艺参数是指铸型工艺设计时，需要确定的某些工艺数据。这些工艺数据一般都与模样及芯盒尺寸有关，同时也与造型、制芯、下芯及合型的工艺过程有关系。常见的工艺参数有如下几项：

（1）加工余量　指为保证铸件加工面尺寸和零件精度，在铸件工艺设计时预先增加而在机械加工时切去的金属层厚度。

零件上需要加工的表面，如零件图上标有表面粗糙度符号的部位、注有尺寸公差的部位、有螺纹符号的部位、注有表面形位尺寸公差代号的部位等应需有适当的加工余量。加工余量过大，不仅浪费金属、增加机加工工时，而且还会因截面增加、热节变大、使铸件晶粒粗大，力学性能降低；加工余量过小，可能会因错型等原因造成切削余量不够、表面硬度偏高、甚至留有黑皮达不到尺寸精度而报废。

铸件加工余量的大小取决于铸件的材料、铸造方法、铸件尺寸与复杂程度、生产批量、加工面与基准面的距离及加工面在铸型中的位置、加工精度要求等。灰铸铁件较铸钢件线收缩率小、熔点低，铸件表面较光洁、平整，故其加工余量小，铸钢件因浇注温度高、表面粗糙、变形大、其加工余量应比铸铁件大；非铁合金铸件表面光洁、且材料昂贵、加工余量应比铸铁件小；铸件的尺寸愈大或加工面与基准面的距离愈大，铸件的尺寸误差也愈大，故余量也应随之加大；大量生产时，因采用机器造型，铸件精度高，故余量可减小；反之，手工造型误差大，余量应加大；此外，浇注时朝上的表面，因产生缺陷的机率大，其加工余量应比底面和侧面大。

加工余量的具体数值应根据加工余量国家标准和铸件尺寸公差标准配套使用选取。

（2）起模斜度（拔模斜度）为使模样容易从铸型中取出或型芯自芯盒中脱出，平行于起模方向在模样或芯盒壁上的斜度称为起模斜度。凡垂直于分型面（分盒面）的没有结构斜度的壁均应设起模斜度。起模斜度的大小，应根据模壁测量面高度、模样材料及造型方法确定。砂型铸造的起模斜度见表 1-11，自带型芯铸孔起模斜度见表 1-12。

表 1-11　铸件模样起模斜度

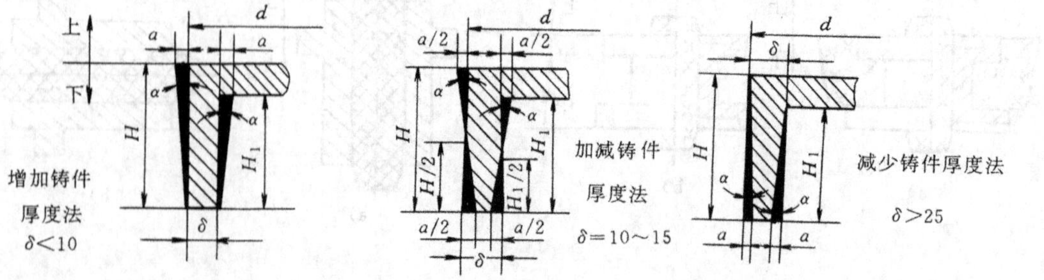

（续）

(mm)

测量面高度（H，H_1）	金属模		木模	
	a	α	a	α
20 以下	0.5～1	1°30′～3°	0.5～1	1°30′～3°
20～50	0.5～1.2	0°45′～2°	1～1.5	1°30′～2°30′
50～100	1～1.5	0°45′～1°	1.5～2	1°～1°30′
100～200	1.5～2	0°30′～0°45′	2～2.5	0°45′～1°
200～300	2～3	0°20′～0°45′	2.5～3.5	0°30′～0°45′
300～500	2.5～4	0°20′～0°30′	3.5～4.5	0°30′～0°45′
500～800	3.5～6	0°20′～0°30′	4.5～5.5	0°20′～0°30′
800～1200	4～6	0°15′～0°20′	5.5～6.5	0°20′
1200～1600			7～8	0°20′
1600～2000			8～9	0°20′
2000～2500			9～10	0°15′
2500 以上			10～11	0°15′

注：1. 对于铸件侧面要加工的起模斜度可按加减方法确定，但在高度大于 500mm 时，底部机械加工余量可减少 20%。

2. 对于不与其它零件相接合的非加工面，起模斜度可按图确定。

3. 对于需与其它零件相接合的非加工面（如与螺栓相联接的面），起模斜度取表中所列数值之半。

表 1-12　自带型芯铸孔的起模斜率　(mm)

铸孔直径	铸孔高度							
	≤20	21～40	41～60	61～90	91～120	121～150	151～200	206～250
	铸模斜度							
≤30	10°	8°						
31～50	10°	8°						
51～70	8°	8°	7°					
71～100	7°	7°	6°	6°				
101～130	6°	6°	5°	5°	5°			
131～160	6°	6°	5°	4°40′	4°30′	4°		
161～200	5°	5°	4°20′	4°30′	4°	4°	3°30′	
201～250	5°	5°	4°	4°	4°	3°30′	3°30′	3°30′
251～350	5°	4°	4°	4°	3°30′	3°30′	3°30′	3°
>350	4°	4°	3°30′	3°30′	3°36′	3°	3°	3°

（3）最小铸出孔及槽　零件上的孔、槽、台阶等应从铸件质量及经济方面考虑。较大的孔、槽等应铸出来，以便节约金属和机械加工工时，同时还避免铸件局部过厚所造成的热节，提高铸件的质量，较小的孔槽，则不宜铸出，直接加工反而方便；有特殊要求，且无法实行机加工的孔如弯曲孔，则一定要铸出；铸件最小铸孔尺寸见表 1-13。

（4）收缩余量　指为了补偿铸件收缩，模样比铸件图样尺寸增大的数值。而用来度量模样尺寸的刻尺称为缩尺（模样工缩尺），其分度以普通尺的单位长度乘以（1＋铸件线收缩率）。

表 1-13　铸件最小铸出孔

生产批量	最小铸出孔直径/mm	
	灰铸铁孔	铸钢件
大量生产	12～15	
成批生产	15～20	30～50
单件、小批生产	30～50	50

注：最小铸孔直径指的是毛坯孔直径

（5）工艺补正量　由于工艺上的原因，在铸件相应部位非加工面上增加的金属层厚度称为工艺补正量。在单件、小批手工砂型铸造时，由于偏心，错型等原因可能造成铸造缺陷，采用工艺补正量以减少废品率；对于成批大量生产的铸件，不使用工艺补正量，而采用修改模具的方法。

工艺补正量可粗略地按下述经验公式来确定，见图 1-48。

$$e \leqslant 0.002L$$

式中　e——工艺补正量（mm）；

L——加工面到加工基准面间的距离（mm）。

（6）分型负数　指为抵消铸件在分型部位的增厚，在模样上相应减去的尺寸，见图 1-49。

砂型的分型面一般不可能很平整，因此干型或表面烘干型合型后，上下型不能密合，金属液就有可能从分型面处溢出，即“跑火”。为了防止跑火，就要在下型的分型面上铺设泥条、油泥条或石棉绳等，使上、下型接触面密封，这样就使上箱抬高，增加了铸件的高度或铸件顶面的厚度。制做模样时，为了使模样符合零件图上尺寸的要求，在模样上相应减去这个抬高的尺寸，即为分型负数。模样分型负数值见表 1-14。

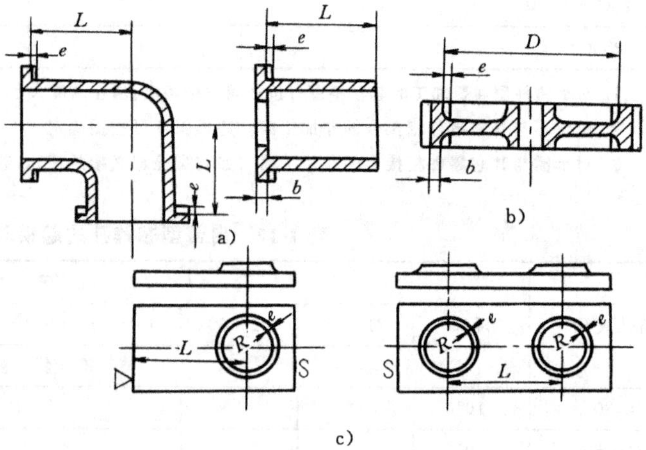

图 1-48　工艺补正量应用实例

如果模样分为两半，则分型负数应取在上半模样上，即减去上半模样的尺寸，而下半模样的尺寸不变。如果上下两半模样是对称的，则上下模样各减掉分型负数的一半。湿型有可塑性，可不考虑分型负数。但当湿型的型箱最大尺寸大于 3000mm 时，则应考虑分型负数。

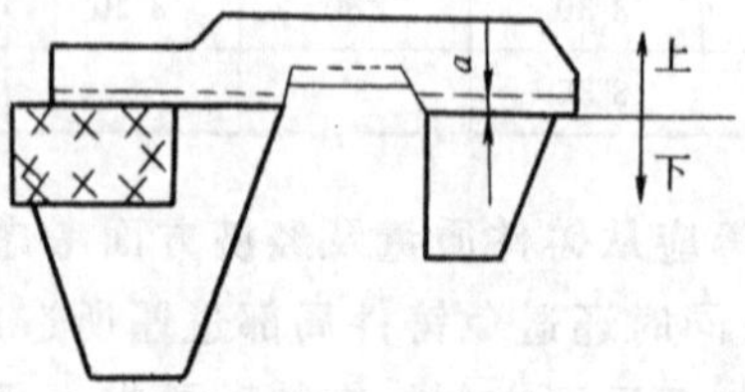

图 1-49　分型负数

表 1-14　模样的分型负数（mm）

砂箱长度	模样分型负数 a	
	干型	表面烘干型
<1000	3	1
1001～2000	3	2
2001～3500	3	3
3501～5000	6	4
>5000	7	6

（7）芯头　指模样上的突出部分，在型内形成芯座并放置芯头。或指型芯的外伸部分，不形成铸件轮廓，只是落入芯座内，用以定位和支承型芯。芯座指铸型中专为放置芯头的空腔。而型芯指为获得铸件的内孔或局部外形，用芯砂或其它材料制成的，安放在型腔内部的铸型组元。在铸型中芯头可使型芯定位准确、安放牢固、排气顺利。芯头的形状与尺寸，对于型芯在合型时的工艺性和稳定性有很大影响。

芯头可分为垂直芯头和水平芯头。单支点的水平芯头又称为悬臂芯头。

垂直芯头一般都有上下芯头，见图 1-50a。芯头高度 H 主要取决于芯头直径 d。为了提高芯头的稳定性和可靠性，下芯头斜度应小些（5°～10°），高度 H 应大些；为便于合型、上芯头的斜度应大些（6°～15°），高度 H 应小些。短而粗的芯头也可不留上芯头。水平芯头见图 1-50b，其长度 L 主要取决于芯头直径 d 和芯的长度。为便于下芯及合型，铸型上的芯座端部也应留有一定的斜度 α、悬臂芯头必须做得比较长而大，并使用芯撑以防止芯下垂或被液体抬起。

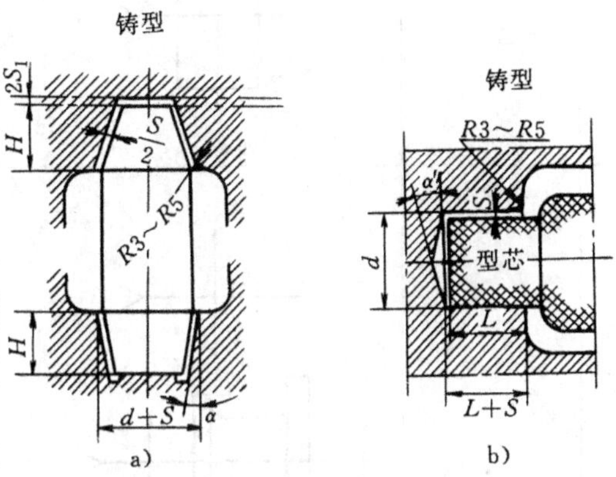

图 1-50　芯头的构造

a）垂直芯头　b）水平芯头

为便于铸型装配，芯头与铸型芯座之间应留 1mm～4mm 的总间隙。

4. 铸造工艺图符号及表示方法　JB2435—78 规定：甲类形式是在蓝图上绘制的工艺图，规定为红、蓝两色；乙类形式是用墨线绘制的铸造工艺图。甲类铸造部分工艺图符号及其表示方法，见表 1-15。

表 1-15　甲类铸造工艺图符号及其表示方法

序号	符号名称	符号及图例	表示方法及说明
1	分型线	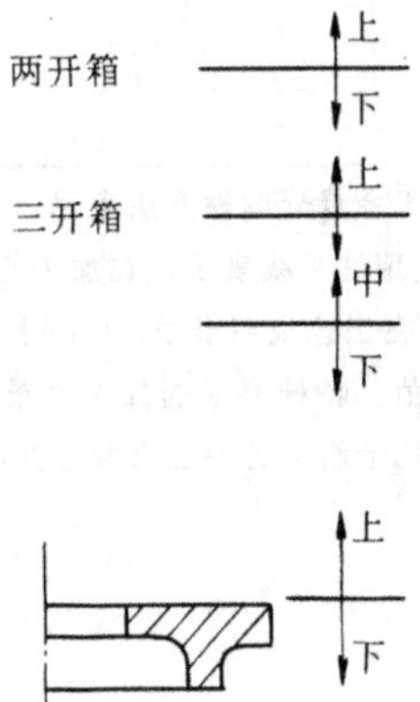	用红色线表示，并用红色字写出“上、中、下”字样

（续）

序号	符号名称	符号及图例	表示方法及说明
2	分模线	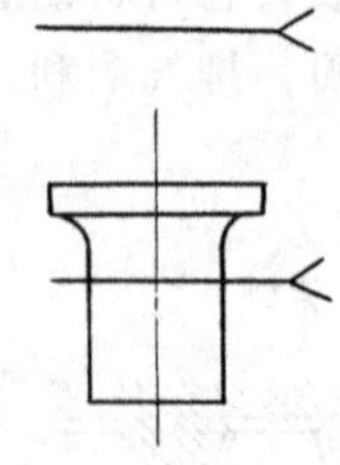	用红色线表示，在任一端画“<”号
3	分型分模线	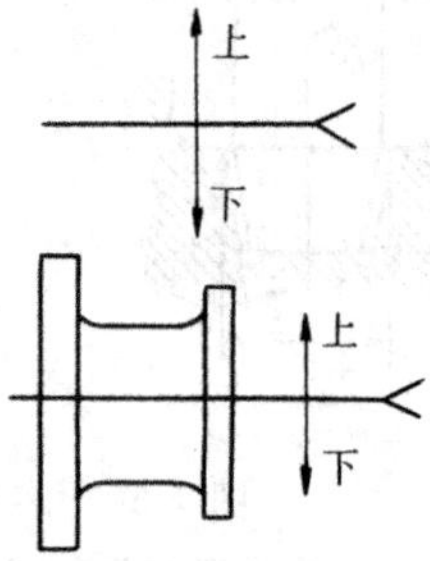	用红色线表示，
4	分型负数	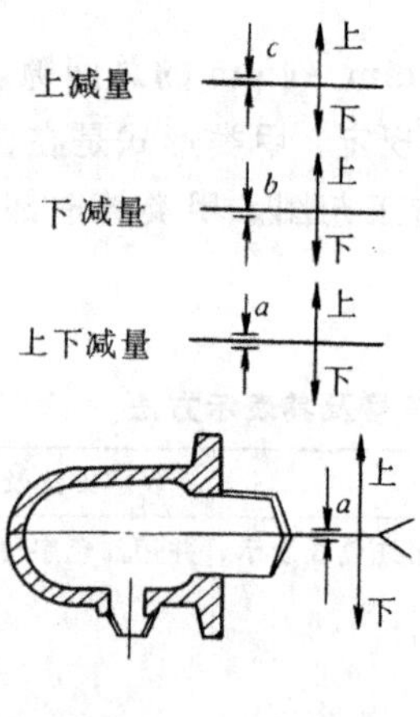	用红色线表示，并注明减量的数值
5	机加余量	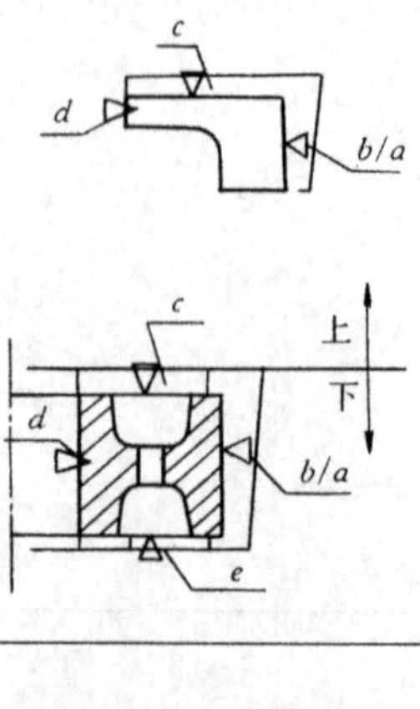	加工余量分两种方法表示，可任选其一 *a*. 用红色线表示，在加工符号附近注明加工余量数值 *b*. 在工艺说明书中，写出上、侧、下字样，注明加工余量数值，特殊要求的加工余量可将数值标在加工符号附近。凡带斜度的加工余量应注明斜度

（续）

序号	符号名称	符号及图例	表示方法及说明
6	不铸出的孔槽	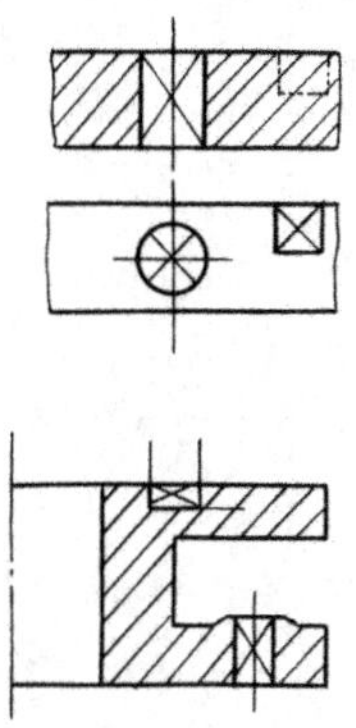	用红色线打叉
7	工艺补正量	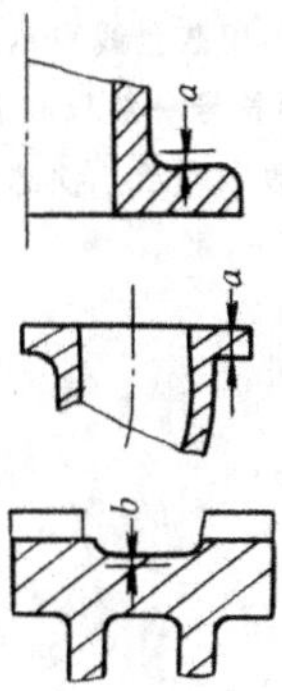	用红色线表示，注明工艺补正量的数值
8	冒口	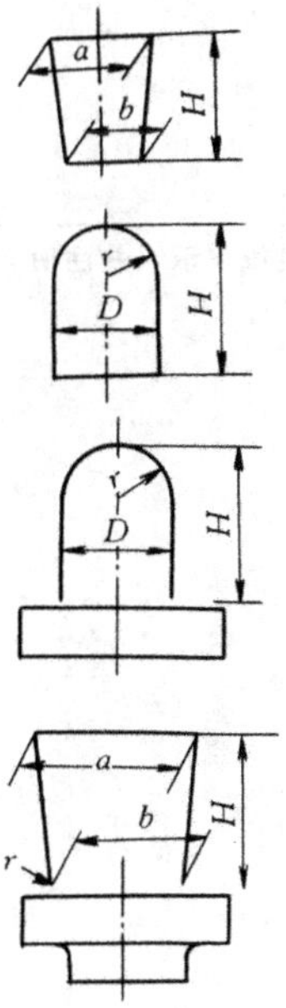	各种冒口均用红色线表示，注明斜度和各部分尺寸，并用序号 1#，2# 区分

（续）

序号	符号名称	符号及图例	表示方法及说明
9	出气孔	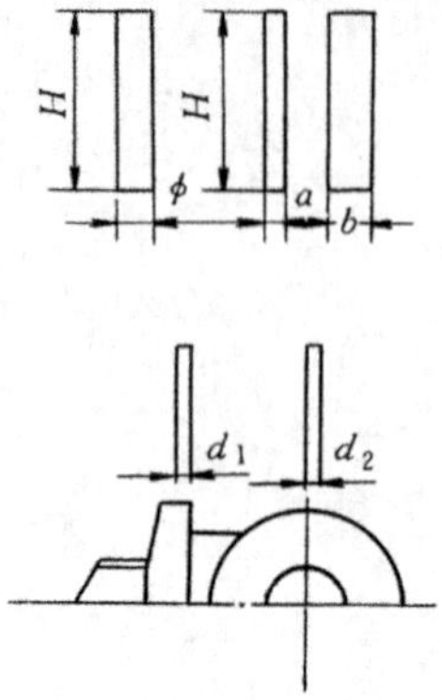	用红色线表示，并注明各部分尺寸
10	砂芯编号边界符号及芯头边界	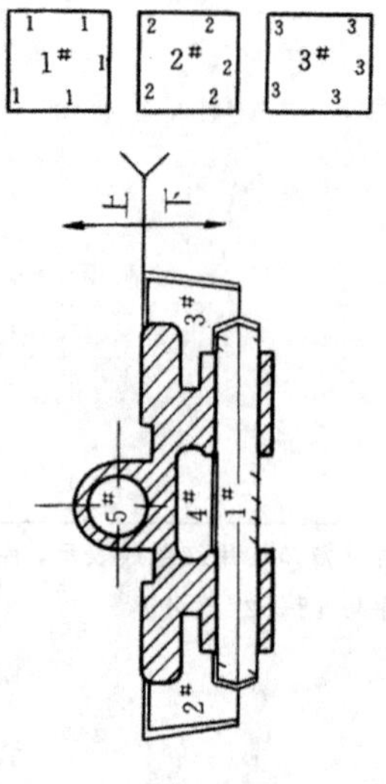	芯头边界用蓝色线表示，砂芯编号用阿拉伯数字1#，2#标注。边界符号一般只在芯头及砂芯交界处用砂芯编号相同的小号数字表示。铁芯须用“铁芯”字样
11	芯头斜度及芯头间隙	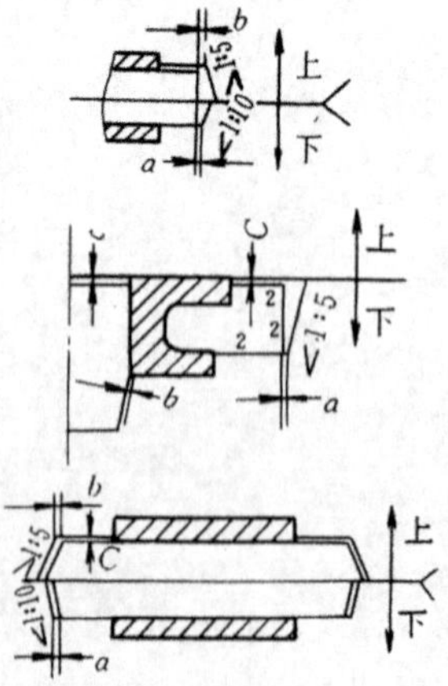	用蓝色线表示，并注明斜度及间隙数值

（续）

序号	符号名称	符号及图例	表示方法及说明
12	捣砂方向，出气方向，紧固方向	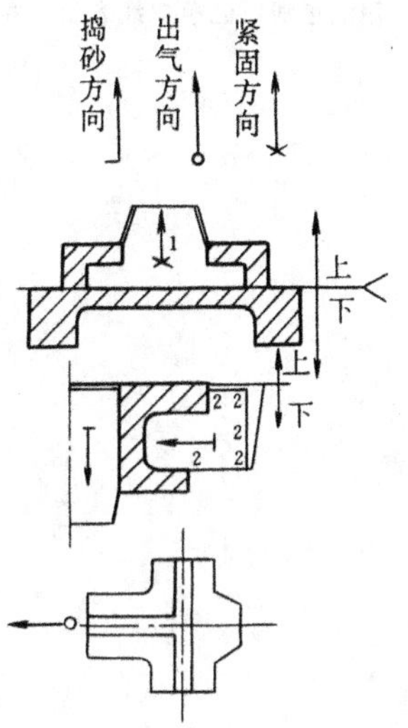	用蓝色线表示，箭头表示方向，箭尾画出不同符号
13	芯撑	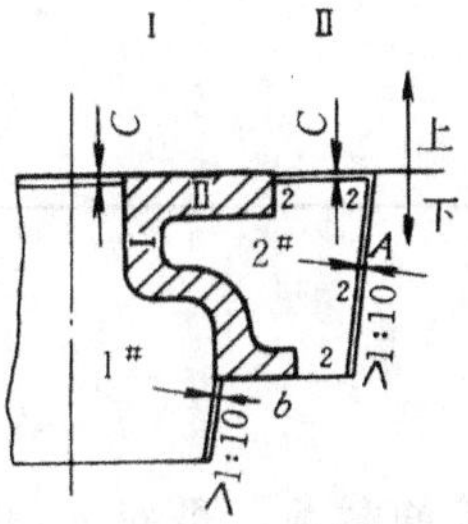	用红色线表示，特殊结构的芯撑写出“芯撑”字样
14	模样活块	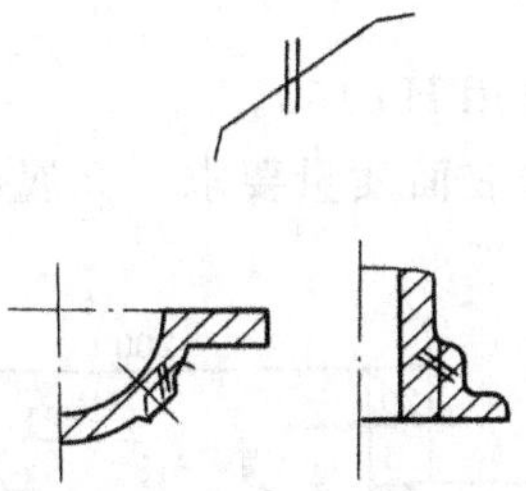	用红色线表示，并在此线上画出两条平行短线
15	冷铁	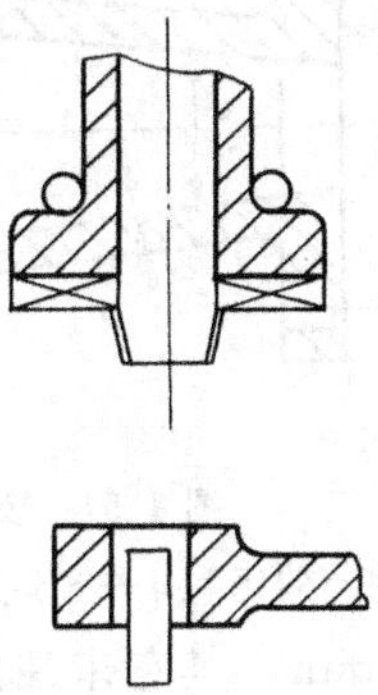	用蓝色线表示，圆钢冷铁涂浅蓝色，成形冷铁打叉“×”

（续）

序号	符号名称	符号及图例	表示方法及说明
16	浇注系统	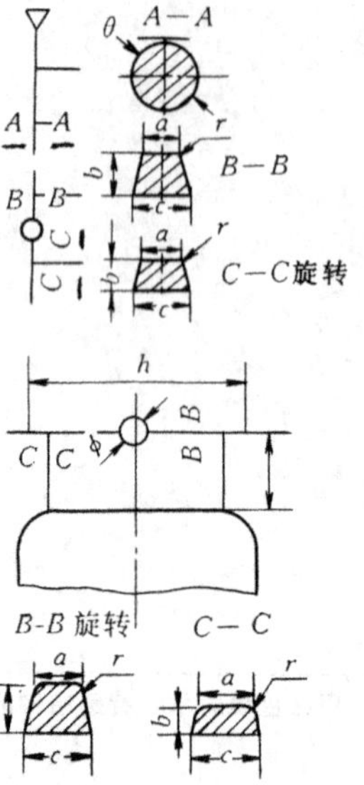	用红色线或红色双线表示，并注明各部尺寸

注：本标准适用于砂型铸钢件、铸铁件及非铁金属铸件

（二）铸造工艺设计举例

图 1-51 为支承台零件图。此零件用于支承中等静载荷，数量 40 件。

1. 方案一

（1）选材　因该件承受中等静载荷作用，故选用 HT150。

（2）铸型种类和造型方法　由于该铸件无特殊表面质量要求，又属小批生产，故可采用湿砂型、手工分模造型。

（3）浇注位置与分型面选择　因支承台 ϕ50mm 的内孔及外壁均无需加工，只有两端面有机械加工要求。为使支承台两端面组织致密、满足加工要求，所以将铸件水平放置、使两加工面在侧壁位置作为该件的浇注位置，这样还有利于型芯的固定、排气和检验。为便于起模、下芯和检验，选中间对称的最大截面为分型面。此时分型面与分模面一致。

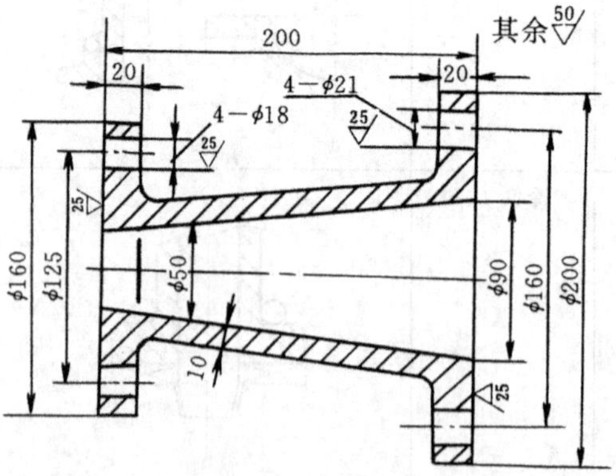

图 1-51　支承台零件图

（4）加工余量及有关工艺参数　根据铸件最大尺寸 200mm，加工面与基准面间距离（即两端面的距离）200mm，查国家标准 GB/T11350 和 GB6414—86 选取两端面加工余量为 4mm，考虑到铸件的起模斜度、其下端余量取为 3.5mm，其它未注的垂直壁起模斜度取 1°。铸件铸造圆角，按相邻壁厚平均值的 1/3～1/5 计算，取为 $R3 \sim R5$。

(5) 型芯的设计　因中央内腔形状简单、尺寸不大，只需一个整体型芯即可。型芯头尺寸和间隙斜度值从手册中查得。ϕ18mm 和 ϕ21mm 各孔尺寸不大，不预铸出。

(6) 浇注系统　采用完整的封闭式外—直—横—内浇注系统。内浇道开设在下型分型面上，从两端法兰的中间注入。

(7) 绘制铸造工艺图（见图 1-52）

2. 方案二

(1) 选材和铸造　方法同方案一，但用三箱造箱。

(2) 浇注位置和分型面　采用垂直浇注位置，顶面和底面均为分型面，上凸缘的底面为分模面。

(3) 加工余量　根据加工面有关尺寸，查国家标准 GB/T11350 和 GB6414—86，取顶面加工余量为 5mm，底面取 4mm。

(4) 型芯　采用圆台形型芯，型芯头尺寸见铸造工艺图（图 1-53）。

(5) 浇注系统　采用一个内浇道，自铸件顶面分型面上开设，切向导入，尺寸见工艺图。不设横浇道，直浇道与方案一相同。

3. 两方案比较　从质量角度看，方案一将两加工面放在垂直位置，质量较有保证。浇注时金属充型比较平稳，但易受错型影响。方案二将大部铸件放在中型，铸件的完整性较有保证，但顶面质量较差，浇注时金属液对铸型冲击力大。从经济角度看，方案二用三箱造型，多耗用一个砂箱，型砂消耗也大，造型工时较长。顶端面将加工余量加大，金属耗费较多，故不如方案一合算。

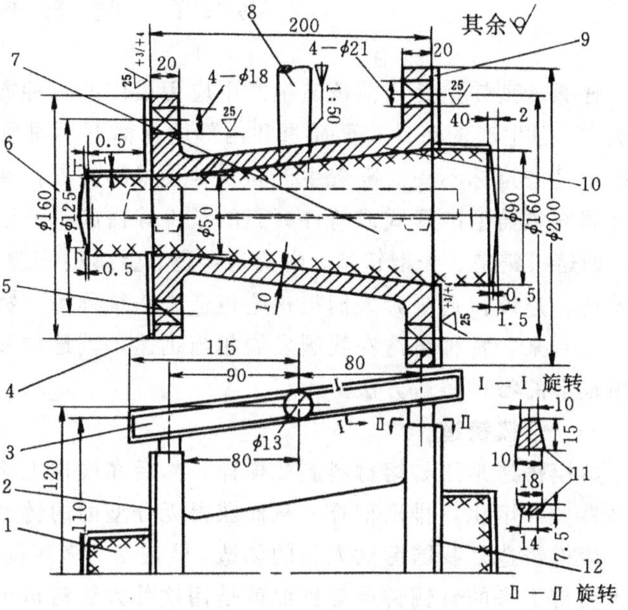

图 1-52　支承台铸造工艺图（方案一）

1—芯头（蓝色）　2、4、9、12—加工余量（红色）　3、8、11—浇注系统（红色）　5—不铸出孔（红色）　6—分型线（红色）　7—芯（蓝色）　10—零件

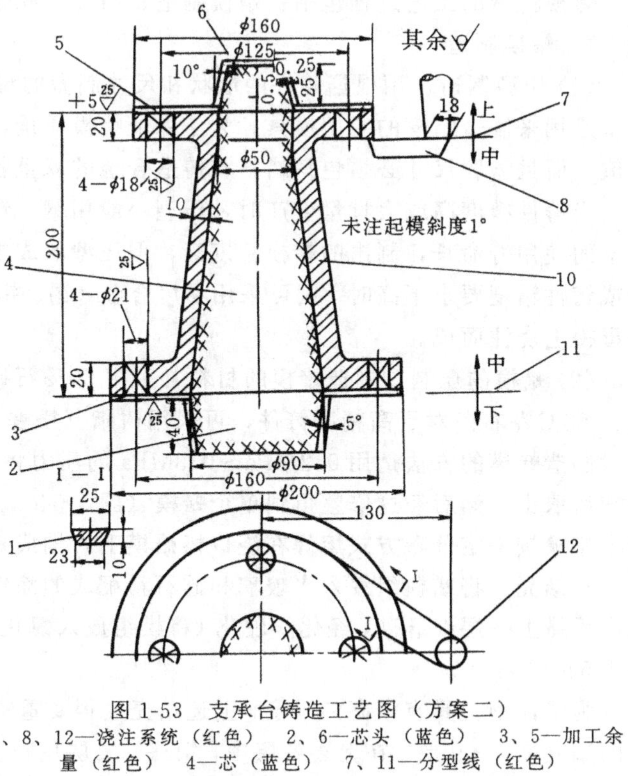

图 1-53　支承台铸造工艺图（方案二）

1、8、12—浇注系统（红色）　2、6—芯头（蓝色）　3、5—加工余量（红色）　4—芯（蓝色）　7、11—分型线（红色）　9—未注出孔（红色）　10—零件

第四节　特种铸造

普通砂型铸造是当前铸造生产中应用最广的一种方法。它具有适用性广，生产准备简单等优点，但生产的铸件表面质量和内部质量都不很理想，加之生产过程复杂，生产率较低，所以技术经济指标不高。随着生产和科学技术的发展，通过改变铸型的材料、浇注的方法、液体金属充填铸型的形式或铸件凝固的条件等措施，逐渐出现了与砂型铸造不同的其它铸造方法，如熔模铸造、壳型铸造、陶瓷型铸造、金属型铸造、压力铸造、低压铸造、离心铸造、密封铸造、连续铸造等，人们把这些铸造方法统称为"特种铸造"。

近年来，特种铸造在我国发展相当迅速，其地位和作用日益增高。本章将简略介绍几种应用较多的特种铸造方法。

一、熔模铸造

熔模铸造是用易熔材料制成模样，然后在模样上涂挂若干层耐火涂料制成型壳，经硬化后再将模样熔化，排出型外，从而获得无分型面的铸型。铸型经高温焙烧后即可进行浇注。

熔模铸造是我国劳动人民的创造，早在二千多年前，人们就已掌握了熔模铸造的原理。如古代流传下来的青铜钟鼎等器皿就是用这种方法铸造出来的。

由于熔模铸造所用的模样广泛采用蜡质材料制造，故此种工艺亦称为"失蜡铸造"。熔模铸造的产品表面光滑，尺寸精度高，故又称"精密铸造"。

（一）熔模铸造的工艺过程

熔模铸造的工艺过程包括：蜡模制造、结壳、脱蜡、焙烧和浇注等。

1. 蜡模制造

(1) 压型制造　用根据铸件的形状和尺寸制做的母模（图 1-54a）来制造压型见图 1-54b。压型是用来制造蜡模的专用模具。为了保证蜡模质量，压型必须有很高精度和低的表面粗糙度值，而且型腔尺寸必须包括蜡料和铸造合金的双重收缩率。

当铸件精度高或大批量生产时，压型一般用钢、铜合金或铝合金经切削加工制成。这种压型的使用寿命长，制出的蜡模精度高，但压型的成本高，生产准备时间长。对于小批量生产或铸件精度要求不高时，则可采用易熔合金（锡、铅、铋等组成的合金）、塑料或石膏直接向母模上浇注而成。

(2) 蜡模的压制　制造蜡模的材料常采用50%石蜡和50%硬脂酸组成的蜡基模料，其熔点在 60℃左右。对于高精度铸件，可采用树脂（松香）基模料。

制造蜡模的方法是用 0.2MPa～0.3MPa 的压力将加热至糊状的蜡料压入压型，待其凝固冷却后取出，然后经过修整得到单个蜡模（图 1-54c）。为提高生产率，降低成本，通常将若干个蜡模按一定分布方式熔焊在浇口棒蜡模上，构成蜡模组（图 1-54d），实现一箱多铸。

2. 结壳　将蜡模组浸入水玻璃和硅石粉配成的涂料浆中，使涂料均匀地覆盖在模组表层，取出后撒上一层细硅砂，经化学硬化（将模组放入氯化铵溶液）和干燥便结成坚固的型壳，见图 1-54e。

为了使型壳具有较高的强度，上述结壳过程要重复进行，小铸件的型壳为 4～6 层，大铸件的型壳需 6～9 层。在上述各层中，第一、二层用粒度较细的硅砂，而以后的加固层用粒度较粗的原砂，以获得高质量的型腔表面和较好的型壳透气性。

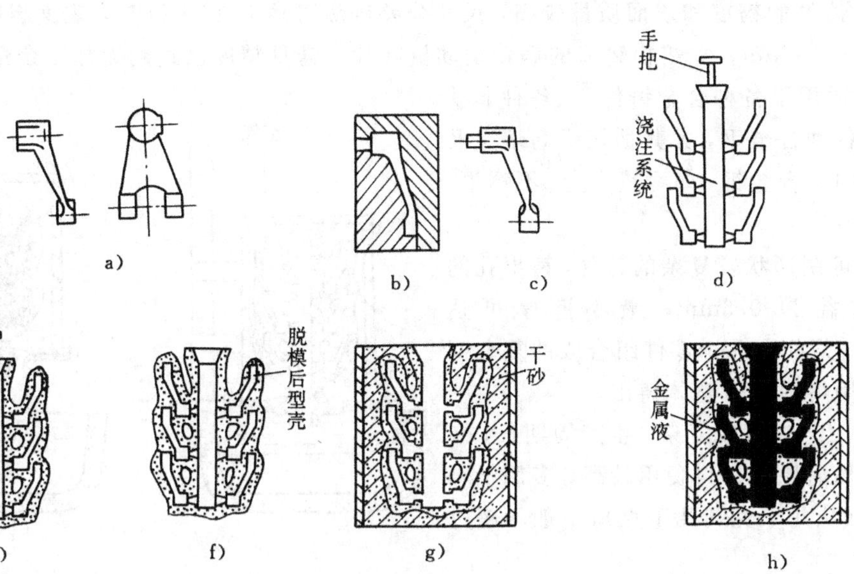

图 1-54　熔模铸造
a) 零件　b) 压型　c) 蜡模　d) 焊成蜡模组
e) 结壳　f) 熔模　g) 造型、焙烧　h) 浇注

3. 脱模、焙烧和造型

(1) 脱模　型壳制好后须脱去蜡模，以形成铸型的空腔，常用的脱模方法有：

1) 热水法　把型壳浇口向上浸在85℃～95℃的热水中加热，模料熔化后从浇口溢出，浮在水面。

2) 高压蒸气法　将型壳浇口向下放在高压釜中，通以0.2MPa～0.5MPa的高压蒸气，使蜡料熔出。脱模后的型壳，见图1-54f。

脱出的蜡料经过回收处理可重复使用。

(2) 焙烧和造型

脱模后的型壳，必须送入加热炉内加热到800℃～1000℃进行焙烧，以去除型壳中的水分、残余蜡料和其它杂质，洁净型腔。

如型壳的强度不足，可将其置入砂箱之中，周围用粗砂填充，即“造型”(图1-54g)，然后再进行焙烧。

4. 浇注、落砂和清理　为提高合金的充型能力，防止浇不足、冷隔等缺陷，焙烧后趁热(型壳温度600℃～700℃)将金属液浇入铸型见图1-54h。

冷却之后，将型壳敲破即可取出铸件，进行清理检验。

最近研究成功一种用熔模铸造型壳真空吸入金属液的新工艺。它的基本原理是把型壳放在一个特制的小室内，让浇口端伸出室外并浸入金属液里，随即在室内建立真空，金属液在大气压力作用下被吸入型腔，见图1-55a。当铸件凝固而直浇道尚未全部凝固时，将空气通入室内，让直浇道内尚未凝固的金属液流回炉中，见图1-55b。这样不必进行切割就能把铸件从直浇道上清理不来。采用这种真空吸入熔模铸造新工艺，可铸出壁厚仅为0.3mm的薄壁铸件，且能减少夹渣、气孔等缺陷，降低铸件成本25%左右。

(二) 熔模铸造的特点和适用范围

熔模铸造的主要特点如下：

1）铸件的精度和表面质量较高，尺寸公差等级可达IT14～IT11，表面粗糙度 R_a 值可达12.5μm～1.6μm。如熔模铸造的涡轮发动机叶片，铸件精度已达到无加工余量的要求。

2）适用于各种合金铸件，从各种非铁合金到各种合金钢，尤其适用于高熔点及难加工的高合金钢，如耐热合金、不锈钢、磁钢等。

3）可制形状较复杂的铸件，铸出孔的最小直径为0.5mm，最小壁厚可达0.3mm。某些由几个零件组合成的复杂部件，可用熔模铸造整体铸出。

4）工艺过程较复杂，生产周期长，制造费用和消耗的材料费用较高，多用于小型零件（从几十克到几千克），一般不超过25kg。

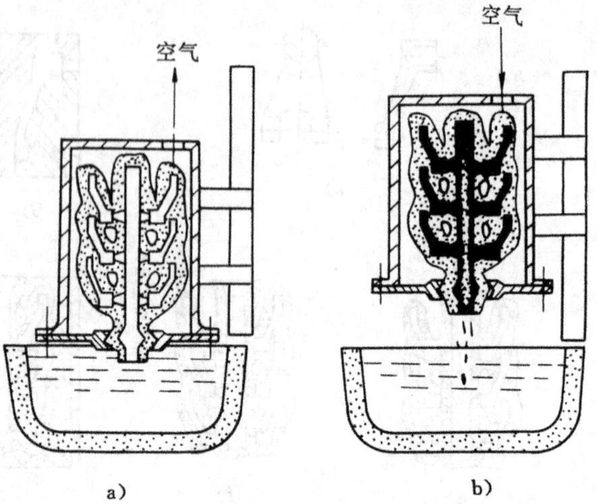

图1-55 真空吸入熔模铸造原理图
a）建立真空 b）通入空气

熔模铸造是少、无切屑加工工艺的方法之一，目前在航空、船舶、汽车、拖拉机、机床、汽轮机、电讯机械、仪表、刀具和兵器等制造行业中，都得到广泛应用。

二、金属型铸造

金属型铸造又称硬模铸造，是将液体金属浇入金属铸型，在重力作用下充填铸型，以获得铸件的铸造方法。由于铸型是用金属制成，可以反复使用，故又称永久型铸造。

我国是世界上应用金属型最早的国家，根据考古资料，早在春秋战国时代，我国劳动人民就成功地用金属型铸造出各种农具，兵器和日用品，如铁犁、铁锄和铁斧等。

（一）金属型

为保证使用寿命，制造金属型的材料应具备如下的性能：高的耐热性和导热性，反复受热不变形，不破坏；一定的强度、韧性及耐磨性；好的切削加工性能。铸铁基本上能满足上述要求，故金属型的材料一般采用铸铁，当要求较高时，可使用碳素钢或低合金钢。

金属型的结构和尺寸取决于铸件的形状及大小；分型面的数量；合金种类和生产批量等条件。常用的结构有整体金属型、水平分型、垂直分型以及复合分型金属型等。图1-56为铸造铝活塞金属型典型结构简图。其排气依靠出气口及分布在分型面上的许多通气槽。

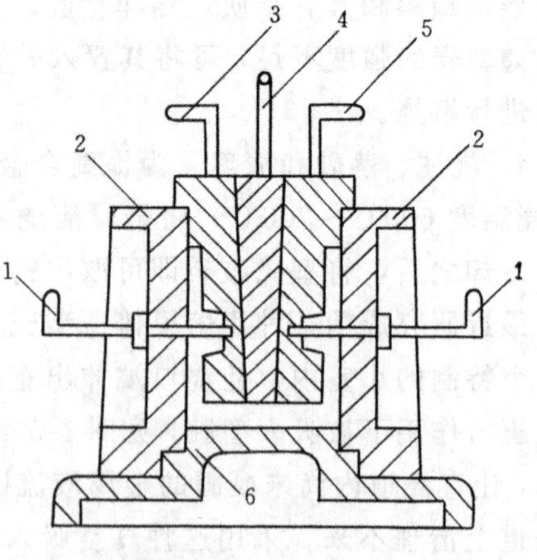

图1-56 铝活塞金属型简图
1—销孔金属型芯 2—左、右半型
3、4、5—分块金属型芯 6—底型

（二）金属型铸造的工艺特点

1. 金属型预热 未预热的金属型导热性好，使金属液冷却过快，铸件易出现冷隔、夹杂、气孔等缺陷。同时，铸型本身受到强烈热冲击，应力倍增，极易损坏。因此，金属型在浇注前要预热，合适的预热温度应根据合金种类和铸件结构，通过试验而定，一般不能低于 150℃。

2. 刷涂料　金属型表面应喷刷一层耐火涂料（厚度为 0.3mm～0.4mm），以保护型壁表面，免受金属液的直接冲蚀和热击。利用涂料层的厚薄可改变铸件各部分冷却速度，也可起到蓄气和排气的作用。不同合金采用的涂料不同，铝合金铸件常用含氧化锌粉、滑石粉和水玻璃的涂料，灰铸铁件常用的涂料组成为：石墨、滑石粉、耐火粘土、桃胶和水。

3. 浇注　由于金属型的导热能力强，因此浇注温度应比砂型铸造高 20℃～30℃。铝合金为 680℃～740℃，铸铁为 1300℃～1370℃。锡青铜为 1100℃～1150℃，对薄壁小件取上限，对厚壁大件取下限。

4. 开型时间　铸件在金属型内，停留时间愈长，温度愈低，其收缩量就愈大，取出铸件时困难愈大，而且铸件产生内应力和裂纹的倾向愈大。同时使金属型的温度升高，需要更长的时间冷却，生产率下降。因此掌握合适的开型时间十分重要，一般要通过试验来确定。

（三）金属型铸造的特点和应用范围

和砂型铸造相比，金属型铸造有如下优点：

1）金属型铸件冷却快，组织致密，力学性能高。如铝合金金属型铸件，其抗拉强度平均可提高 25%，屈服强度平均提高 20%，同时，抗蚀性能和硬度也显著提高。

2）铸件的精度和表面质量较高，尺寸公差等级平均为 IT14～IT12，表面粗糙度 R_a 值平均可达 6.3μm。

3）浇冒口尺寸较小，液体金属耗量减少，一般可节约 15%～30%。

4）不用砂或少用砂，可节约造型材料 80%～100%，减少砂处理和运输设备，减少粉尘污染。

金属型铸造的主要缺点是金属型无透气和退让性、铸件冷却速度大、容易产生浇不到、冷隔、裂纹等缺陷。因此，对铸件要有选择，对铸造工艺要求严格。

金属型铸造适用于大批量生产非铁合金铸件，如铝合金的活塞、气缸体、气缸盖、油泵壳体及铜合金轴瓦、轴套等。对于黑色金属铸件，只限于形状简单的中、小件。

三、压力铸造

压力铸造（简称压铸）的实质是在高压作用下，使液态或半液态金属以较高的速度充填金属型型腔，并在压力下成型和凝固而获得铸件的方法。高压和高速充填铸型是压铸的两大特点，又是区别于其它铸造方法的最基本特征。常用压射压力为 5～1500MPa，充填速度约 5～50m/s，充填时间很短，约 0.01～0.2s。

（一）压铸工艺过程

压铸过程主要由压铸机来实现。压铸机分热压室式和冷压室式两类。

热压室式压铸机的工作原理见图 1-57。其特点是压室和熔化合金的坩埚连成一体，压室浸在液体金属中，多用于低熔点合金，如铅、锡、锌合金等。

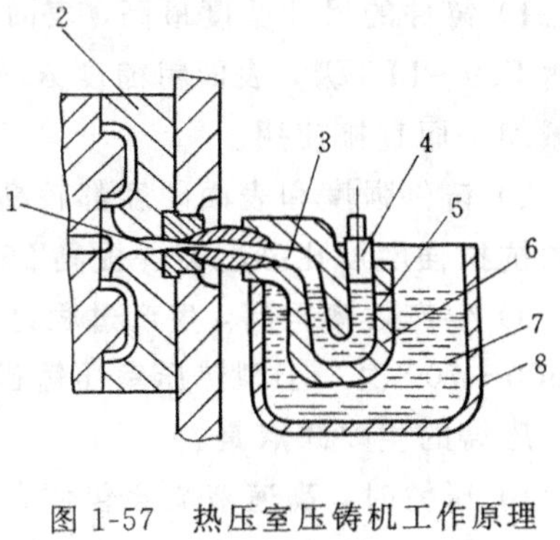

图 1-57　热压室压铸机工作原理

1—喷嘴　2—压型　3—通道　4—活塞、冲头　5—金属液吸收孔　6—压室　7—金属液　8　坩埚

冷压室压铸机分立式和卧式两种类型。卧式冷压室压铸机工作原理见图 1-58。用定量勺将金属液注入压室，见图 1-58a；活塞左行，将金属液压入铸型，见图 1-

58b；稍停片刻，分开压型，见图 1-58c；活塞退回，铸件被推杆推出，见图 1-58d。

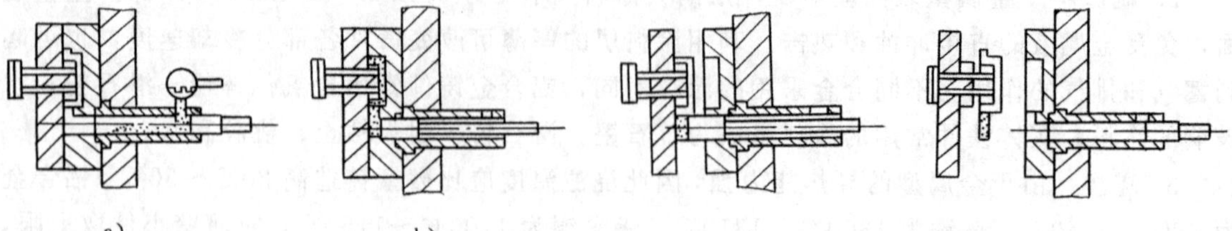

a)　b)　c)　d)

图 1-58　卧式冷压室压铸机工作原理

a）合型向压室内注入金属液　b）压射　c）开型 d）顶出铸件

（二）压铸的特点和应用

压铸在金属型铸造的基础上，又增加了在压力下快速充填的特点。这就从根本上解决了金属的流动问题，可以直接铸出各种细小的螺纹、孔、齿槽、凸纹及文字，也可以采用镶铸法，把金属或非金属镶嵌件先预放在压型内，然后和压铸件结合在一起，铸出十分复杂的铸件，见图 1-59。

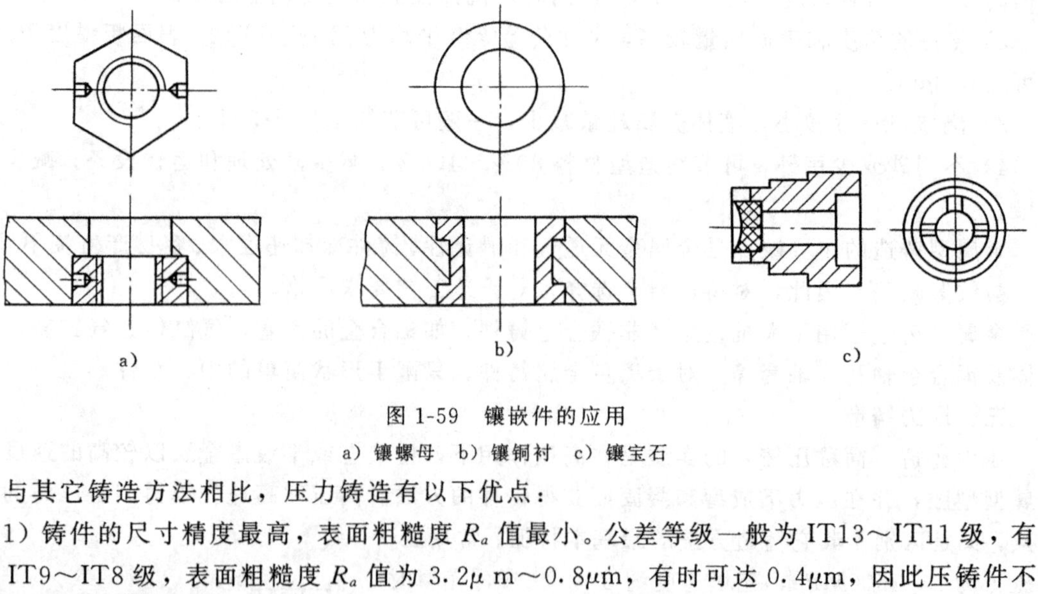

a)　b)　c)

图 1-59　镶嵌件的应用

a）镶螺母　b）镶铜衬　c）镶宝石

与其它铸造方法相比，压力铸造有以下优点：

1）铸件的尺寸精度最高，表面粗糙度 R_a 值最小。公差等级一般为 IT13～IT11 级，有时可达 IT9～IT8 级，表面粗糙度 R_a 值为 3.2μm～0.8μm，有时可达 0.4μm，因此压铸件不经机械加工而直接使用。

2）铸件强度和表面硬度都较高。因为压铸件表面的一层金属晶粒较细，组织致密。压铸件的抗拉强度可比砂型铸件提高 25%～30%。

3）生产效率很高，生产过程易于机械化和自动化。一般冷压室压铸机平均每八小时可压铸 600～700 次。小型热压室压铸机平均每八小时可压铸 3000～7000 次。

压铸的主要缺点是：

1）压铸时，高速液流会包住大量空气，凝固后在铸件表皮下形成许多气孔，故压铸件不宜进行较多余量的切削加工，以免气孔外露。压铸件也不能进行热处理，以免气孔内气体膨胀使铸件表面鼓泡或变形。

2）压铸黑色金属时，压铸型寿命很低，困难较大。

3）设备投资大，生产准备周期长，只有大批大量生产才经济合算。由于压铸的优点，使它获得广泛的应用，目前主要用于非铁合金铸件。应用压铸件最多的是汽车、拖拉机制造业，其次是仪表制造和电子仪器工业、农业机械、国防工业、计算机、医疗器械等制造业。用压铸法生产的零件有发动机气缸体、气缸盖、变速箱箱体、发动机罩、仪表和照相机的壳体与支架、管接头、齿轮等。

四、低压铸造

低压铸造是使液体金属在压力作用下充填铸型，以形成铸件的一种方法。由于所用的压力较低（一般为0.02MPa～0.06MPa），所以称低压铸造。

（一）低压铸造的工艺过程

图1-60为低压铸造工作原理示意图，其工艺过程是：

1. 准备合金液和铸型　将熔炼好的合金液倒入电阻保温炉的坩埚中，装上密封盖、升液管及铸型。

2. 升液、浇注　通入干燥压缩空气，合金液在较低压力下从升液管平稳上升，注入型腔。

3. 增压、凝固　型内合金液在较高压力下结晶，直至全部凝固。

4. 减压、降液　坩埚上部与大气连通，升液管内合金液流回坩埚。

5. 开型　取出铸件。

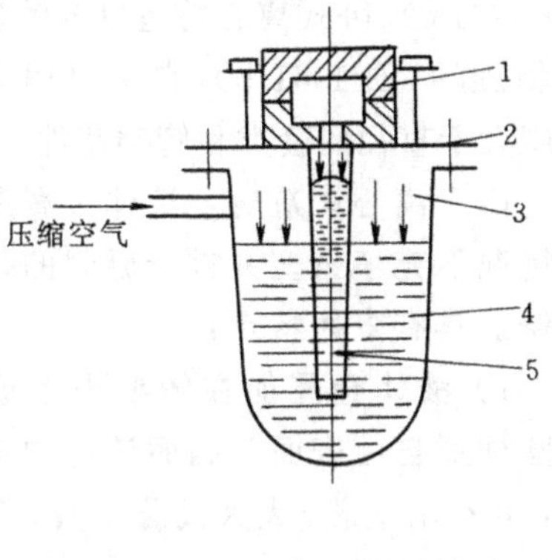

图1-60　低压铸造的工作原理
1—铸型　2—密封盖　3—坩埚
4—金属液　5—升液管

（二）低压铸造的特点和应用范围

从低压铸造的工艺过程可以看出：金属液在压力推动下进入铸型型腔，并在外力作用下结晶凝固，进行补缩。其充型过程既和重力铸造有区别，也和高压高速充型的压力铸造有区别。它给低压铸造带来了某些独特的优点，这些优点表现在下述几个方面：

1. 液体金属充型比较平稳　这是由于低压铸造采用底注充型，其上升速度容易控制。能够避免金属液对型壁和型芯的冲刷，减少铸件产生夹杂缺陷的机会。同时，型腔内液流和气流方向一致，从而减少了产生气孔的可能性，提高了铸件的合格率。

2. 铸件成型性好　低压铸造时，金属液充型在外界压力作用下强迫流动，提高了液体金属的充填能力，有利于形成轮廓清晰、表面光洁的铸件，这对于大型薄壁铸件的成形更为有利。

3. 铸件组织致密力学性能高　因为铸件的结晶凝固都是在压力作用下进行，补缩效果好，从而提高了铸件的力学性能。这对于那些要求耐压、防漏的铸件效果更好。

4. 提高了金属液的工艺出品率　由于低压铸造利用压力充型和补缩，大大简化了浇注系统的结构，特别是一般情况下不需冒口，使金属液的工艺出品率大大提高，工艺出品率一般可达90%。

此外，劳动条件好，设备简单，易实现机械化和自动化，也是低压铸造的突出优点。

由于低压铸造的上述优点，从60年代起，得到国内外的重视，并用于生产。低压铸造主要用来铸造质量要求高的铝合金、镁合金铸件，也可用于薄壁壳体类钢制铸件。如气缸体、气缸盖、高速内燃机的铝活塞等形状较复杂的薄壁铸件。

五、离心铸造

离心铸造是将金属液浇入回转的铸型中，使液体金属在离心力的作用下充填铸型和凝固成形的铸造方法。离心铸造可以用金属型，也可以用砂型，既适合于铸造中空铸件，又能铸造成形铸件。

为实现离心铸造工艺过程，必须采用离心铸造机。根据回转轴的空间位置，离心铸造机可分为立式和卧式两大类。立式离心铸造机的铸型是绕垂直轴回转的（图 1-61 a），它主要用来生产高度小于直径的环类铸件，有时也可浇注异形铸件（图 1-61 c）。卧式离心铸造机的铸型绕水平轴旋转（图 1-61 b），它主要用来生产长度大于直径的套类和管类铸件。

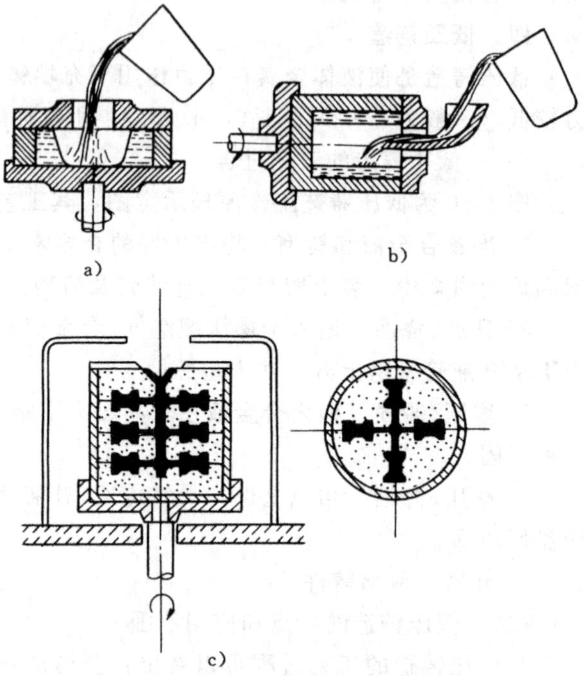

图 1-61 离心铸造示意图

a）立式离心铸造机 b）卧式离心铸造机

c）立式离心铸造机（浇异形件）

由于离心铸造时，液体金属是在旋转情况下充填铸型并进行凝固的，故离心铸造具有下述特点：

1）液体金属能在铸型中形成中空的圆柱形自由表面，因而铸造中空铸件时，可不用型芯，大大简化了套、筒类铸件的生产过程。

2）离心力作用下，金属液的充型能力高，可以浇注流动性较差的合金铸件和薄壁铸件，如涡轮、叶轮等。

3）由于离心力的作用，金属中的气体、熔渣等夹杂物因重度小易于自液体金属中排出，集中在内表面。铸件从外向内定向凝固，补缩条件好。故离心铸件的组织致密，缩孔、缩松、气孔及夹杂等缺陷少。

4）大大节省浇注系统和冒口的金属消耗，提高了金属的工艺出品率。

5）可制造双金属铸件，如钢套镶铜轴承、复合轧辊等，从而降低铸件的成本。

6）铸件易产生偏析，内表面较粗糙

由于离心铸造的上述一些特点，应用越来越广泛。在生产管、套铸件如铸铁管、铜套、缸套等，离心铸造是主要的方法。此外，在耐热钢管、特殊钢无缝钢管毛坯、造纸机干燥滚筒、冶金轧辊等生产方面，离心铸造用得也很有成效。

六、V 法实型铸造

V 法造型，是真空密封造型法的简称（Vacuum sealed moulding process）。它出现于 70 年代，是对传统砂型铸造的一种突破性改革，被誉为是新一代的造型法。它用干燥的原砂借助于负压成型，革除了繁杂的混配砂工艺及设备，省掉了型砂中诸如粘结剂、水分、煤粉附加物等物料，从而极大地简化了造型工艺，洁净了作业环境，同时提高了铸件的内在质量和表面质量，具有显著的经济效益。

实型铸造是随着现代化学工业的高速发展，特别是聚苯乙烯泡沫塑料的诞生，而出现的一种铸造方法。一般的实型铸造方法采用聚苯乙烯泡沫塑料做成实体模样，将其置入砂箱的型砂中并紧实浇成铸件，聚苯乙烯泡沫塑料模样在高温下燃烧并被金属取而代之。此种铸造方法不存在分型、取模和合箱等工序，因而减少了相应的不稳定因素，有利于提高铸件质量。但聚苯乙烯泡沫塑料模样在高温下燃烧时将产生大量气体，稍不慎，将使铸件产生严重的气孔缺陷。

将V法造型的真空负压紧实而不用任何粘结剂，与实型铸造的实模造型有机地结合起来，可以更好地发挥各自的优势，实现互补，优化铸件的成型工艺，提高铸件的内在和表面质量。

(一) V法实型铸造的工艺过程

V法实型铸造的工艺过程见图1-62。

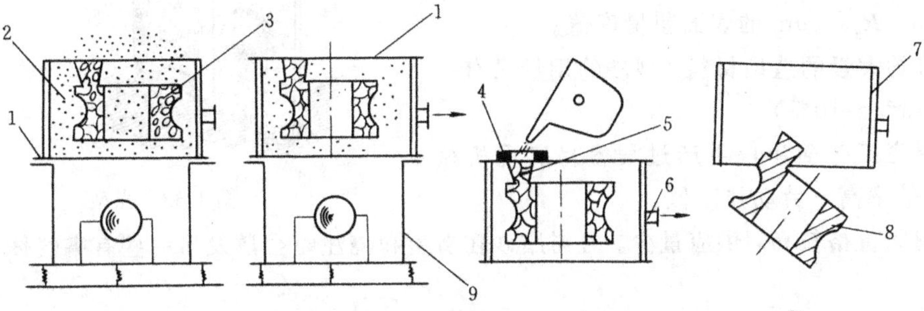

图1-62　V法实型铸造工程过程

a) 制造铸型　b) 铸型抽真空　c) 浇注　d) 解除真空

1—塑料薄膜　2—型砂　3—实体模　4—浇口杯　5—直浇口

6—抽气软管　7—砂箱　8—铸件　9—震动台

1) 将实体模样（气化模）放入带有抽气软管的有底砂箱中（或用普通塑料薄膜密封砂箱下口），填入干燥原砂微震紧实见图1-62a。

2) 用普通塑料薄膜密封砂箱上口，接通真空抽气系统，型砂在负压下得以紧实成型，见图1-62b。

3) 在负压下进行浇注，冷凝后解除真空，铸型溃散，取出铸件，见图1-62c、d。

在浇注的整个过程中，泡沫实体模烧失后所产生的气体可被真空系统抽走排掉，使铸型内的发气量减至最低限度，故在铸件中可减少气孔缺陷。

(二) V法实型铸造的特点和应用范围

V法实型铸造工艺兼顾了V法密封造型和实型铸造二者的优点，实现了不分型取模、不用粘结剂的真空造型、实型浇注的铸造新工艺。消除了铸件错箱、披缝等铸造缺陷，为提高铸件表面质量创造了条件。泡沫实体模烧失后所产生的气体大部分被排除，从而大大减少了实型铸造铸件产生气孔的可能性，提高了铸件的内在质量。

一般说来，与其它的特种铸造方法相比，V法实型铸造的应用范围是较为广泛的。它既可以用于大件的单件小批量生产，也可以用于中小件的大批量生产

V法实型铸造特有的长处是明显的，但按当前我国现有的铸造水平，在生产应用上还存在一系列问题有待继续研究和进一步完善。

七、壳型铸造

（一）生产原理

壳型铸造是一种砂型铸造方法。用强度极高的粘结剂配制型砂，制成不用砂箱的薄壳铸型，用这种壳型来生产铸件的方法，称为壳型铸造。壳型铸造一般用热固性的酚醛树脂作粘结剂，制壳时，用翻斗法或射砂法，在预热的金属模板上形成一层树脂砂薄壳。经加热使薄壳硬化后即可从模板上取下型壳。然后由型壳拼合成壳型，用夹具夹紧或用树脂粘牢，即可准备浇注，见图 1-63。

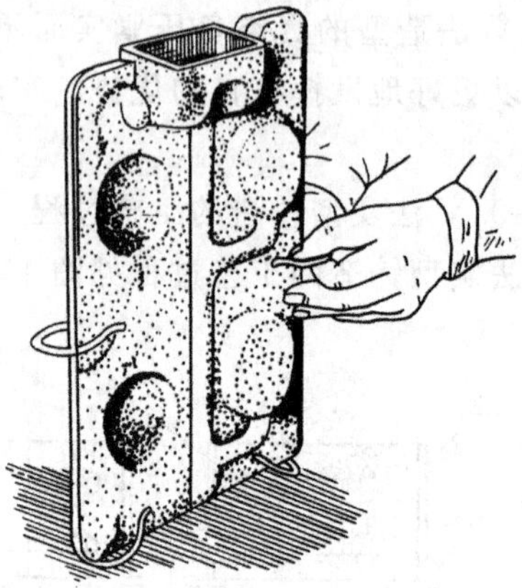

图 1-63 壳型

（二）特点及应用范围

1）壳型铸件精度较高，可达 IT10～IT9 和 $R_a 12.5\mu m \sim R_a 3.2\mu m$ 的表面粗糙度值。

2）节约大量的造型材料（型砂的用量只有一般砂型的 5%～10%）。

3）制壳工艺简单，生产过程容易实现机械化，生产效率高，劳动强度低。

4）树脂价格较高，供应量少。且树脂砂在造型和浇注时会散发出一些有害气体，污染环境。

壳型铸造适用于小型铸件的大批量生产。目前以浇注黑色金属为主，铸件重量一般在 10kg 左右，如曲轴、凸轮轴、阀体等。

八、几种铸造方法的比较

上面介绍了几种不同的铸造方法，每种方法各具不同的特点和应用范围，不能认为某种方法最完善，而不切实际的加以应用。在实际生产中应根据具体情况，进行全面分析比较而决定选用其中的某一种方法。为便于分析比较，几种常见铸造方法的特点和适用范围，见表 1-16。

表 1-16 几种铸造方法的比较

铸造方法 比较项目	砂型铸造	熔模铸造	金属型铸造	压力铸造	低压铸造	离心铸造	壳型铸造	V 法实型铸造
适用金属	不限制	不限制，以铸钢为主	不限制，以非铁金属为主	铝、镁、锌等低熔点合金	以非铁合金为主，也可用于黑色金属	铸钢，铸铁、铜合金	以黑色金属为主	不限制
适用铸件大小	不限制	小于 25kg，以小铸件为主	以中小铸件为主	一般为 10kg 以下，也可用于中型铸件	以中小铸件为主	适用于中小件	中小铸件，一般小于 20kg	不限制
批量	不限制	一般用于成批大量生产，也可用于小批量	大批大量	大批、大量	成批、大量	批量生产	大批量	不限制

（续）

铸造方法 比较项目	砂型铸造	熔模铸造	金属型铸造	压力铸造	低压铸造	离心铸造	壳型铸造	V 法实型铸造
铸件最小壁厚 mm	铸铁大于 3～4	0.5～0.7	铸铝大于 3 铸铁大于 5	铝合金 0.5 锌合金 0.3 铜合金 2	一般 2.0	最小内孔可达 $\phi7$	0.8～1.6	铸铁大于 2
表面粗糙度 $R_a\mu m$	粗糙	25～3.2	25～12.5	6.3～1.6	25～6.3	25～6	25～6.3	25～6.3
铸件尺寸公差 mm	100±1.0	10±0.3	100±0.4	100±0.3	10±0.4	决定于铸型材料	100±0.8	100±0.5
铸件内部质量	晶粒粗大	晶粒粗大	晶粒细小	晶粒细小	晶粒细小	晶粒细小	晶粒粗大	晶粒粗大
铸件加工余量	大	小或不加工	小	小或不加工	较小	内孔大	中小	中小
生产率	低	低	中高	最高	中	中高	中	中
应用举例	各类铸件	刀具、叶片、自行车零件、电讯设备等	一般非铁合金铸件、民用器皿、冶金轧辊等	汽车化油器、缸体、仪表以及电器零件等	发动机缸体、缸盖、壳体、箱体、船用螺旋桨等	各种套、环、管、筒、辊等	刀具、泵轮、汽车拖拉机零件、阀门零件等	各类铸件

第五节　零件结构的铸造工艺性

铸造生产的目的在于生产合格而无缺陷的铸件，而铸件结构设计是否合理，将极大地影响铸件的质量乃至铸造生产的全过程，以及后续加工。因此，在铸件的结构设计中，除了保证其使用性能、力学性能和机械加工性能的要求外，还应符合铸造工艺性的要求。所谓铸造工艺性，是指铸造成形的可行性和经济性。良好的铸件结构应与相应材料的铸造性能及铸造工艺相适应。

铸件结构的铸造工艺性包括：铸件结构的合理性；铸件结构的工艺性；铸件结构对铸造方法的适应性。

一、铸件结构的合理性

铸件结构应该符合合金铸造性能的要求，因为与合金铸造性能有关的一些缺陷如浇不到、缩孔、缩松、铸造应力、变形和裂纹等，往往是由于铸件结构不合理而造成的。虽然有时可采取相应的工艺措施来消除这些缺陷，但必然会增加生产的成本和降低劳动生产率。因此，在设计铸件时，对其结构的合理性应予以足够重视，满足以下几个方面的要求。

（一）铸件应有合理的壁厚

每一种铸造合金都有其适宜的铸件壁厚范围，过大或过小都会对铸件产生不良影响。若为了节约金属、减轻自重而不适当地降低壁厚，虽可能满足零件力学性能的要求，但却可能导致铸件产生浇不到、冷隔等铸造缺陷。铸件的最小壁厚允许值，见表 1-17。

表 1-17　砂型铸造条件下铸件的最小壁厚　(mm)

铸件尺寸	铸钢	灰铸铁	球墨铸铁	可锻铸铁	铝合金	铜合金
<200×200	5~8	3~5	4~6	3~5	3~3.5	3~5
200×200~500×500	10~12	4~10	8~12	6~8	4~6	6~8
>500×500	15~20	10~15	12~20	—	—	—

另一方面，铸件壁也不能过厚，因为铸件的力学性能并不随壁厚的增加而成比例地增加。过厚的截面将会导致结晶组织粗大甚至产生缩孔、缩松缺陷，反而会恶化其性能，表 1-18 是几种常用合金砂型铸造条件下的最大临界壁厚值。

表 1-18　各种铸造合金的砂型铸件的临界壁厚　(mm)

合金种类和牌号		铸件质量 kg		
		0.1~2.5	2.5~10	>10
灰铸铁	HT100，HT150	8~10	10~15	12~18
	HT200，HT250	12~15	12~15	20~25
	HT300	12~18	15~18	25
	HT350	12~20	15~20	25
可锻铸铁	KTH300-05 KTH330-08 KTH350-10 KHT370-12	6~10	10~12	
球墨铸铁	QT400-17	10	15~20	50
	QT420-10	10	15~20	50
	QT500-05	14~18	18~20	60
	QT600-02	14~18	18~20	60
铝合金		6~10	6~12	10~14
锡青铜		—	6~8	—

铸钢 w_C/%	0.1	0.2	0.3	0.4	0.5
临界壁厚	11	13.5	18.5	27	39

如果选定合金的适宜壁厚不能满足零件的力学性能要求，则应改选高强度的材料或选择合理的截面形状（如 T 字型、工字型、槽型或箱型等）以及增设加强肋等措施，见图 1-64。

（二）铸件壁厚应力求均匀

1）如果铸件壁厚不均匀，将在局部厚壁处形成金属积聚的热节，导致铸件产生缩孔、缩松缺陷；同时，不均匀的壁厚还将造成铸件各部分的冷却速度不同，冷却收缩时各部分相互阻碍，产生热应力，严重时将导致铸件变形或开裂，见图 1-65。

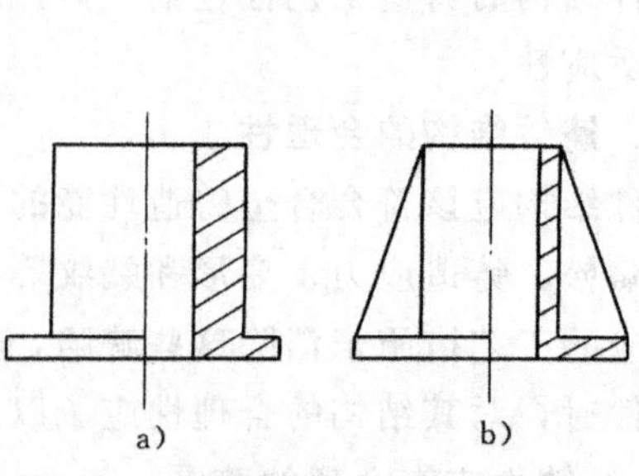

图 1-64　采用加强肋减小铸件壁厚
a）不合理结构　b）合理结构

2）由于以上原因，所以在设计铸件时，应力求做到壁厚均匀。所谓壁厚均匀，是指铸件的各部分具有冷却速度相近的壁厚，故铸件的内壁应略小于外壁，见图 1-66。

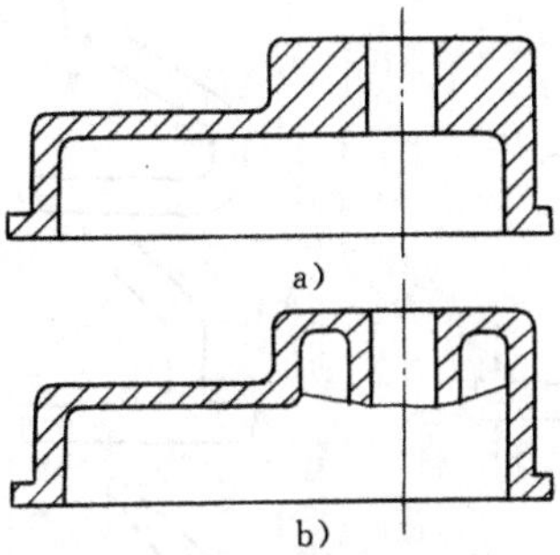

图 1-65 铸件的壁厚应均匀

a）壁厚不均匀 b）壁厚均匀

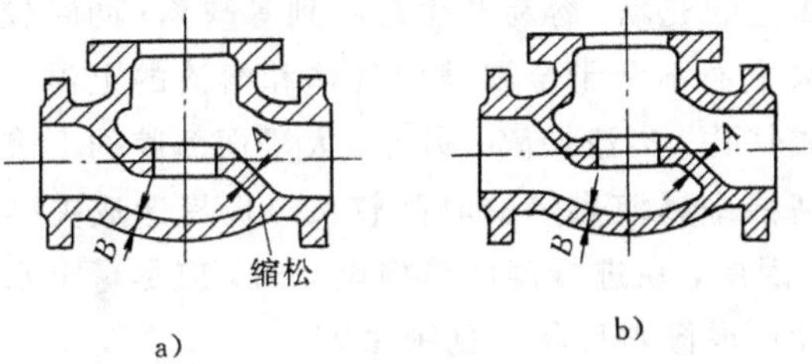

图 1-66 铸件的内壁略小于外壁

a）A=B b）A<B

（三）铸件壁的联接形式要合理

1）铸件如果因结构所需不能做到壁厚均匀，则不同壁厚的联接应采用逐渐过渡的形式，见图 1-67。

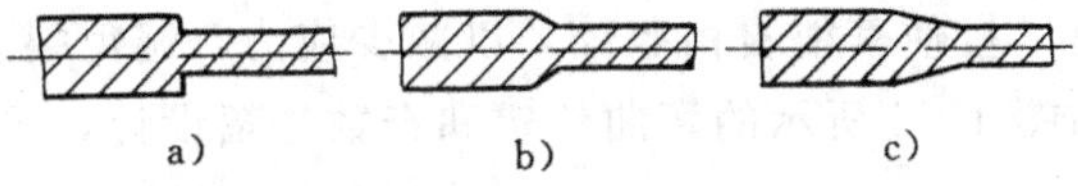

图 1-67 壁厚的过渡形式

a）不合理 b）、c）合理

2）对于铸件结构中有两个或三个甚至多个壁相连的情况，可采用交错接头（中小件）或环形接头（大件）结构，避免金属的积聚，以防止产生缩孔、缩松及裂纹等缺陷，见图 1-68。

3）铸件壁的联接尽可能设计成结构圆角，以避免形成热节，见图 1-69。铸造圆角的大小应于铸件的壁厚相适应，其数值可参阅表 1-19。

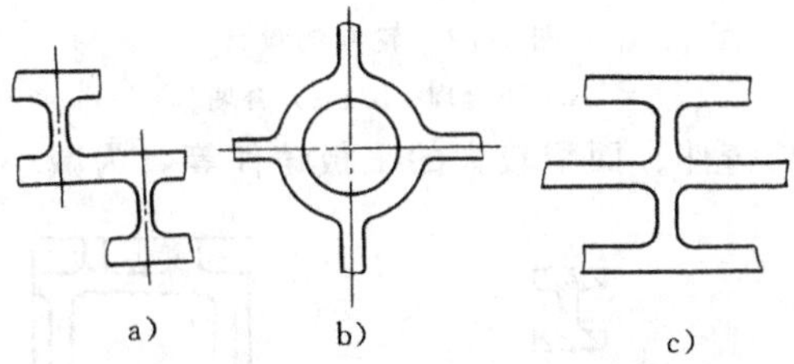

图 1-68 铸件壁应尽量避免金属积聚

a）、b）合理 c）不合理

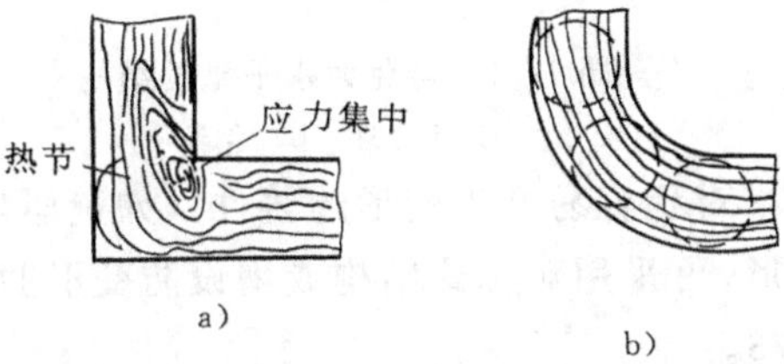

图 1-69 不同转角的热节和应力分布

a）直角联接 b）圆角联接

表 1-19 铸造内圆角半径 R 值 (mm)

	(a+b)/2	<8	8～12	12～16	16～20	20～27	27～35	35～45	45～60
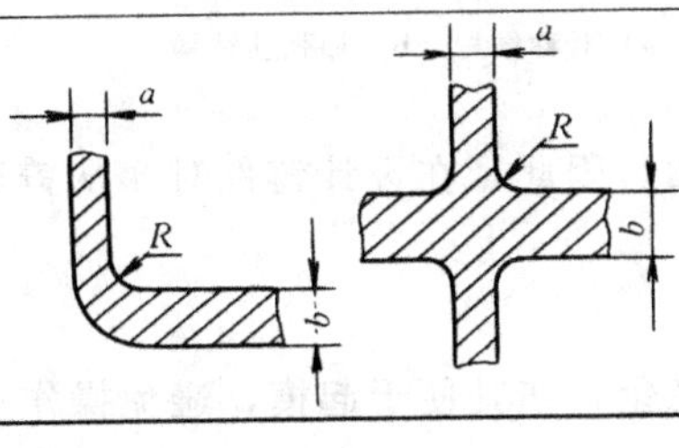	铸铁	4	6	6	8	10	12	16	20
	铸钢	6	6	8	10	12	16	20	25

4）铸件壁与壁的联接应避免锐角，以防应力集中，产生裂纹缺陷，见图 1-70。

（四）尽量避免过大的水平面

在铸件浇注位置上有过大的水平面，不利于金属液的充填，容易产生浇不到等缺陷；同时较大的水平面不利于金属液中气体和熔渣的上浮，易造成气孔、夹渣缺陷；另外，大平面型腔的上表面受高温金属液烘烤的时间较长，极易造成夹砂缺陷。因此，在进行铸件结构设计时，应尽量将水平面设计成倾斜形状，见图 1-71。

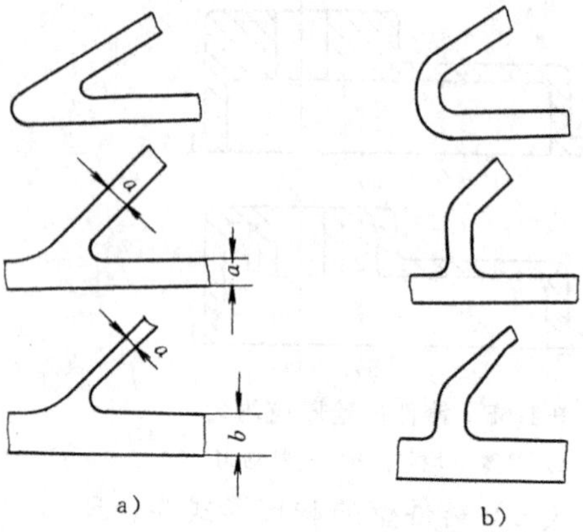

图 1-70　壁的联接应避免锐角
a）不良结构　b）良好结构

（五）铸件结构应避免冷却收缩受阻和有利于减小变形

铸件在浇注后的冷却凝固过程中，其体积和长度都将减小。如果其收缩受阻，铸件内部将产生应力，导至变形、裂纹的产生。铸件结构设计时，应尽量使其能自由收缩，以减少应力，避免裂纹。如图 1-72 所示的弯曲轮辐和奇数轮辐设计，可使铸件能较好地自由收缩。

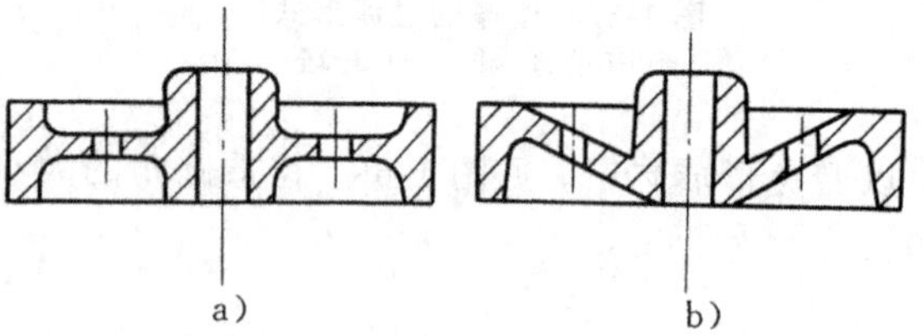

图 1-71　避免大水平壁的结构
a）不合理　b）合理

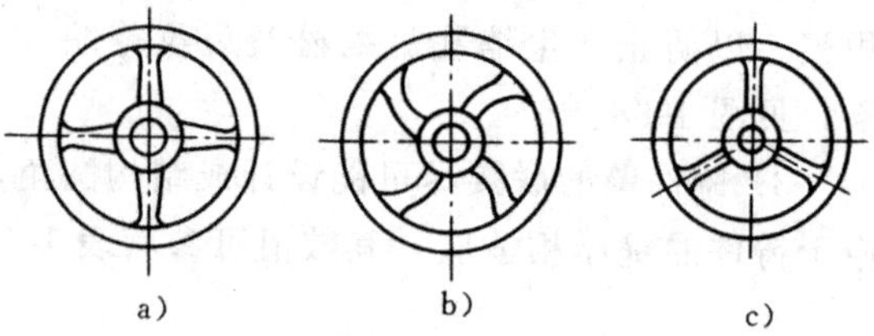

图 1-72　轮幅的设计
a）不合理　b）、c）合理

对于容易产生变形的铸件，如壁厚均匀的细长铸件、面积较大的平板铸件等，为减小其变形，可采用对称式结构或增设防变形肋，见图 1-73。

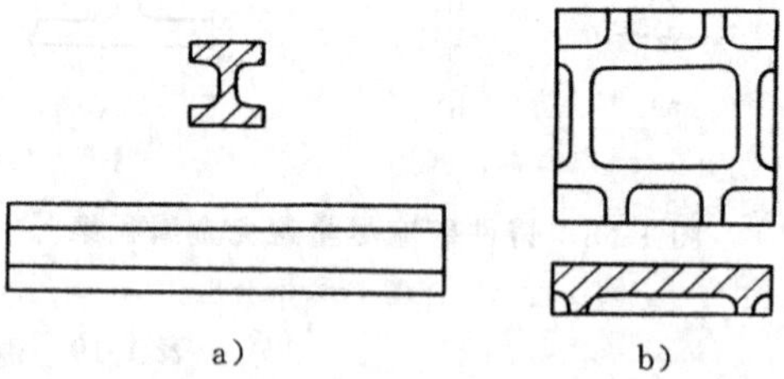

图 1-73　防变形结构
a）对称结构　b）加强肋结构

二、铸件结构的工艺性

设计铸件时，除了其结构应保证机器设备的工作性能要求及满足材质的铸造性能要求外，还必须考虑铸造工艺的各个环节的结构工艺性良好，如制模、造型、制芯、装配合型及清理等各个环节，以利提高生产率，保证铸件质量；相反，如果结构工艺性差，势必使得废品率上升，造成人力、物力的不必要消耗，导致成本增加。因此，在设计铸件时，从铸造工艺的角度出发，应注意如下几个方面。

（一）铸件的外形设计

在满足使用要求的前提下，铸件外形的设计应尽量简化，使其便于起模，避免操作费时的三箱造型、挖砂造型、活块造型及不必要的外部型芯。

1. 应使铸件具有最少的分型面　减少铸件分型面的数量，不仅可以减少砂箱的用量，降低造型工时，而且可以减少错箱、偏芯等缺陷，提高铸件的尺寸精度。图 1-74 所示端盖铸件，由于图 1-74a 存有法兰凸缘，不能采用简单的两箱造型。若改成图 1-74b 的结构，取消上部的凸缘，使铸件仅有一个分型面，则将大大减化造型操作。

2. 应尽量使分型面平直　平直的分型面可避免操作费时的挖砂造型或假箱造型，同时，铸件的毛边少，便于清理，因此应尽力避免弯曲的分型面。如图 1-75 a、b 所示杠杆形零件，在造型时只能采用不平分型面或采用型芯，若改成图 1-75 c 的形状，铸型的分型面则为一简单的平面。

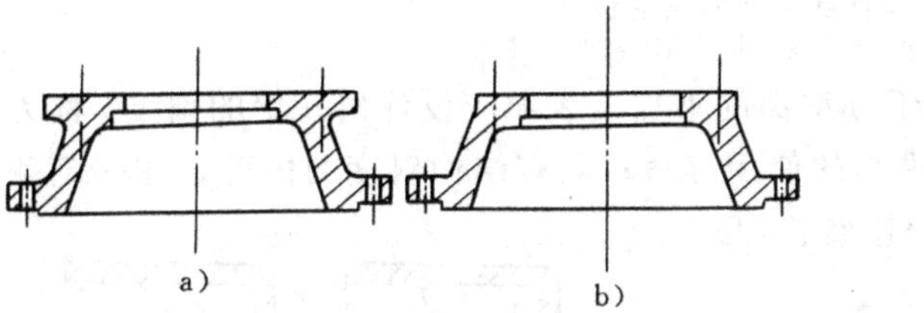

图 1-74　端盖铸件

a）不合理　b）合理

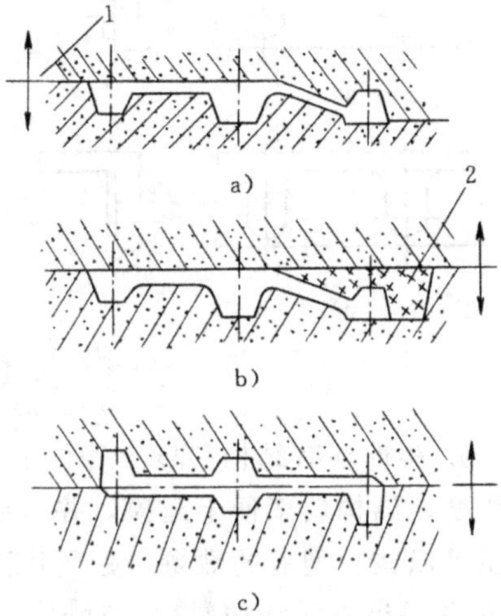

图 1-75　杠杆铸件结构

a)、b）不合理结构　c）合理结构

1—分型面　2—型芯

再如图 1-76 a 所示的托架铸件，在分型面上加了外圆角，则只能采用挖砂（或假箱）造型，改成图 1-76 b 的结构，造型就简单多了，故分型面上不可设置圆角。

3. 避免外部侧凹　铸件在起模方向上若有侧凹，见图 1-77 a，就必须在造型时增加较大的外壁型芯才能起模。若将其改成图 1-77b 所示结构，把槽扩展成通到底部的凹槽，则可省去外型芯，显然后一种结构是合理的。

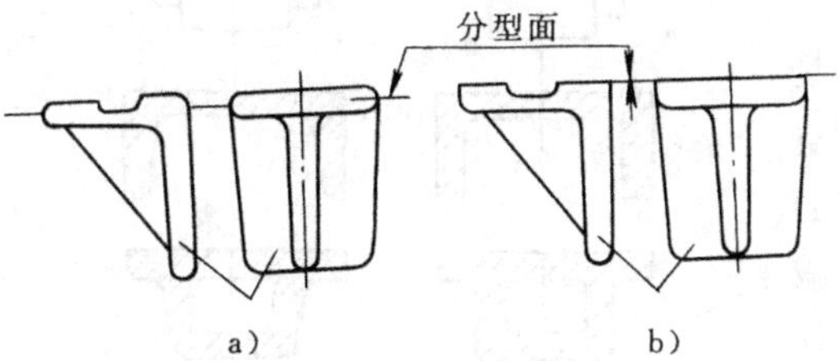

图 1-76　托架铸件

a）不合理　b）合理

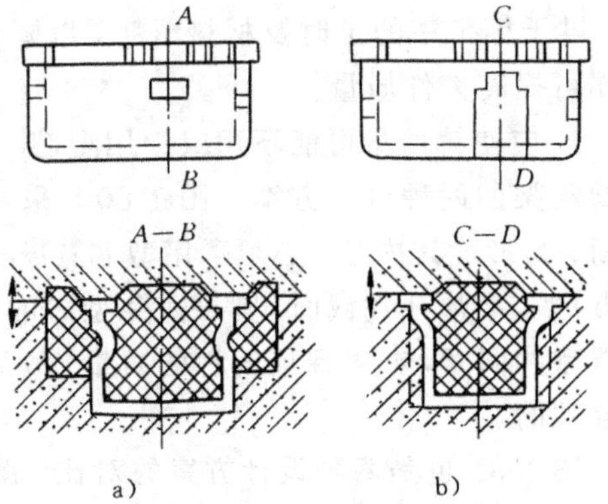

图 1-77　铸件两种结构比较

a）不合理结构　b）合理结构

4. 改进妨碍起模的凸台、凸缘和肋条的结构　设计铸件上的凸台、凸缘和肋条结构时，应考虑便于造型起模，尽力避免使用活块或外壁型芯。图 1-78 a、c、e 所示的凸台和肋条，通常必须采用活块（或外壁型芯）才能起模，而改成图 1-78b、d 的设计，将凸台延长至分型面，则可避免使用活块，将图 1-78 e 改成图 1-78 f，使铸件法兰盘上的肋条位置转动 45°，则不会妨碍起模，使得造型工艺简化。

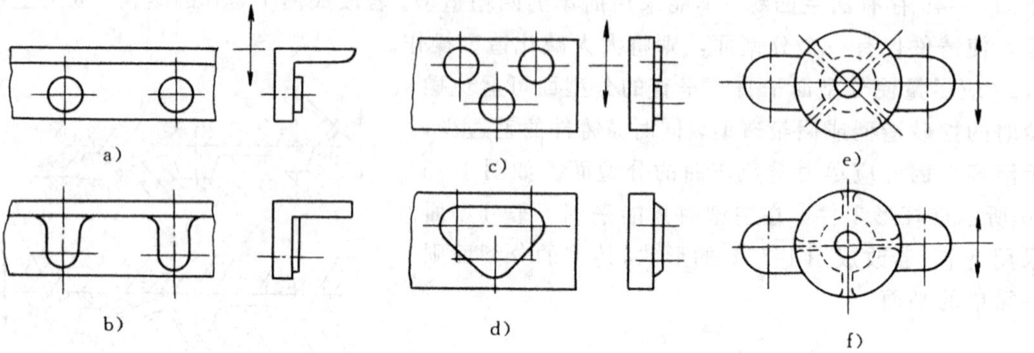

图 1-78　铸件凸台和肋条的设计

a)、c)、e) 不合理　b)、d) 合理

5. 铸件要有结构斜度　铸件上垂直于分型面的不加工表面应设计出一定的斜度，称为结构斜度。结构斜度便于起模，并可延长模具的使用寿命；具有结构斜度的内腔，在一定条件下还可以减少型芯的数量，便于用砂垛代替型芯，图 1-79 是一组有无结构斜度的对比。

铸件结构斜度的大小和许多因素有关，如铸件的高度、造型的方法及模样的材质等，高度越低，斜度应越大。凸台的结构斜度可达 30°～45°。

（二）铸件内腔的设计

铸件的内腔通常由型芯形成，型芯处于高温金属液的包围之中，工作条件恶劣，极易产生各种铸造缺陷。故在铸件内腔的设计中，尤其是单件小批量生产时，尽可能地避免或减少型芯，从而节约芯盒、制芯、烘干等工序的工时及材料消耗，以降低成本，同时亦可提高铸件质量。

1. 应使铸件尽可能不用或少用型芯　图 1-80 是悬臂支架的两种设计方案，图 1-80 a 采用方形中空截面，为形成其内腔，必须采用型芯；若改进为图 1-80 b 的工字形开式截面，则可避免型芯的使用，在减化造型的同时，亦可保证铸件的质量，故后者的设计是合理的。

图 1-81 也是两种设计方案的对比，图 1-81 a 带有向内的凸缘，欲形成铸件的内腔，只有使用型芯来形成；而将向内的凸缘去掉，改成图 1-81 b 所示的结构，则可通过自带型芯来形成内腔，使工艺过程大大简化。

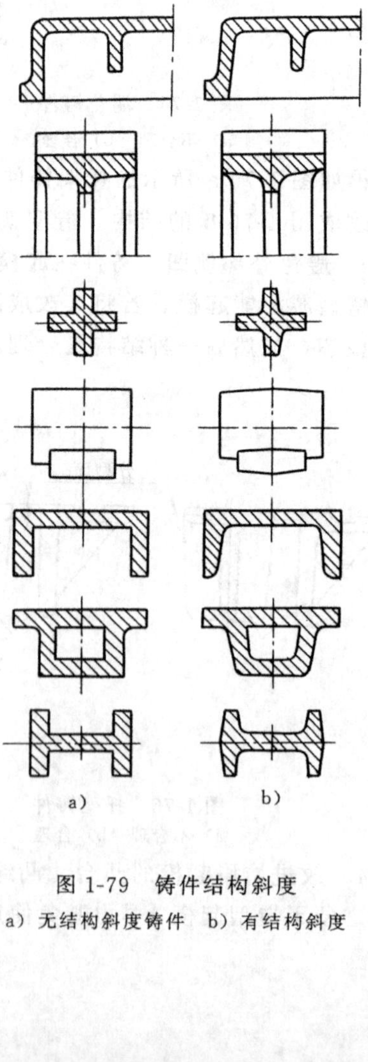

图 1-79　铸件结构斜度

a) 无结构斜度铸件　b) 有结构斜度

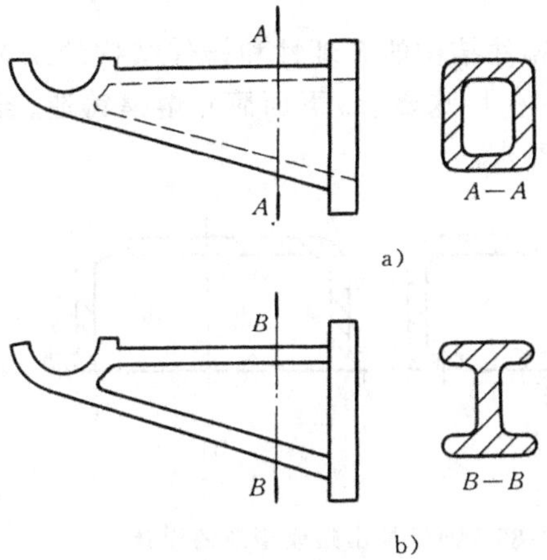

图 1-80 悬壁支架

a) 不合理 b) 合理

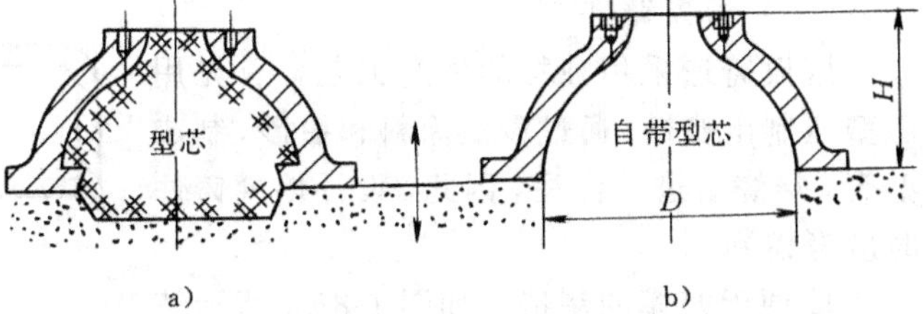

图 1-81 内腔的两种设计

a) 不合理 b) 合理

2. 铸件的内腔设计应使型芯安放稳固、排气容易、清砂方便 型芯在铸型中的支撑必须牢固，否则型芯经不住浇注时金属液的冲击而产生偏芯缺陷，造成废品。型芯的固定主要依靠芯头来保证，如图 1-82 所示轴承支架铸件，若采用图 1-82a结构，则需两个型芯，且其中大的型芯呈悬臂状态，装配时必须用芯撑作辅助支撑，下芯操作费工费时，且不稳固；如将此铸件的两个空腔打通，改成图 1-82 b 则可采用一个整体型芯来形成铸件的空腔，这样既可增加型芯的稳固性，又改善了型芯排气和清理条件，显然后者是合理的结构。

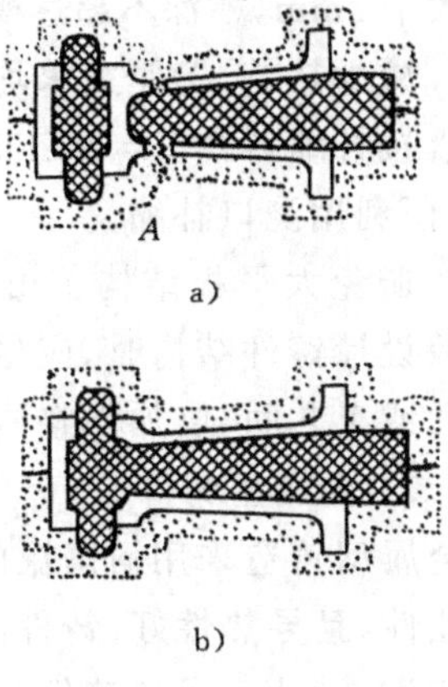

图 1-82 轴承架铸件

a) 不合理 b) 合理

对于因芯头不足而难于固定型芯的铸件，在不影响使用功能的前提下，可设计出适当大小和数量的工艺孔，用以增加芯头的数量，稳固型芯，如图 1-83 所示。如果零件上不允许有此孔，以后可用螺钉或柱塞堵住。

3. 铸件结构设计中应避免封闭空腔 图 1-84 a 所示铸件为封闭空腔结构，其型芯安放困难、排气不畅、难于清砂，故其结构工艺性极差；若改成图 1-84 b 结构，上述问题迎刃而解，故后者是合理的设计。

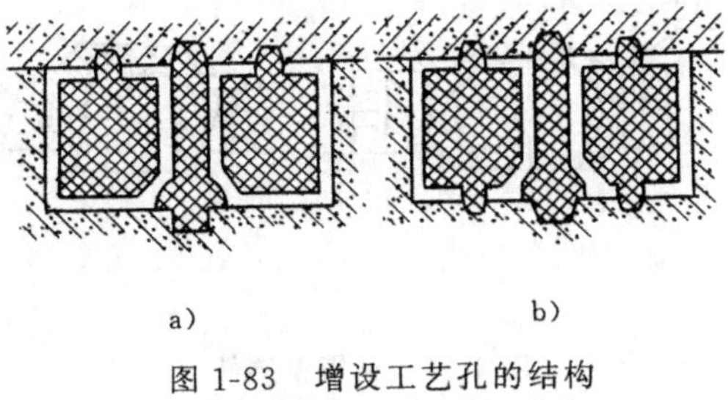

图 1-83 增设工艺孔的结构

a) 无工艺孔 b) 增设工艺孔

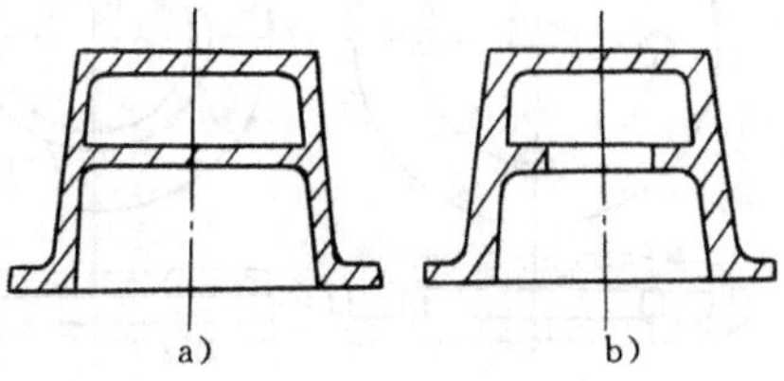

图 1-84 铸件结构避免封闭空腔

a) 不合理结构 b) 合理结构

三、铸造方法对铸件结构的特殊要求

对于采用特种铸造方法生产的铸件，除了考虑上述铸件结构的合理性和铸件结构的工艺性等一般原则外，还必须根据特种铸造方法的特点考虑一些特殊要求。下面简介熔模铸造、金属型铸造和压力铸造等特种铸造方法对铸件结构的特殊要求。

（一）熔模铸件

熔模铸造采用独特的生产工艺，首先用压型压制出蜡模，通过浸渍涂料和撒砂，制成型壳，焙烧后进行浇注，因此，设计熔模铸件时应考虑到：

1. 便于蜡模的制造　如图 1-85 a 所示铸件，注蜡后无法从压型中抽出型芯，蜡模制造困难，而改成图 1-85 b 的设计方案，则可克服上述缺点。

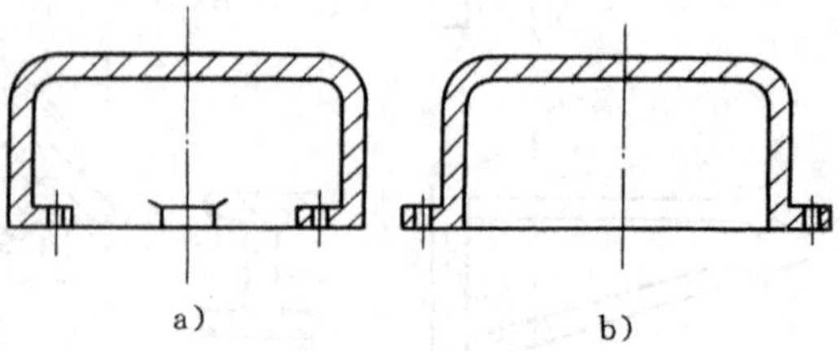

图 1-85　便于抽出蜡模型芯的设计
a）不合理　b）合理

2. 铸件上的孔、槽不宜过小或过深　过小或过深的孔、槽，不利于制壳时涂料和砂粒顺利地充填熔模上相应的孔洞，形成合适的型腔；同时，过深的孔、槽也给铸件的清砂带来困难。通常，孔径应大于 2mm（薄件＞0.5mm）。通孔时，孔深/孔径＜4～6，不通孔时，孔深/孔径＜2。槽宽应大于 2mm，槽深不超过槽宽的 2～6 倍。

3. 减少热节，壁厚力求均匀　熔模铸造一般不单独设置冒口，而是利用加粗的直浇道做为冒口直接补缩铸件。与此工艺相适应，应尽量采用薄壁结构，并使壁厚分布符合定向凝固的原则，以便利用浇口补缩。

4. 避免大平板结构　由于熔模型壳的高温强度较低，型壳易变形，而平板型壳的变形尤甚。故设计铸件结构时，应尽力避免大的平面。当功能所需必须有大的平面时，可增设必要的工艺孔或工艺肋，以加强整体的刚度，稳定壁厚尺寸，见图 1-86。

（二）金属型铸件

金属型铸造采用耐高温的金属制做铸型，其型芯一般也用金属制成。故铸型和型芯都不具有退让性，且导热性好，铸件冷却速度快。为了保证铸件能从铸型中顺利取出以及防止铸造缺陷的产生，设计金属型铸件时应考虑到：

1）铸件的外形和内腔应力求简单，尽可能加大铸件的结构斜度，避免采用直径过小或过深的孔，以便于抽出型芯和保证铸件顺利取出。图 1-87 是一组合理结构与不合理结构的示例。

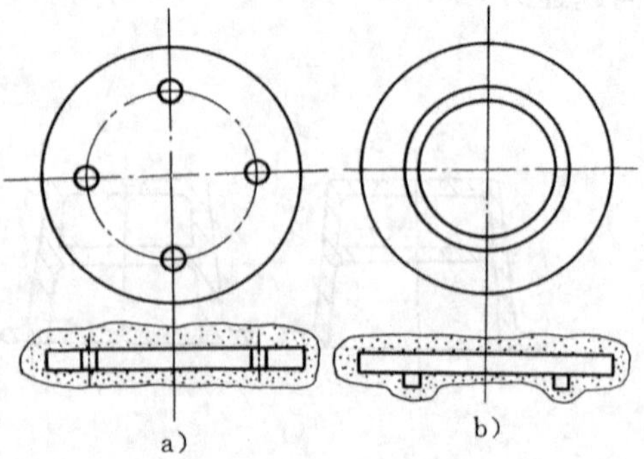

图 1-86　平面上的工艺孔和工艺肋
a）工艺孔　b）工艺肋

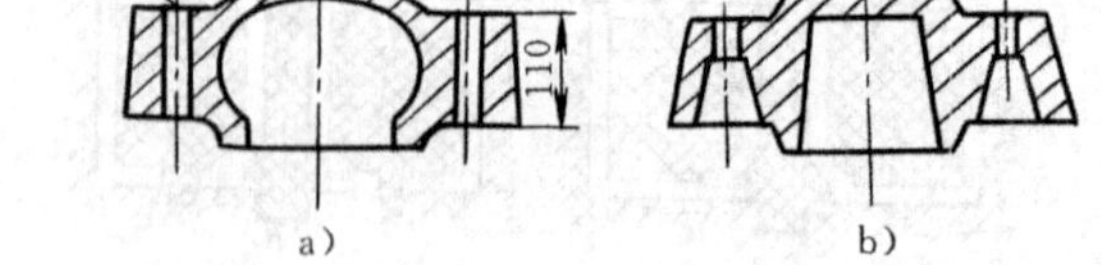

图 1-87　金属型铸件
a)不易描芯　b)便於抽芯

2）铸件的壁厚要均匀，以防出现缩松和裂纹缺陷；同时要注意壁厚不能太薄，尽量避免大的水平壁，以防止浇不到、冷隔等缺陷，如铝硅合金铸件的最小壁厚为 2mm～4mm，铝镁合金的最小壁厚为 3mm～5mm。

（三）压铸件

1）压力铸造亦采用金属制做的铸型和型芯，故压铸件的设计也应充分考虑铸件的出型和抽芯问题，为此，压铸件应尽量消除侧凹和深腔。如图 1-88 所示的压铸件两种设计方案中，图 1-88 a 因有侧凹，铸件无法取出；而改为图 1-88b 的结构，侧凹朝外，开型时先从压型侧面抽出外型芯，则铸件便可从压型中顺利取出。

2）压力铸造的金属液充型是在压力下进行，故无产生浇不到、冷隔缺陷之虑，因此设计压铸件时，在保证铸件强度和刚度的前提下，尽量采用壁厚均匀的薄壁结构。压铸件适宜的壁厚一般为：锌合金 1mm～3mm，铝合金 1.5mm～5mm，铜合金 2mm～5mm。

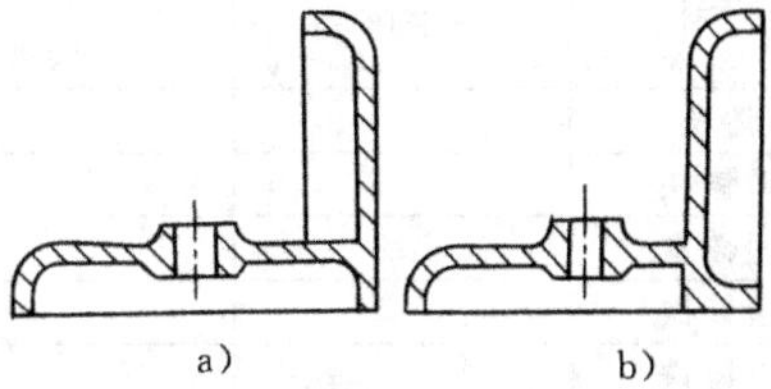

图 1-88　便于取出铸件的设计

a)不合理　b)合理

3）压铸可以采用镶嵌件，应充分发挥镶嵌件的优越性，以便制出复杂件、改善压铸件局部性能和简化装配工艺。为使嵌件在铸件中的联接可靠，应将嵌件镶入铸件部分制出凹槽、凸台或滚花等。

复习思考题

1. 试说明合金铸造性能的意义和内容。若合金的铸造性能不理想时，容易产生哪些铸造缺陷？

2. 什么是合金的流动性？什么是液态合金的充型能力？二者有何区别和联系？

3. 试从铁碳合金相图分析碳的质量分数对铸钢和铸铁的流动性有何影响。设计铸件结构时，从液态合金的充型能力角度应考虑哪些问题？

4. 某砂型铸造生产的薄铸铁件，投产以来质量基本稳定，但最近一时期浇不到和冷隔缺陷突然增多，试分析其原因。

5. 铸件的凝固方式依照什么来划分？哪些合金倾向于逐层凝固？在铸件化学成分已定的前提下铸件的凝固方式是否还能加以改变？

6. 铸造合金的收缩可分为哪三个阶段？缩孔、缩松、铸造应力及铸件变形各在哪个收缩阶段内形成？它们对铸件的质量各有何影响？

7. 什么是定向凝固原则？什么是同时凝固原则？各需采用什么措施来实现？它们各适用于哪种场合？

8. 试分析图 1-89 所示铸件热应力的形成过程，说出上下两部分的应力性质，并用虚线表示出铸件可能的变形方向。

9. 从铸件结构和铸造工艺两方面考虑，如何防止铸件产生铸造应力、变形和裂纹？

10. 什么是偏析？如何防止和消除晶内偏析？

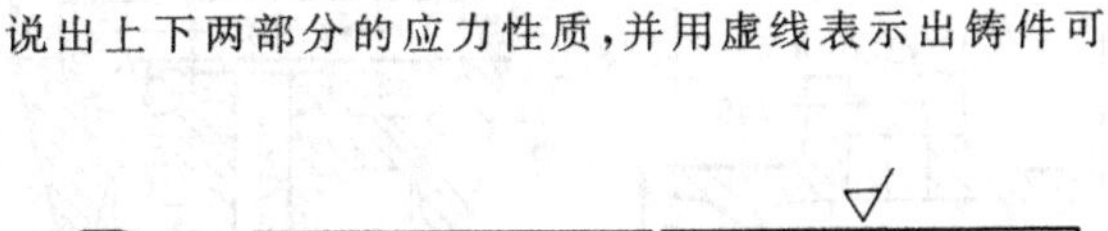

图　1-89

11. 铸件的气孔有哪几种？析出性气孔产生的原因是什么？下列情况下各容易产生哪种气孔：化铝时铝料油污过多；起模时刷水过多；椿砂过紧；型芯撑有锈。

12. 常用的铸造合金中，哪些合金的铸造性能好？哪些合金的铸造性能差？

13. 试从石墨的存在分析灰铸铁的力学性能和其它性能特征。

14. 影响铸铁石墨化的主要因素是什么？为什么铸铁的牌号不用化学成分来表示？

15. 铸造时，金属凝固温度范围的宽窄对铸件质量有何影响？为什么？

16. 以卧式车床为例，主轴箱、床身、尾座、手轮、床鞍、变速箱、床脚等，应各选用什么牌号的灰铸铁？

17. HT100、HT150、HT200、HT250 的显微组织有何不同？为什么 HT150、HT200 应用最广？

18. 冲天炉熔炼铸铁时加入废钢、硅铁、锰铁的作用是什么？若采用单一的生铁锭或回炉铁作为原料，铸出的产品质量如何？若采用单一的废钢来熔炼，铸出的产品属于什么材质（钢、灰铸铁、白口铸铁）？为什么？

19. 若某产品的铸件有 5mm、20mm、52mm 三种壁厚，且其力学性能全部要求 $\sigma_b = 150MPa$，试合理选择灰铸铁牌号。

20. 填表比较各种铸铁，并说明灰铸铁应用最广的原因。

类　别	石墨形状	制造过程简述（铁液成分、炉前处理、热处理）	力学性能			适用范围
灰铸铁						
可锻铸铁						
球墨铸铁						
蠕墨铸铁						
白口铸铁						

21. 普通灰铸铁可否通过热处理来提高其塑性和韧性？可锻铸铁和球墨铸铁又如何？为什么？

22. 铸钢、可锻铸铁和球墨铸铁都属于韧性材料，试比较它们的力学性能、铸造性能和应用范围。

23. 为什么有些应用场合球墨铸铁可以与钢媲美？球墨铸铁是否可以全部替代可锻铸铁？

24. 哪类铸造铝合金应用最为广泛？为什么铝合金容易产生"针孔"缺陷？该如何防止？

25. 什么是青铜？在机械制造中为什么铸造青铜比黄铜用途广泛？试述锡青铜的性能和用途。

26. 熔炼铸铁件、铸钢件和铸铝件所用的熔炉有何不同？所用型砂又有何区别？为什么？

27. 下列铸件宜选用哪类铸造合金？为什么？

车床床身　摩托车发动机　压气机曲轴　火车轮　坦克车履带板

自来水龙头　气缸套　减速器蜗轮　自来水弯头

28. 为什么说铸造是毛坯生产中的主要方法？试从铸造的特点来分析。

29. 为什么手工造型仍是目前的主要造型方法之一？机器造型有哪些优越性？适用条件是什么？

30. 分模造型、活块造型、挖砂造型、三箱造型、地坑造型各适用于哪种场合？

31. 为什么真正的空心球不采取工艺措施难以铸造出来？采用什么措施才能铸出？绘图说明。

32. 下列铸件（图 1-90）在单件生产条件下，应采用哪种造型方法（选作）？

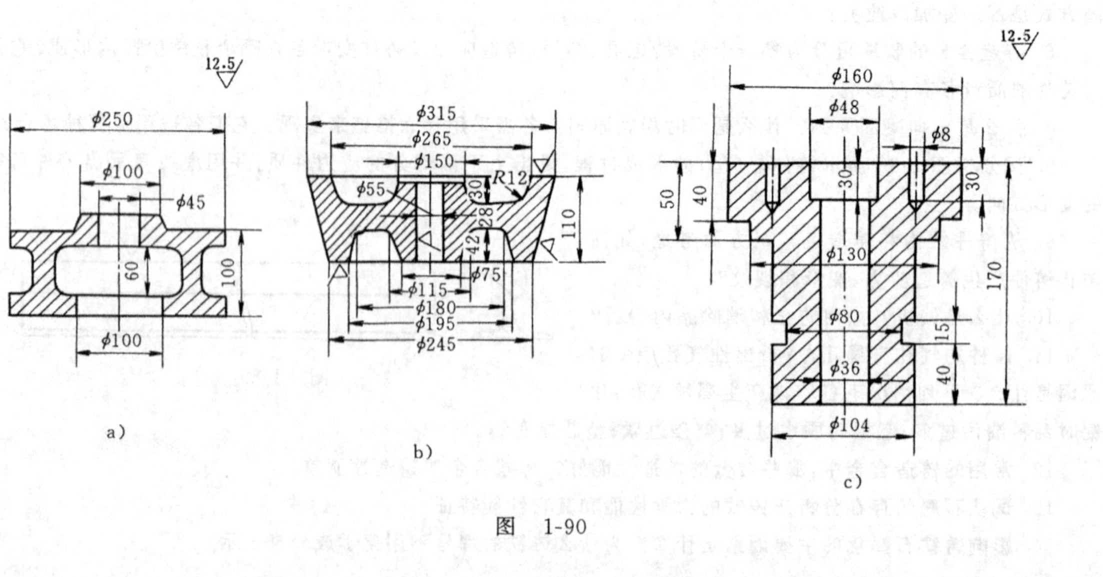

图　1-90

33. 下列各零件(图 1-91)的分型面有几种方案？哪种方案较合理？为什么？

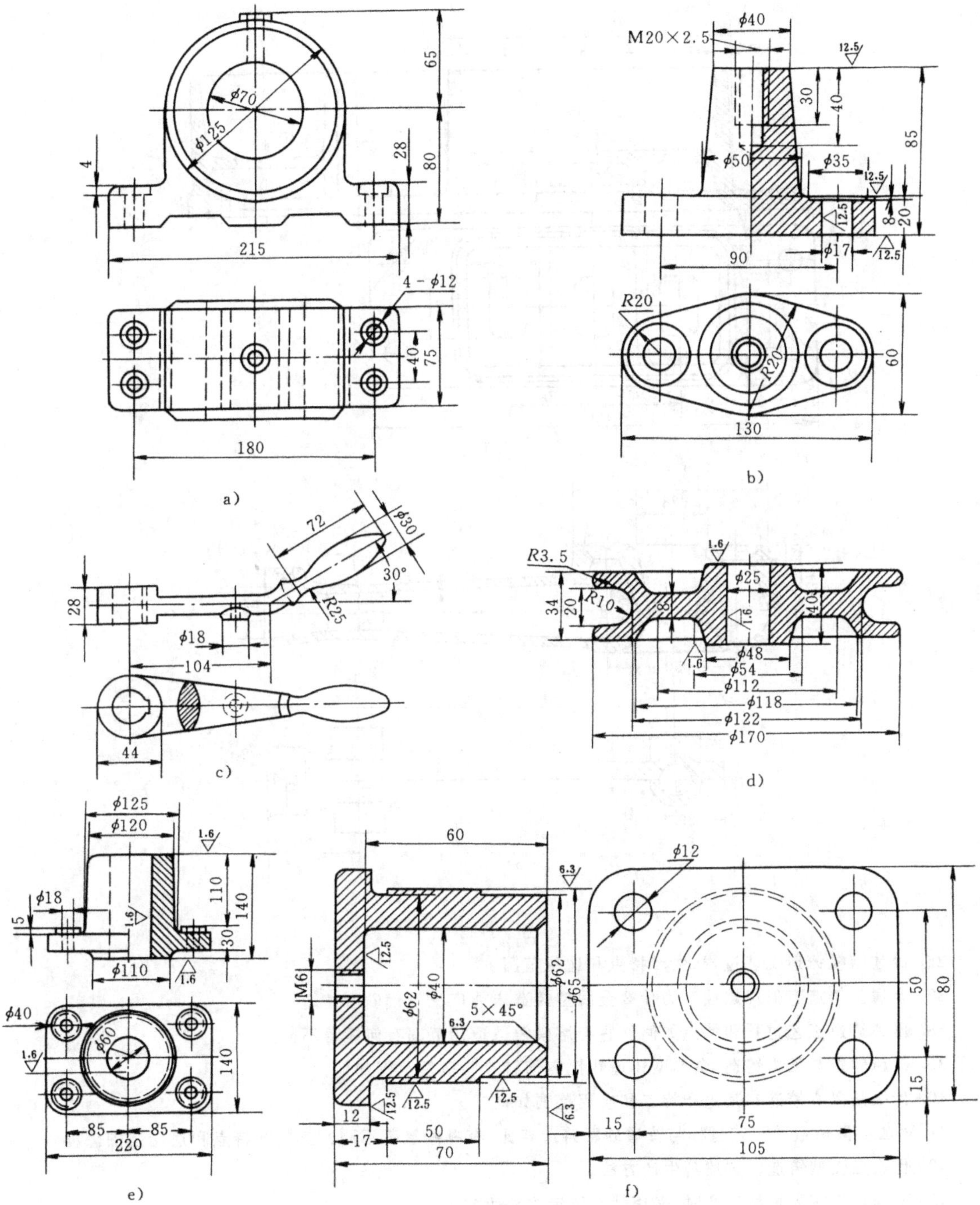

图 1-91

34. 试述分型面选择原则有哪些？它与浇注位置选择原则的关系如何？

35. 试绘下列零件(图 1-92)的铸造工艺图和铸件图。

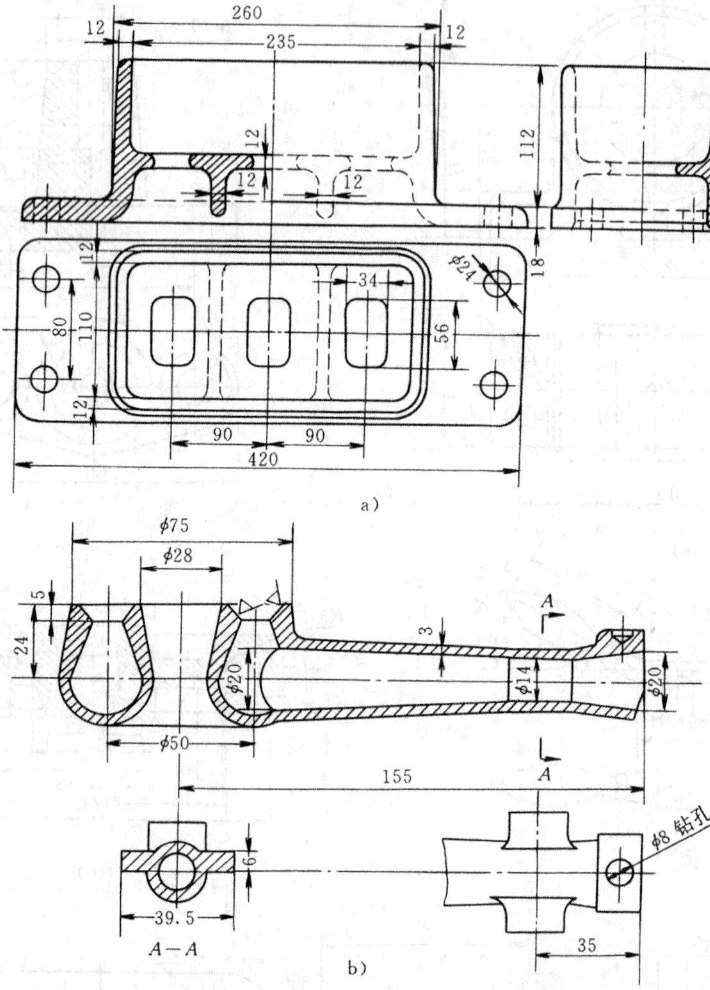

图　1-92

36. 简述熔模铸造工艺过程、生产特点和适用范围。

37. 金属型铸造有何优越性？为什么金属型铸造未能广泛取代砂型铸造？

38. 压力铸造工艺过程和特点如何？它与熔模铸造适用范围有何显著不同？

39. 低压铸造与压力铸造、金属型铸造相比有何特点？应用范围如何？

40. 什么是离心铸造？其生产特点和应用范围如何？

41. V 法实型铸造的工艺过程与普通砂型铸造相比，有哪些显著不同？其生产特点和适用范围怎样？

42. 什么是壳型铸造？试述其生产方法。

43. 下列铸件在大批量生产时，采用什么铸造方法为宜？

铝活塞　缝纫机机头　缝纫机机架　汽轮机叶片　车床床身

摩托车气缸体　大口径铸铁污水管　大模数齿轮滚刀　气缸套

44. 什么是零件结构的铸造工艺性？设计铸件时考虑铸造工艺性有何实用价值？

45. 什么是铸件的结构斜度？它与拔模斜度有何不同？改正图 1-93 所示铸件的不合理结构。

46. 为什么铸件要有结构圆角？题图 1-94 铸件上哪些圆角不够合理，应如何修改？

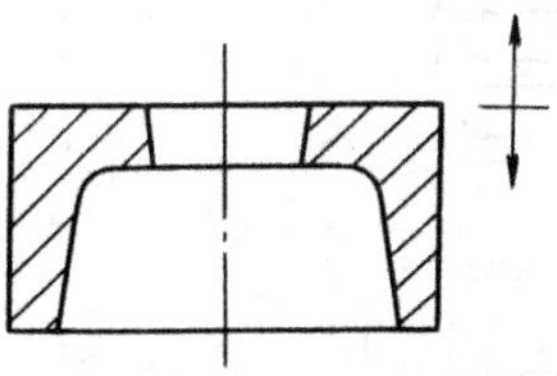

图 1-93

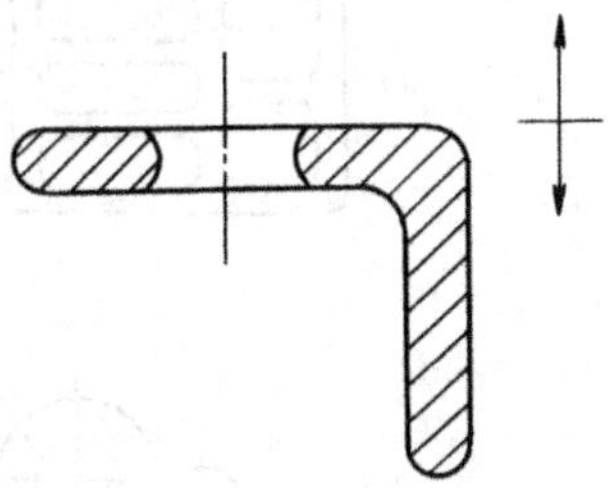

图 1-94

47. 试计算题图 1-95 所示铸铁件的圆角半径。

48. 为什么要规定铸件的最小壁厚？灰铸铁件的壁厚过大或局部过薄会出现哪些问题？

49. 什么叫热节？热节有何不好？热节一般出现在铸件的什么位置，怎样定出？

50. 设计铸件上的内外壁厚有何不同？为什么？

51. 为防止铸造缺陷的产生，试修改题图 1-96 所示铸钢件结构(外廓和孔尺寸、形状不能变)。

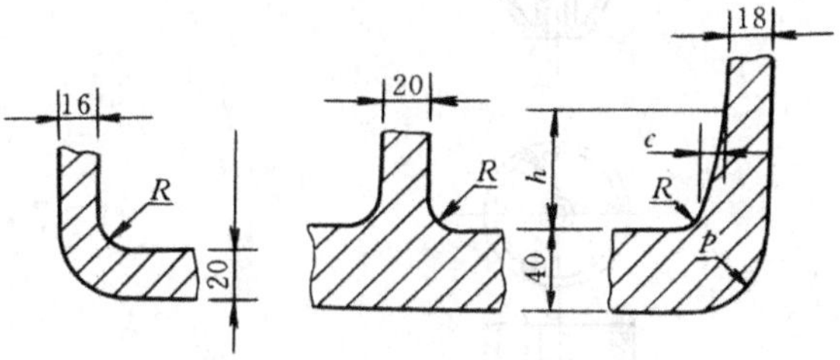

图 1-95

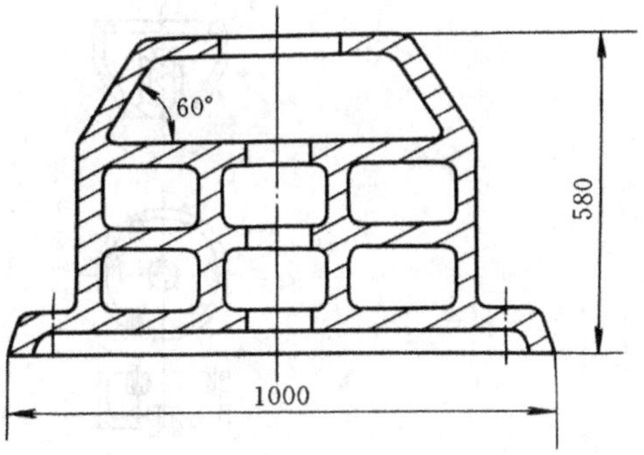

图 1-96

52. 题图 1-97 所示铸件的结构有何缺点？该如何改进？

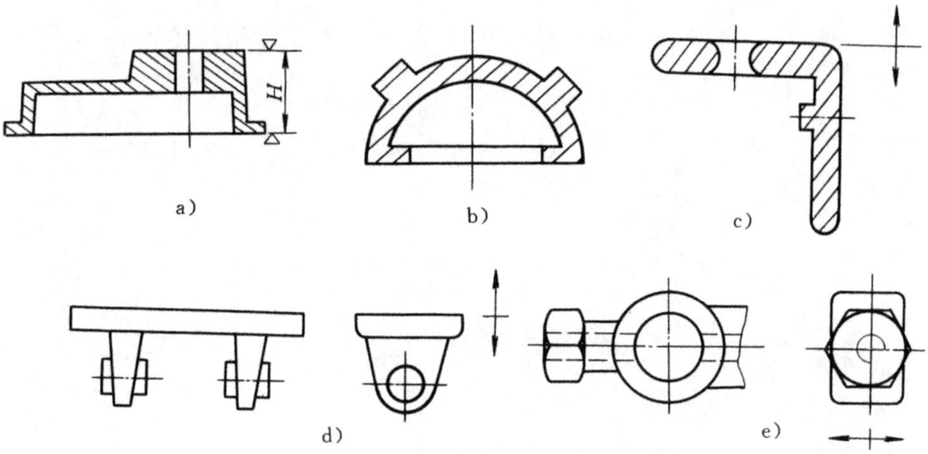

图 1-97

53. 下列铸件的两种结构应选哪一种？为什么？

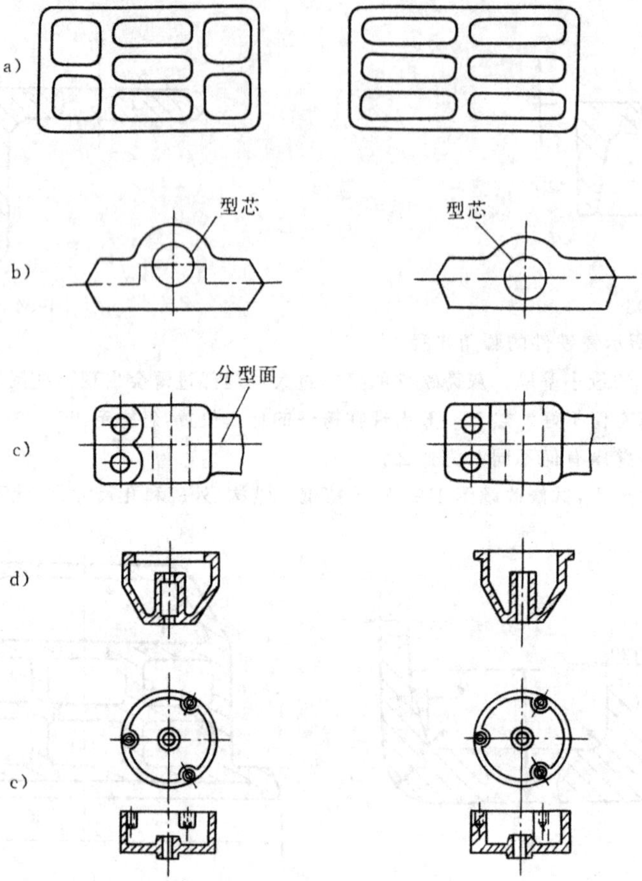

图　1-98

第二章 锻　压

锻压是对坯料施加外力，使其产生塑性变形、改变尺寸、形状及改善性能，用以制造机械零件、工件或毛坯的成形加工方法。它是锻造与冲压的总称，属于压力加工的范畴。压力加工还包括轧制、挤压、拉拔等，见表 2-1。

表 2-1　压力加工的种类

用途	加工方法	典型示例	各种加工方法示例				
型材制造	压延	 厚板压延	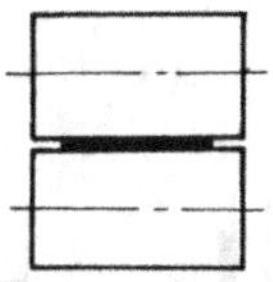 薄板压延	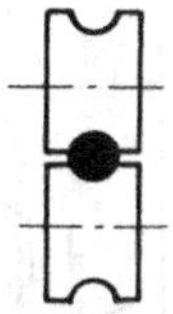 棒料压延	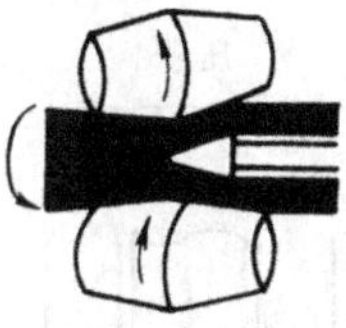 无缝管材压延	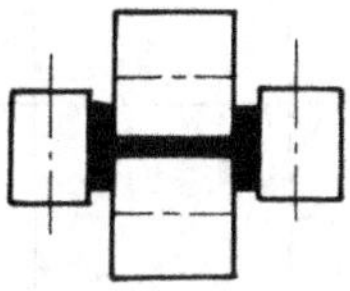 H 型钢压延
	挤压	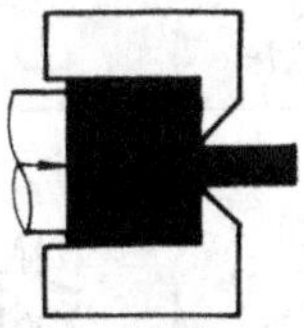 棒料正挤压	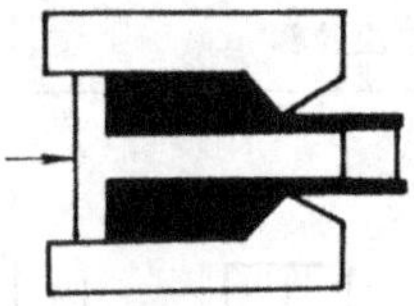 管材正挤压	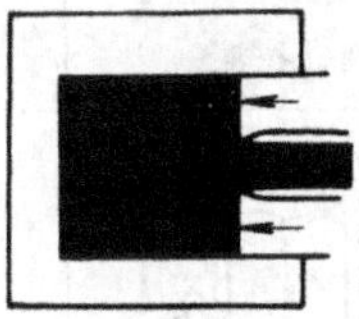 反挤压	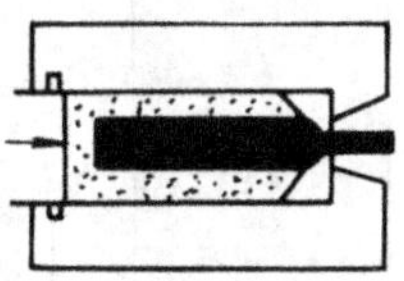 静水压挤压	
	拉拔	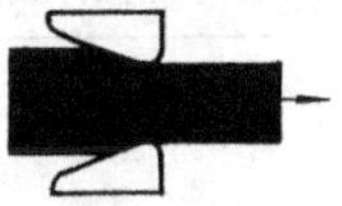 棒、线材拉拔	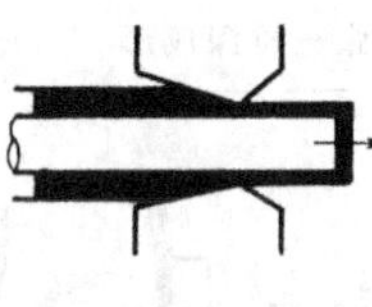 管材芯棒拉拔	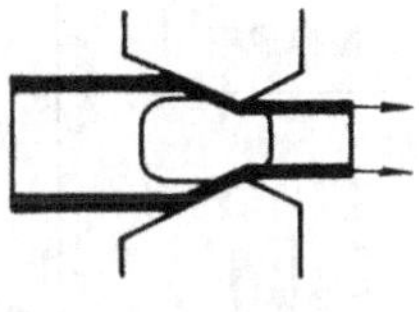 管材浮塞拉拔	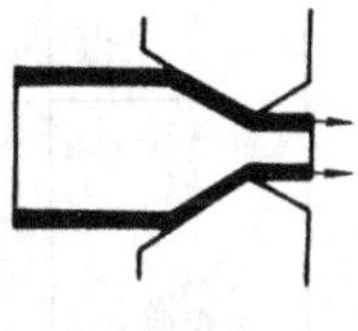 管材无芯棒拉拔	
饼块类零件成形	自由锻	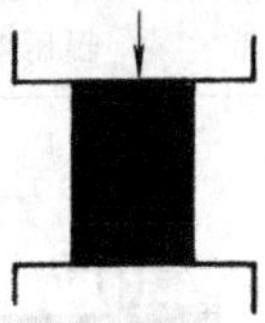 镦粗	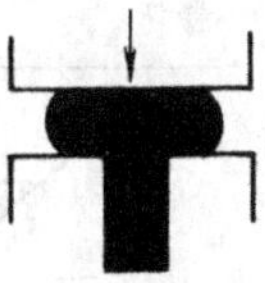 局部镦粗	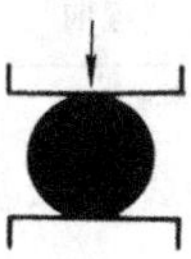 拔长	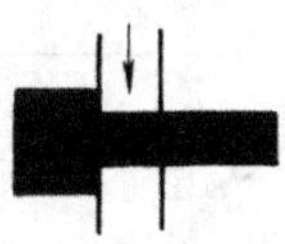 局部压肩拔长	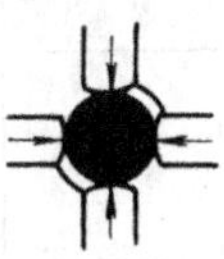 径向锻造
	模锻	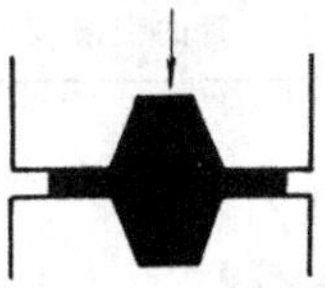 半封闭式模锻	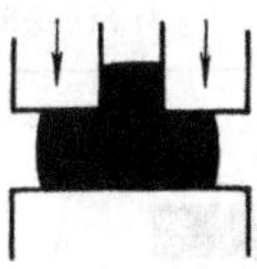 开式模锻	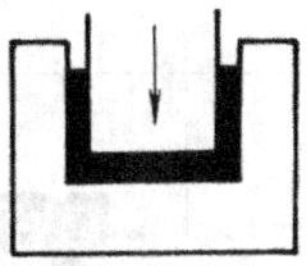 反挤压模锻	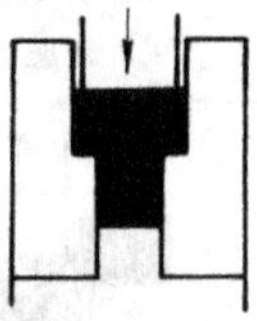 正挤压模锻	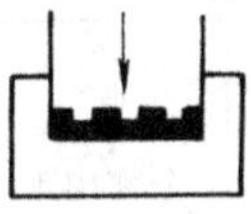 闭式模锻

（续）

用途	加工方法	典型示例	各种加工方法示例				
饼块类零件成形	回转锻造	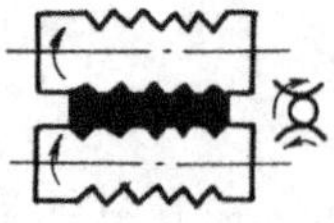 滚轧	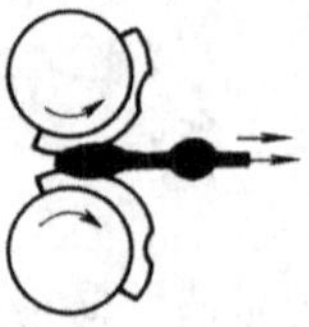 辊锻	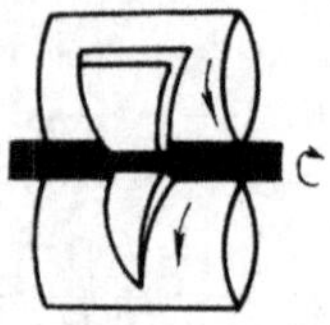 楔横轧	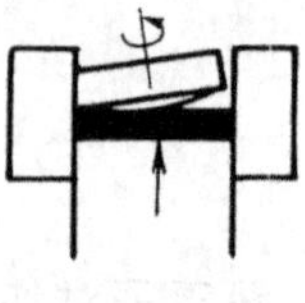 摆动辗压		
	粉末成形	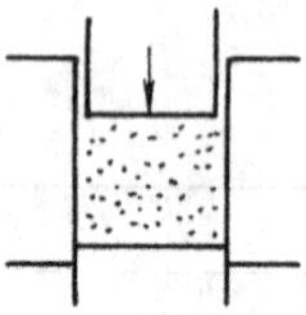 压粉	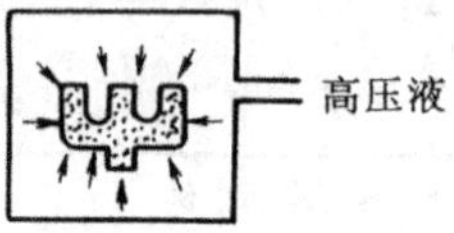 液压成形				
板材及管材成形	拉深	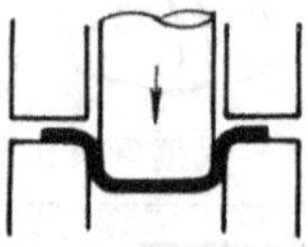 圆筒拉深	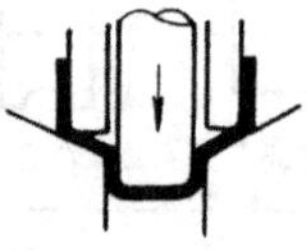 二次拉深	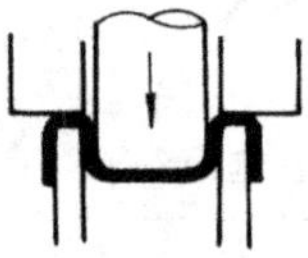 反拉深	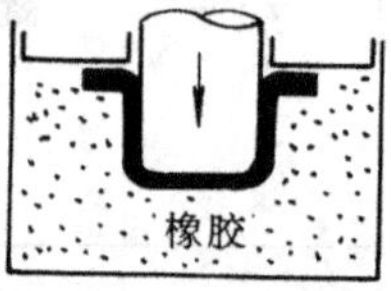 橡胶成形		
		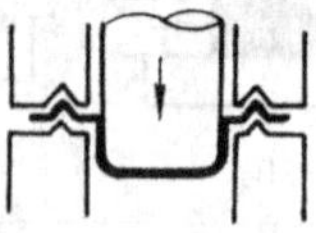 拉伸成形	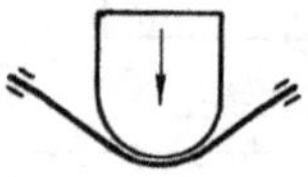 拉张—拉深成形	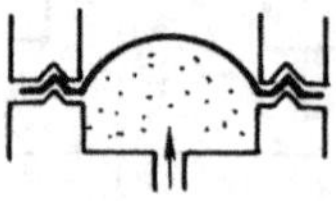 液压成形	 爆炸成形	 电磁成形	
	弯曲	 折弯	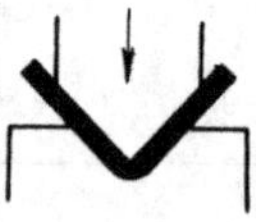 弯曲	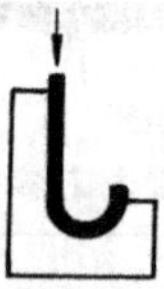 卷弯	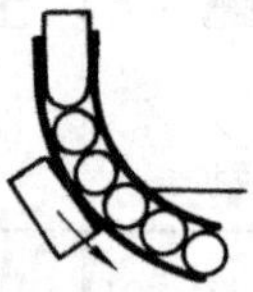 填芯弯管	 辊压弯曲	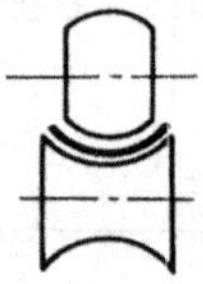 滚压成形
	旋压	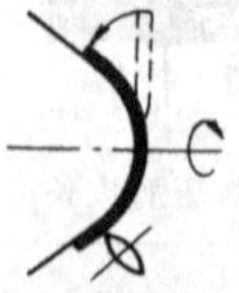 旋压	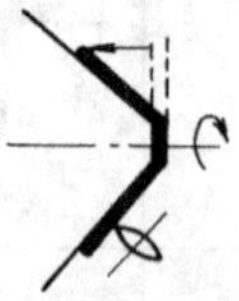 变薄旋压	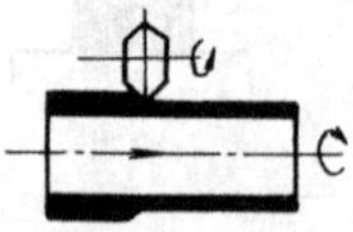 管的变薄旋压			
分离	分离加工	 剪切	 剥皮	 剁切	 修切		

（续）

用途	加工方法	典型示例	各种加工方法示例
接合	接合加工	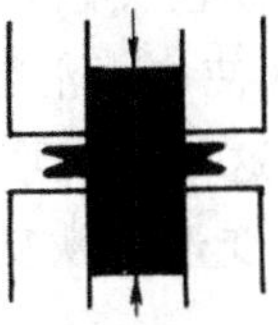 锻接	 双层压延 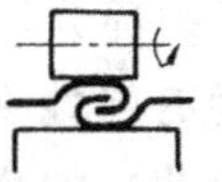 咬口
整形	整形加工	 轧压矫正	 拉伸矫正 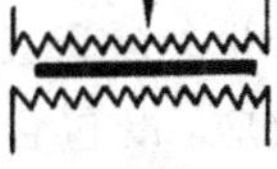 网纹模矫正  加热矫正
表面加工	表面加工	 滚压加工	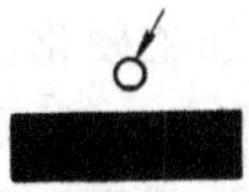 喷丸硬化 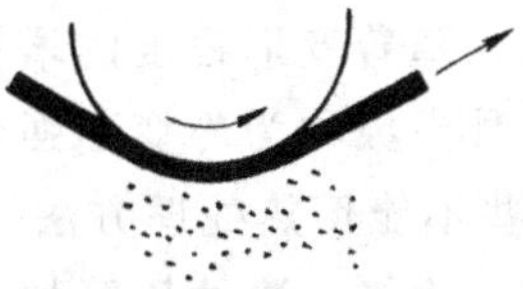 清除氧化皮

塑性变形是压力加工的基础，凡具有一定塑性的金属如钢及大多数有色金属，均可进行压力加工。一般说来，轧制、挤压、拉拔以生产原材料为主，用于获得型材、棒材、线材、板材及各种管材等；锻造和冲压用以生产毛坯或零件。

与铸造相比，压力加工的优点是：金属铸锭经塑性变形后，铸造组织的内部缺陷如气孔、缩孔、微裂纹等得到焊合，再结晶后可细化晶粒，金属的各种力学性能得到提高。冲压件又具有重量轻、精度高、刚性好等优点。但由于锻压件是在固态下成形，金属的流动受到限制。因此，对于形状复杂、尤其是内腔形状复杂的零件，从制造工艺上锻件远不及铸件容易实现。另外，锻件的成本比铸件高，材料利用率等方面也不如铸件。然而，从锻件力学性能的提高，锻造流线更加与受力条件相适应，在同样受力条件下，零件的几何尺寸可以缩小的角度看，又可以大大降低原材料的使用量，延长零件的使用寿命，节约金属。

凡承受重载荷、对强度和韧性要求高的机器零件，如机器的主轴、曲轴、连杆、重要齿轮、凸轮、叶轮及炮筒、枪管、起重吊钩等，通常均采用锻件作毛坯；冲压主要用于加工板料，故又称板料成形，广泛用于汽车、拖拉机、农机、航空、电器、仪表及日用品工业等部门。

第一节　金属的锻造性能

一、金属的塑性变形概述

关于金属的塑性变形，本系列教材工程材料分册已作了详尽论述，在此只对锻压影响较大的某些重要结论性概念进行必要的复习和总结。

具有一定塑性的金属材料受外力作用而变形的过程是随着应力的增加而由弹性变形阶段进入弹性—塑性变形阶段的。在弹性变形阶段，应变与应力呈线性关系，变形过程是可逆的，随应力消除变形也告消失。当进入弹性—塑性变形阶段后，既使应力消除，变形也不能完全消失，只能消失弹性变形的部分，另一部分变形被保留下来，这部分变形即塑性变形。因此，塑性变形发生时一定伴随有弹性变形存在，外力去除后，弹性变形将恢复称“弹复”。弹复现象对压力加工工件（如弯曲）的质量具有重大影响。

金属塑性变形的实质，对于单晶体是由于金属原子某晶面两侧受切应力作用产生相对滑移，或晶体的部分晶格相对于某晶面沿一定方向发生切变，即滑移理论和孪生理论。金属的种类及所处温度不同，其晶格排列也各不相同，一般面心立方晶格容易发生滑移，而密排六方晶格则比较容易发生孪生。实际工业用金属大都是多晶体，多晶体的塑性变形可视为多个单晶体塑性变形的综合效应，既包含各个单晶体的塑性变形，又伴随晶粒之间的滑移和转动。另外，晶粒大小、均匀程度及杂质等都对多晶体的塑性变形产生影响。总之，多晶体的塑性变形比单晶体复杂得多，变形抗力也高得多。

在冷变形时，随着变形程度的增加，金属材料的所有强度指标和硬度都有所提高，但塑性有所下降，这种现象称为冷变形强化，又称加工硬化。冷变形强化是强化金属材料的手段之一，尤其对某些不能用热处理方法强化的金属如纯金属、奥氏体不锈钢、形变铝合金等，可通过冷轧、冷挤、冷拔、冷冲压等加工方法提高其强度和硬度。

冷变形强化是一种不稳定的现象，可通过加热使不稳定的组织产生回复和再结晶。回复可消除冷变形强化后工件的残余应力；再结晶可以得到细化晶粒、改善力学性能、消除冷变形强化的效果。因此，在冷轧、冷挤、冷拔、冷冲压的变形工序之间经常安排再结晶退火工序，生产中具有重要的实际意义。在热轧和热锻时，由于金属的变形温度远超过其再结晶温度，在塑性变形并发生冷变形强化的同时，其自身温度即可使之产生再结晶、消除冷变形强化的效果，故无需另外安排再结晶退火工序。

应当指出，再结晶与同素异构转变不同，它没有固定的温度。再结晶温度的高低和再结晶后的晶粒大小与金属的塑性变形程度密切相关。变形程度愈大，即晶格畸变愈烈、碎晶愈多，再结晶时形核就会愈多，需要的能量也低，再结晶温度愈低，晶粒愈细小均匀。再结晶温度与金属的纯度也有关系，一般情况微量杂质或合金元素愈多，就会阻碍原子扩散和晶界迁移，显著提高再结晶温度，如纯铁 $T_{再}\approx 360℃\sim 450℃$，低碳钢 $T_{再}\approx 500℃\sim 650℃$。另外，再结晶完成后若继续升温或保温时间过长，均匀细小的再结晶晶粒仍会逐渐长大，尤其是原来变形不均匀、再结晶后晶粒大小不等时，小晶粒很容易被大晶粒“吞并”变成粗大晶粒，此种现象称为聚合再结晶。因此，在制订工艺规程时，再结晶退火的温度及保温时间、热锻时的终锻温度等应当特别注意。

二、热锻、冷锻、温锻、等温锻

从金属学的观点划分锻压加工的界限为再结晶温度。

1. 热锻　在金属再结晶温度以上进行的锻造工艺称为热锻。在变形过程中冷变形强化和再结晶同时存在，属于动态再结晶。为了使冷变形强化随时为再结晶所克服，热变形温度比再结晶温度高得多，见表 2-2。

表 2-2 常用金属的最低再结晶温度和锻造温度 (℃)

金属材料	最低再结晶温度	锻造温度范围	金属材料	最低再结晶温度	锻造温度范围
纯铁	360～450	1300～700	工业纯铝	100～150	500～300
碳素结构钢及合金钢	480～600	1250～800	工业纯铜	200～270	800～600

2. 冷锻　在室温下进行的锻造工艺称为冷锻。包括冷挤、冷镦、冷压印等。冷锻可以避免金属加热出现的缺陷，获得较高的精度和表面质量，并能提高工件的强度和硬度。但冷锻变形抗力大，需用较大吨位的设备，多次变形时需增加再结晶退火和其它辅助工序（如铜合金退火时表面氧化，继续变形前需进行酸洗等）。目前冷锻主要局限于低碳钢、有色金属及其合金的薄件及小件加工。

3. 温锻　在高于室温和低于再结晶温度范围内进行的锻造工艺称为温锻。例如碳素钢和合金钢在550℃～750℃、不锈钢在250℃～350℃下进行锻压等。与热锻相比，坯料氧化脱碳少，有利于提高工件的精度和表面质量；与冷锻相比，变形抗力减小、塑性增加，一般不需要预先退火、表面处理和工序间退火。温锻适用于变形抗力大、冷变形强化敏感的高碳钢、中高合金钢、轴承钢、不锈钢等。中碳钢和合金结构钢的温挤压是新近发展起来的新工艺。

4. 等温锻　在锻造全过程中，温度保持恒定不变的锻造方法称为等温锻。此法需要将模具、坯料都加热到锻造温度。一般工厂此种方法应用尚不广泛。

三、锻造流线和锻造比

锻造时，金属的脆性杂质被打碎，顺着金属主要伸长方向呈碎粒状或链状分布；塑性杂质随着金属变形沿主要伸长方向呈带状分布，这样热锻后的金属组织就具有一定的方向性，通常称为锻造流线，又叫纤维组织。它使金属性能呈现异向性，见表 2-3。

表 2-3 45 钢力学性能与锻造流线的关系

流线方向	σ_s/MPa	σ_b/MPa	$\delta(\%)$	$\psi(\%)$	$a_k/\mathrm{J\cdot cm^{-2}}$
纵　向	470	715	17.5	62.8	62
横　向	440	672	10.0	31.0	30

杂质分布的流线化程度与锻造比有关。锻造比是锻造时变形程度的一种表示方法。通常用变形前后的截面比、长度比或高度比 y 来表示

$$\text{拔长时}\quad y=\frac{A_0}{A}=\frac{L}{L_0}$$

$$\text{镦粗时}\quad y=\frac{A}{A_0}=\frac{H_0}{H}$$

式中 A_0、A 为锻坯变形前后截面积，L_0、L 为锻坯变形前后长度，H_0、H 为锻坯变形前后高度。

锻造比对锻件的锻透程度和力学性能有很大影响。金属锻压加工最原始的坯料是铸锭，其内部组织很不均匀，存在柱状晶和粗大晶粒以及气孔、缩松等铸造缺陷。经锻压塑性变形及再结晶后，不仅粗大的铸造组织改变成细化的再结晶组织，而且气孔、疏松等被压合，使金属更加致密，力学性能大为提高，见图 2-1。由图可知，当锻造比达到 2 时，随着金属内部组织的致密化，锻件纵向和横向的力学性能均有显著提高；当锻造比为 2～5 时，由于流线化的

加强，力学性能出现各向异性，纵向性能虽仍略提高，但横向性能开始下降；锻造比超过5后，因金属组织的致密度和晶粒细化度均已达到最大值，纵向性能不再提高，横向性能却急剧下降。因此，选择适当的锻造比相当重要。一般，碳素结构钢取 $y=2\sim3$，合金结构钢取 $y=3\sim4$。对于某些高合金工具钢和特殊性能的合金钢，为促进合金碳化物分布的均匀化，击碎钢中的碳化物，常采用较大的锻造比，如高速钢取5～12，不锈钢取4～6。

以钢材为坯料锻造时，材料在轧制时内部组织和力学性能已经得到改善，并已形成了锻造流线，锻造比一般取1.1～1.3。

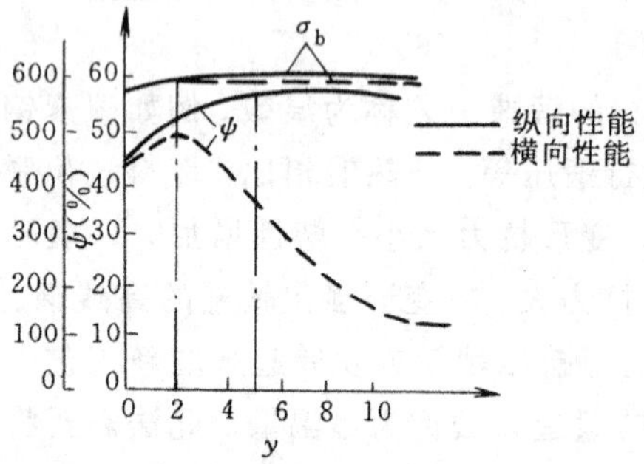

图 2-1　锻造比对力学性能的影响

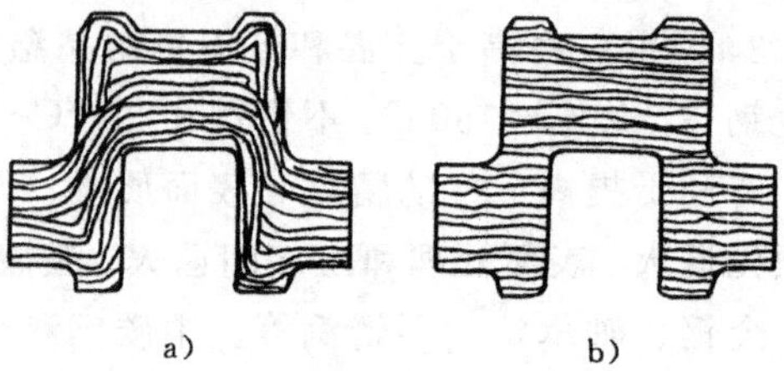

图 2-2　曲轴的流线组织分布

a）锻造曲轴　b）切削加工的曲轴

锻造比越大，锻造流线越明显；锻造流线的稳定性很高，不能用热处理方法消除，只有经过锻压使金属变形，才能改变其方向和形状。因此，在设计和制造零件时，应充分发挥锻造流线纵向性能高的优势，限制其横向性能差的劣势。具体应遵循以下原则：使零件工作时的最大正应力与流线方向重合，最大切应力与流线方向垂直，并使流线分布与零件的轮廓相吻合，尽量不被切断。例如，图2-2a为锻造曲轴，拐颈处流线分布合理，使用寿命长且材料消耗少；而b图是用棒材直接切削加工出的曲轴，拐颈处流线组织被切断，使用时容易沿轴肩断裂。图2-3是不同成形工艺齿轮的流线分布，a图是用棒料直接切削成形的齿轮，齿根处的切应力平行于流线方向，力学性能最差，寿命最短；b图是扁钢经切削加工的齿轮，齿1的根部切应力与流线方向垂直，力学性能好，齿2情况正好相反，性能差寿命低；c图是棒料镦粗后再经切削加工而成，流线呈径向放射状，各齿的切应力方向均与流线近似垂直，强度与寿命较高；d图是热轧成形齿轮，流线完整且与齿廓一致，未被切断，性能最好，寿命最长。

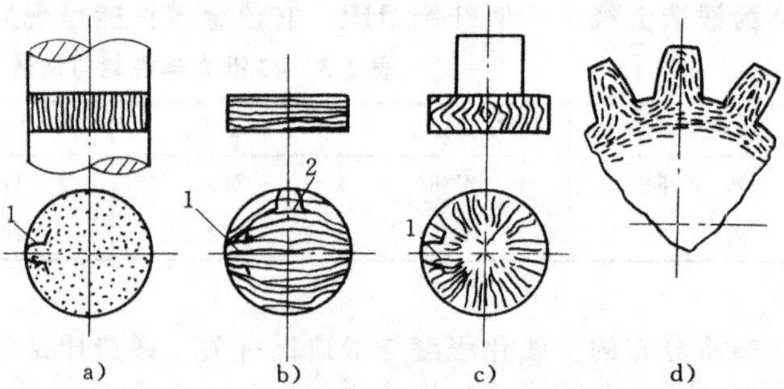

图 2-3　不同成形工艺齿轮的流线组织

a）棒料经切削成形　b）扁钢经切削成形　c）棒料镦粗后切削成形　d）热轧成形

四、金属的锻造性能

金属的锻造性能是指金属经受锻压加工时成形的难易程度的工艺性能。其优劣常用塑性和变形抗力综合衡量。塑性高、变形抗力小则锻造性能好。它决定于金属的本质和变形条件。

（一）金属的本质

1. 化学成分　纯金属一般具有良好的锻造性能。碳钢随碳的质量分数的增加，锻造性能逐渐变差。合金元素的加入会劣化锻造性能，合金元素的种类、质量分数越多，特别是加入钨、钼、钒、钛等能提高金属高温强度的元素时，锻造性能更差。因此，低碳钢的锻造性能优于合金钢，碳素钢的锻造性能比合金钢好，低合金钢的锻造性能比高合金钢好。

2. 金属组织　金属内部的组织结构不同，其锻造性能有很大差别。纯金属及固溶体锻造性能好，而碳化物的锻造性能差。铸态柱状晶组织和粗晶结构不如细小而又均匀晶粒结构的金属锻造性能好。

（二）变形条件

1. 变形温度　变形温度低，金属的塑性差、变形抗力大，不但锻压困难，而且容易开裂。提高金属变形时的温度，可使原子动能增加，原子间的结合力消弱，使塑性提高，变形抗力减小。对碳素钢而言，加热温度超过Fe-C合金状态图的A_3线，其组织为单一的奥氏体，滑移面增加，有利于塑性变形。同时，高温下变形后的再结晶过程可及时克服冷变形强化。因此，适当提高变形温度对改善金属的锻造性能有利。例如45钢在800℃时的$\sigma_b \approx 50MPa$、$\delta \approx 60\%$；而在1200℃时的$\sigma_b \approx 20MPa$、$\delta \approx 80\%$。但温度过高会使金属产生氧化、脱碳、过热等缺陷，甚至使锻件产生过烧而报废，所以应该严格控制锻造温度范围。

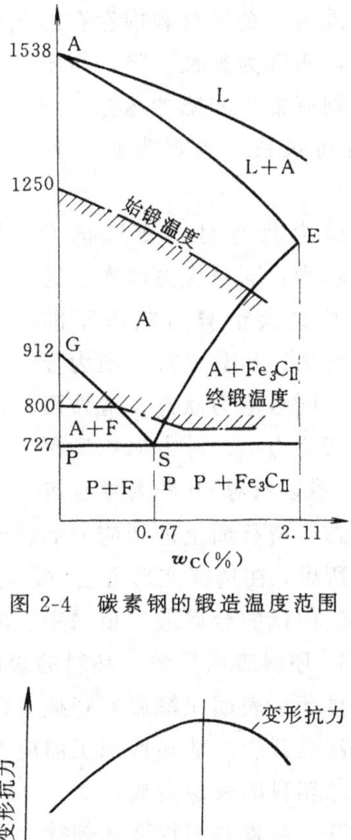

图 2-4　碳素钢的锻造温度范围

锻造温度范围是指锻件由始锻温度到终锻温度的间隔。锻造温度范围的确定以合金状态图为依据。碳素钢的锻造温度范围见图2-4，始锻温度应在固相线AE以下150℃～250℃。终锻温度为800℃左右，因为亚共析钢在此温度虽处于两相区，但仍具有足够的塑性，变形抗力也不大；对于过共析钢，为了击碎沿晶界分布的网状渗碳体，在此温度仍应锻击。

2. 变形速度　变形速度指单位时间内的变形程度，金属热变形时变形速度对锻造性能的影响可用图2-5来说明。曲线左段表明，当变形速度低时，金属的回复和再结晶能够充分进行，塑性高、变形抗力小；随变形速度的增大，回复和再结晶不能及时消除冷变形强化，使金属塑性下降，变形抗力增加，锻造性能变差。曲线右段表明，当超过临界变形速度（ω_K）时，消耗于塑性变形的能量部分转化为热能，使金属的温度升高（称为热效应），塑性提高、变形抗力减小，改善了锻造性能。但除高速锤锻造和高能成形外，常用的锻压设备不可能超过临界变形速度。所以，塑性差的高合金钢、高碳钢或大型锻件采用变形速度较小的压力机进行锻造，比用锻锤进行锻造产生裂纹的倾向小。

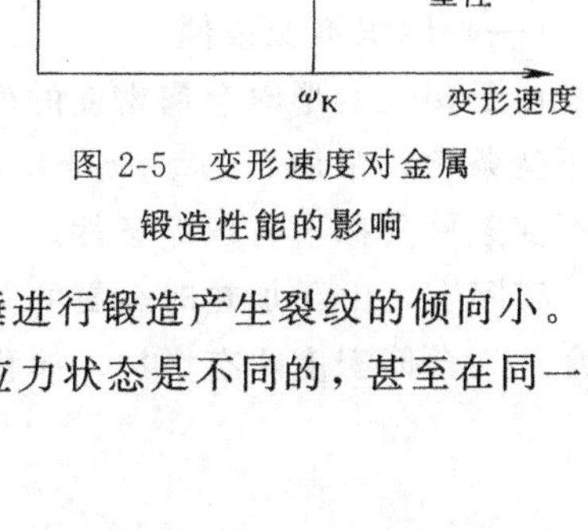

图 2-5　变形速度对金属锻造性能的影响

3. 应力状态　采用不同的变形方法，在金属中产生的应力状态是不同的，甚至在同一变形方式下，金属内部不同部位的应力状态也不尽相同。图 2-6 说明，挤压时坯料内部的应力状态为三向受压；拉拔时为两向受压、一向受拉；自由锻镦粗时，坯料中心部为三向受压，而到近表面层水平方向的压应力转变为周向拉应力。

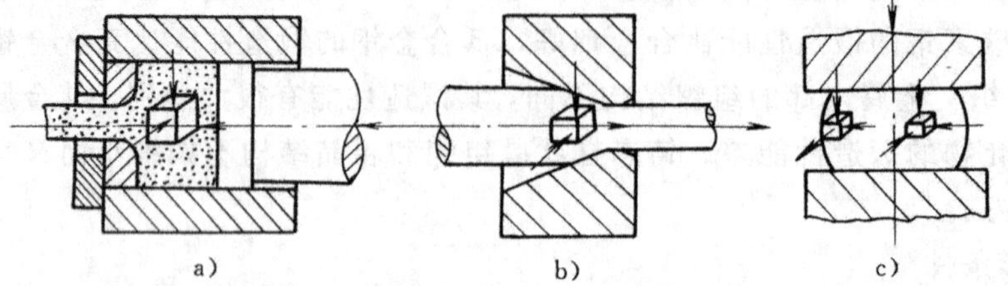

图 2-6 不同成形方法金属的应力状态

a）挤压 b）拉拔 c）自由锻镦粗

应力状态对于塑性的影响为：压应力数目越多，塑性越好；拉应力数目越多，塑性越差。这是因为，金属材料内存在的气孔、微裂纹等缺陷在拉应力作用下产生应力集中，促使缺陷扩展，表现为塑性下降；而压应力则有助于缺陷的压合，恢复晶间联系，表现为塑性提高。

应力状态对于变形抗力的影响为：同号应力状态下的变形抗力大于异号状态下的变形抗力，见图 2-7。a 图为金属处于同号应力状态，滑移面上的切应力 τ_1、τ_2 方向相反而互减，难以滑移；b 图为异号应力状态，滑移面上的切应力 τ_1、τ_2 方向相同而叠加，容易滑移。

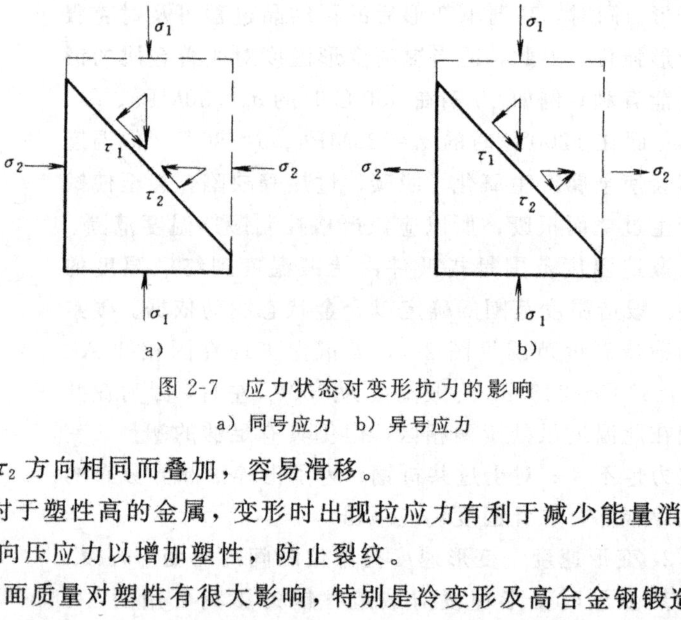

图 2-7 应力状态对变形抗力的影响

a）同号应力 b）异号应力

所以，在选择变形方法时，对于塑性高的金属，变形时出现拉应力有利于减少能量消耗；对于塑性低的金属应尽量采用三向压应力以增加塑性，防止裂纹。

4. 坯料表面质量 坯料的表面质量对塑性有很大影响，特别是冷变形及高合金钢锻造时尤为显著。表面粗糙或有划痕、微裂纹、粗大夹杂都会在变形过程中产生应力集中，使缺陷扩展甚至开裂。故塑性加工前应对坯料表面进行清理消除缺陷，有时甚至需要进行表面预切削去掉坯料的表层金属。

五、金属的塑性变形规律

金属的塑性变形是按一定规律进行的。了解和掌握这些规律对锻压生产有重要意义。

（一）体积不变条件

由于塑性变形时金属密度的变化很小，所以可认为变形前后的体积相等。此假设称为体积不变条件，常用 $\varepsilon_x+\varepsilon_y+\varepsilon_z=0$ 表示（ε_x、ε_y、ε_z 分别代表沿 X、Y 及 Z 方向的小应变）。体积不变条件又称不可压缩条件。

实际上，由于加热时金属的氧化、脱碳，变形过程中气孔、缩松和内部微裂纹等缺陷的压合，均会使密度略有增加，体积略有减小。但这些数值均很小，可忽略不计。应用体积不变条件可以计算锻压零件的坯料尺寸、工序间尺寸及锻模模膛尺寸等。

（二）最小阻力定律

最小阻力定律是描述塑性变形流动规律的一种理论，原苏联C.U. 古布金于1947年将其表述如下："如果物体在变形过程中其质点有向各种方向移动的可能性时，则物体各质点将向着阻力最小的方向移动"。一般，金属内某一质点流动阻力最小的方向是通过该质点向金属变形部分的周边所作的法线方向。例如圆形断面的金属内质点朝径向流动，方形、长方形断面内的金属质点则分成四个区域分别朝垂直于四个边的方向流动，最后分别变成圆形、椭圆形，见图2-8。

最小阻力定律在生产中具有重要的实际意义。例如，上述不同截面的金属镦粗时，圆形截面金属内质点向各个方向的流动最均匀，故镦粗前总是先将坯料锻成圆柱体；镦粗时，两端面分别受上下抵铁的冷却和摩擦阻力，流动慢，中间部分只受金属本身的原子阻力，流动快，变形后呈腰鼓形，见图2-9。图2-10是在平砧上拔长时金属的流动情况，a图送进量l大于毛坯宽度a，坯料横向展宽多、长度增加少，b图为$l<a$时，坯料沿轴向伸长多、横向展宽少，故为了提高拔长效率，拔长时送进量l应小于坯料宽度a。另外，工具形状不同造成金属沿各个方向的流动阻力不同，在圆形砧或V形砧上拔长时，工具的侧压力迫使金属横向流动受阻而沿轴向流动，同时压应力数目的增加使金属塑性提高，因此，对于塑性差的合金，用V形砧或圆形砧拔长，即可防止裂纹的产生，又可提高拔长效率，见图2-11。

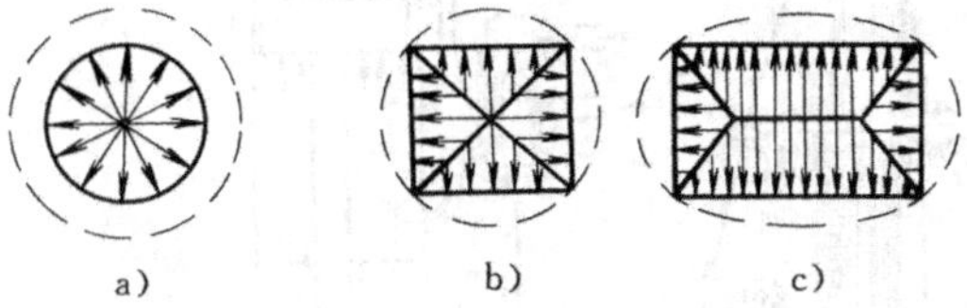

图2-8 不同截面金属的流动情况

a）圆形截面 b）方形截面 c）长方形截面

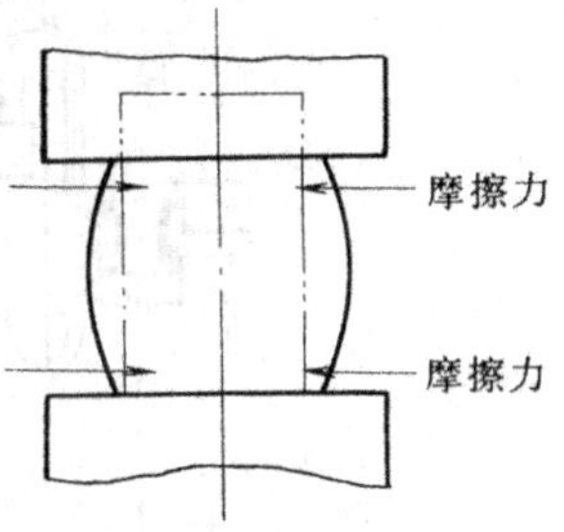

图2-9 金属镦粗变形

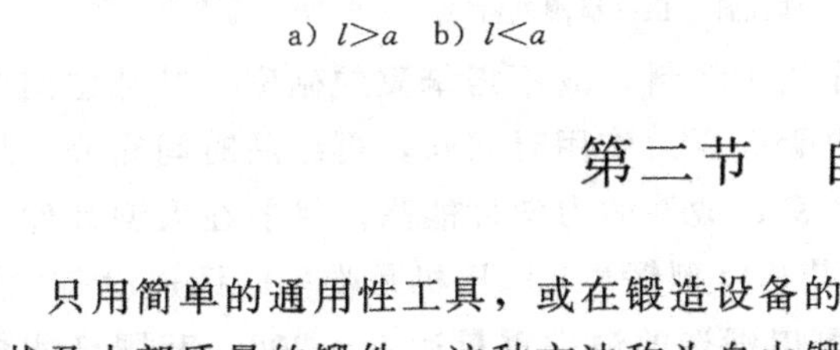

图2-10 在平砧上拔长时金属的流动情况

a）$l>a$ b）$l<a$

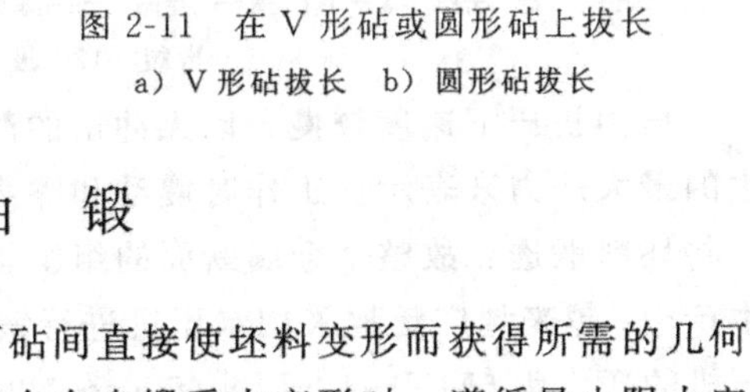

图2-11 在V形砧或圆形砧上拔长

a）V形砧拔长 b）圆形砧拔长

第二节 自由锻

只用简单的通用性工具，或在锻造设备的上、下砧间直接使坯料变形而获得所需的几何形状及内部质量的锻件，这种方法称为自由锻。坯料在自由锻受力变形时，遵循最小阻力定律，金属内各质点作自由流动，故而得名。

自由锻分手工自由锻和机器自由锻两种，前者只能生产小型锻件，后者是自由锻的主要方式。由于自由锻工具简单、通用性强、灵活性大，锻件可从数十克到二、三百吨，对于大型锻件，自由锻是唯一的锻造方式。因此，在重型机械制造中自由锻具有特别重要的作用。但由于自由锻件的形状和尺寸主要依靠锻工的操作来保证，对锻工的技术水平要求较高。自由锻主要应用于单件、小批生产以及维修工作中。

一、自由锻设备

根据对坯料作用力的性质不同，自由锻设备可分为产生冲击力的锻锤和产生静压力的压力机两大类。

锻锤是利用锤击的动能转化为金属的变形功进行锻造的，其吨位以落下部分的重量来表示。砧座的重量为落下部分的10～15倍。生产中常用的锻锤有空气锤和蒸汽—空气锤。空气锤的吨位小，一般为40kg～750kg，故只用来锻造小型件。蒸汽—空气锤的吨位稍大，一般为0.5t～5t。图2-12是双柱拱式蒸汽—空气锤的外形和工作原理图，它是通过对滑阀的控制，引导蒸汽或压缩空气进入气缸推动活塞运动，从而使锤头工作的。需用一套蒸汽锅炉或空气压缩机等辅助设备，较空气锤复杂，适合于锻造重量小于1500kg的中型或较大型的锻件。

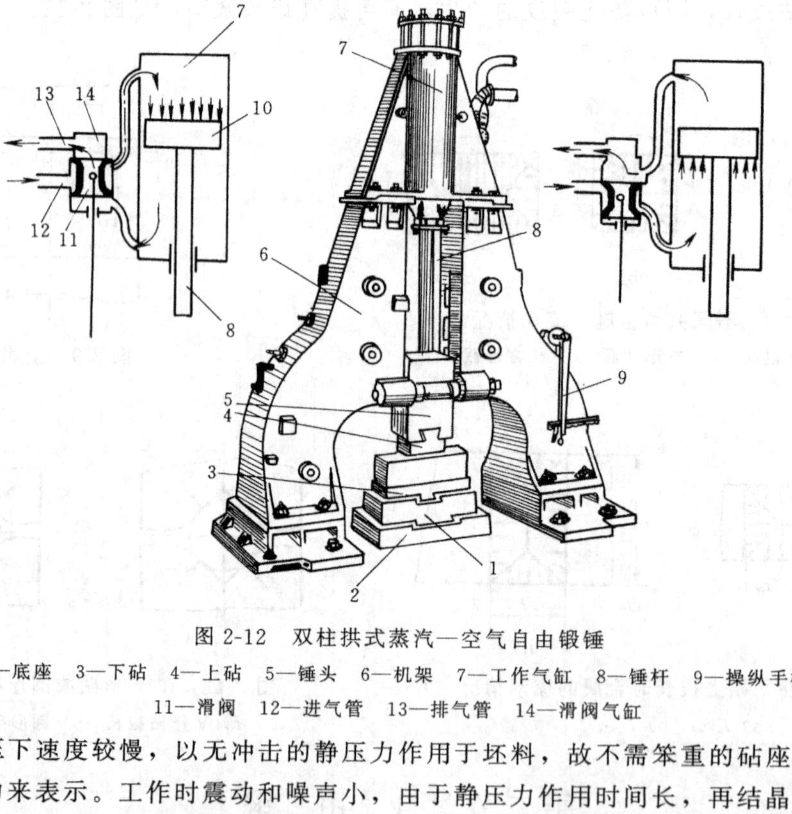

图2-12　双柱拱式蒸汽—空气自由锻锤

1—砧垫　2—底座　3—下砧　4—上砧　5—锤头　6—机架　7—工作气缸　8—锤杆　9—操纵手柄　10—活塞　11—滑阀　12—进气管　13—排气管　14—滑阀气缸

压力机压下速度较慢，以无冲击的静压力作用于坯料，故不需笨重的砧座。其吨位用产生的最大压力来表示。工作时震动和噪声小，由于静压力作用时间长，再结晶时间充分，易于将坯料锻透。故整个金属断面的组织均匀，致密，锻件的力学性能高。目前在大型锻件的生产中，越来越广泛地采用水压机进行锻造，尤其是巨型锻件，水压机是唯一的锻造设备。水压机的压力为5MN～125MN（500t～12500t），可以锻造的锻件重量达1t～300t。我国已能自行设计、制造各种类型的自由锻水压机。图2-13为水压机本体的典型结构。其基本原理是将高压水通入工作缸，推动工作柱塞，使活动横梁带动上砧沿立柱下压，坯料在巨大的压力下产生塑性变形。回程时，将压力水通入回程缸，通过回程柱塞和拉杆使活动横梁回升。

二、自由锻工艺规程的制订

工艺规程是规定产品或零部件制造工艺过程和操作方法等的工艺文件，生产中必须严格执行。

（一）绘制锻件图

锻件图是根据零件图绘制的。自由锻件的锻件图是在零件图的基础上考虑了加工余量、锻造公差、工艺余块等之后绘制的图。模锻件的锻件图还应考虑分模面的选择、模锻斜度和圆角半径等。

锻件图又分冷锻件图和热锻件图。冷锻件图就是通常所称的锻件图，是供冷态锻件的检验和生产管理使用的；按冷锻件图增加收缩量后画成的锻件图称为热锻件图，它是制造和检验终锻模膛的依据。

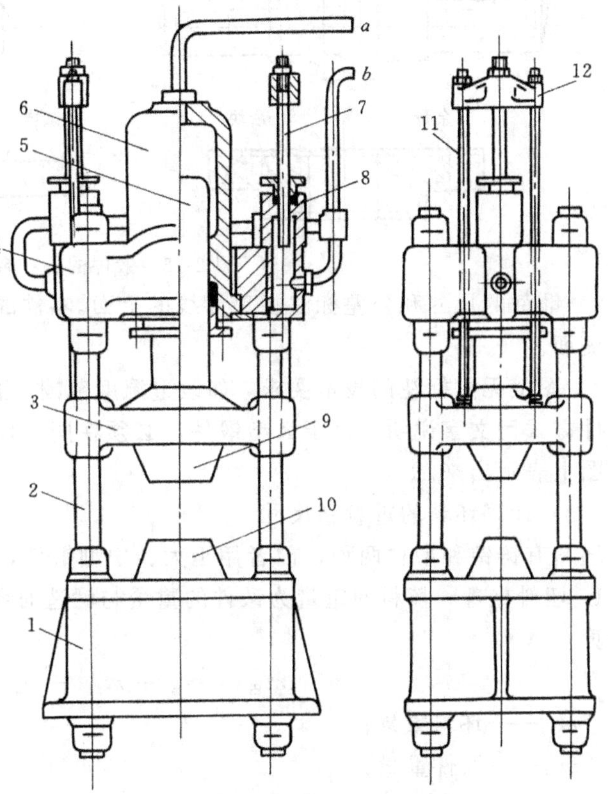

图 2-13 水压机本体结构

1—下横梁 2—立柱 3—活动横梁 4—上横梁 5—工作柱塞 6—工作缸 7—回程柱塞 8—回程缸 9—上砧 10—下砧 11—拉杆 12—回程横梁 *a*、*b*—导管

绘制自由锻锻件图时应考虑以下因素：

1. 加工总余量和锻件公差 毛坯尺寸与零件图的设计尺寸之差称为加工总余量；在零件尺寸上加上加工余量所得的尺寸称为锻件基本尺寸。锻成的锻件的实际尺寸不可能正好达到锻件基本尺寸的要求，允许有一定限度的偏差，超过基本尺寸的称上偏差，小于基本尺寸的称下偏差，上、下偏差之和的代数差的绝对值为锻件公差。锻件余量及公差见图 2-14，其数值可查手册。

2. 锻造余块 在锻件的某些难以锻出的部位加添一些大于余量的金属体积，以简化锻件的外形及锻件的制造过程，这种加添的金属体积称为锻造余块，见图 2-15。

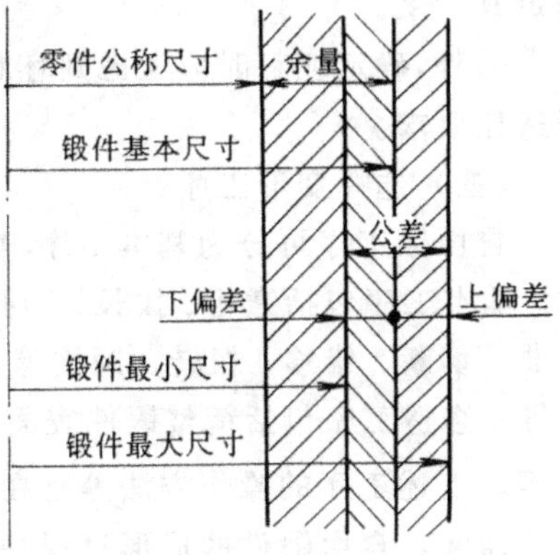

图 2-14 锻件的各种尺寸、余量和公差

典型锻件图见表 2-8 工艺卡中的冷轧轧辊自由锻锻件图。

锻件图的绘制方法如下：

1）锻件的形状用粗实线，同时用假想线（双点划线）描绘出零件的形状。以便锻工了解零件和检查锻后的实际加工余量等。

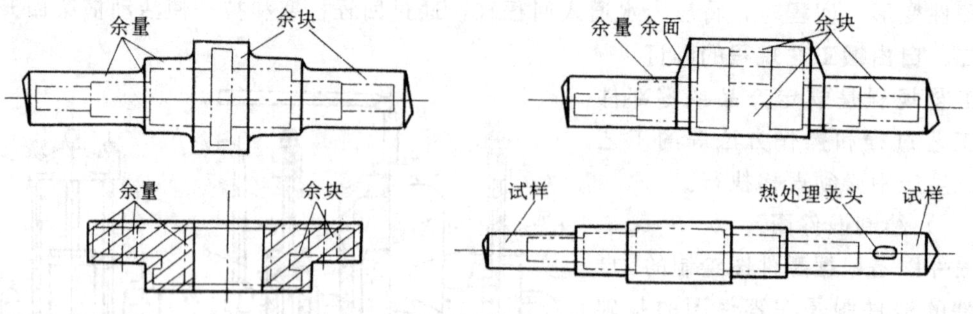

图 2-15　锻件的各种余块

2）锻件的尺寸和公差标注在尺寸线的上面，零件的尺寸和公差用括号标注在尺寸线的下面或侧面。

3）图上无法标注的技术要求，如锻造温度范围、锻造比、氧化缺陷、脱碳层深度等以技术条件方式用文字说明。对于大型锻件，必须在同一坯料上锻出做性能试验用的试样，并在锻件图上表示出来。

（二）计算坯料的重量和尺寸

坯料有铸锭和型材两种，前者用于大、中型锻件，后者用于中、小型锻件。

1. 坯料重量　坯料的重量为锻件的重量与锻造时各种金属损耗的重量之和，可按下式进行计算

$$m_{坯} = m_{锻} + m_{烧} + m_{芯} + m_{切}$$

式中　$m_{坯}$——坯料重量；

$m_{锻}$——锻件重量；

$m_{烧}$——加热时坯料表面氧化烧损的重量。与所用加热设备类型等因素有关，可参考表2-4；

$m_{芯}$——冲孔时的芯料重量；

$m_{切}$——锻造中被切掉的金属重量。如修切端部的料头，以钢锭作坯料时切掉的钢锭头部和尾部等。

2. 坯料尺寸　根据计算出的坯料重量即可计算坯料的体积，最后依选择的坯料截面尺寸确定其长度。

另外，确定坯料时应考虑到坯料在锻造过程中所必需的锻造比要求。

表 2-4　钢料加热烧损率

加热方式	烧损率(%)
室式煤炉	2.5～4
油炉	2～3
煤气炉	1.5～2.5
电阻炉	1～1.5
接触、感应电加热	0.5～1.0

（三）选择变形工序

自由锻工序可分为基本工序、辅助工序和修整工序三大类。基本工序包括镦粗、拔长、冲孔、芯棒拔长、马杠扩孔、弯曲、切断、错移、扭转、锻接等；辅助工序包括切痕、压肩等；修整工序包括精整锻件表面外形、鼓形滚圆、弯曲校直等。上述工序的操作方法等已在本系列教材实习分册中详细解说，不再赘述。

通常，自由锻件的成形过程是由一系列变形工序组合而成的，工序的选择主要是根据锻件的形状和工序的特点来确定。一般可将锻件分为六大类，见图 2-16。

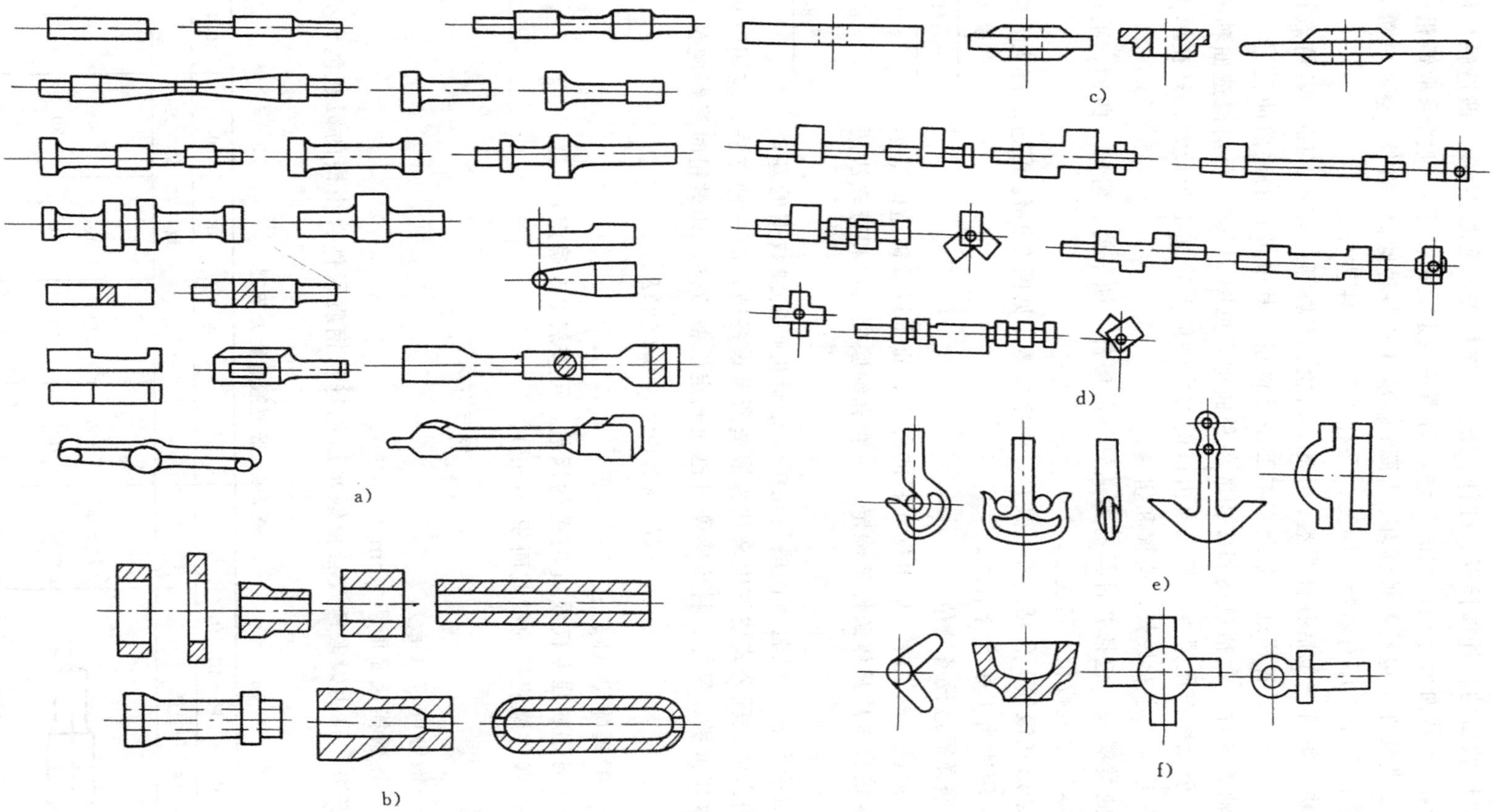

图 2-16　自由锻件的分类

a）轴杆类　b）空心类　c）饼块类　d）曲轴类　e）弯曲类　f）复杂形状类

1. 轴杆类锻件　包括各种圆形截面实心轴，如传动轴、轧辊、立柱、拉杆等，还有矩形、方形、工字形截面的杆件如摇杆、杠杆、推杆、连杆等，见图 2-16a。锻造轴杆件的基本工序是拔长，但对于截面尺寸相差大的锻件，为满足锻造比的要求，则需采取镦粗—拔长工序。

2. 空心类锻件　包括各种圆环、齿圈、轴承环和各种圆筒、缸体、空心轴等，见图 2-16b。锻造空心件的基本工序有镦粗、冲孔、马杠扩孔、芯棒拔长等。

3. 饼块类锻件　包括各种圆盘、叶轮、齿轮、模块等，见图 2-16c。其特点是横向尺寸大于高度尺寸，或者二者相近。锻造基本工序是镦粗，其中带孔的件需冲孔。

4. 曲轴类锻件　包括单拐和多拐的各种曲轴，见图 2-16d。目前锻造曲轴的工艺有自由锻、模锻、全流线挤压锻等。其中自由锻的力学性能差，加工余量大，只在单件或小批生产中应用。其基本工序有拔长、错移和扭转。

5. 弯曲类锻件　包括各种具有弯曲轴线的锻件，如吊钩、弯杆、曲柄、轴瓦盖等，见图 2-16e。基本工序是拔长、弯曲。

6. 复杂形状锻件　包括阀体、叉杆、十字轴等，见图 2-16f。锻造难度大，应根据锻件形状特点，采用适当工序组合锻造。

表 2-5　因数 K

σ_b/MPa	K
400	3～5
600	5～8
800	8～13

（四）选择锻造设备吨位

自由锻造设备的选择，应根据坯料的种类、重量以及锻造的基本工序等因素结合本厂具体条件来确定，一般有经验类比法和查表法两种。

1. 经验类比法　经验类比法是在统计分析生产实践数据的基础上总结归纳出的经验公式或图表来估算锻造所需设备吨位的一种方法，应用时只需根据锻件的主要参数如重量、尺寸、材质等便可迅速确定设备吨位。如镦粗时锻锤吨位可按下式计算

$$G=(0.002\sim0.003)KA$$

式中　G——锻锤吨位（kg）；

K——与钢料强度极限 σ_b 有关的因数，可按表 2-5 确定；

A——锻件镦粗后的横截面积（cm^2）。

拔长时

$$G=2.5A$$

式中　G——锻锤吨位（kg）；

A——坯料横截面面积（cm^2）。

2. 查表法　自由锻锻锤及自由锻水压机进行钢质锻件自由锻的锻造能力分别见表 2-6 和表 2-7。

表 2-6　锻锤锻造能力范围

锻锤吨位/t		5	3	1	0.75	0.40	0.15
锻件特征		最大能力					
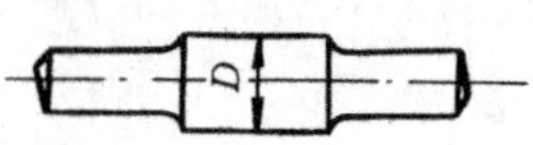	D/mm m①/kg	350 1500	280 800	180 250	150 80	30 30	40 6

（续）

锻 锤 吨 位 /t		5	3	1	0.75	0.40	0.15
锻 件 特 征		最 大 能 力					
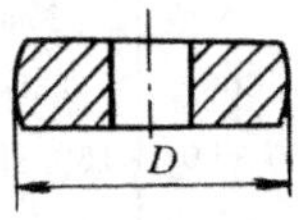	D/mm m①/kg	750 700	550 400	380 100	300 50	200 20	150 5
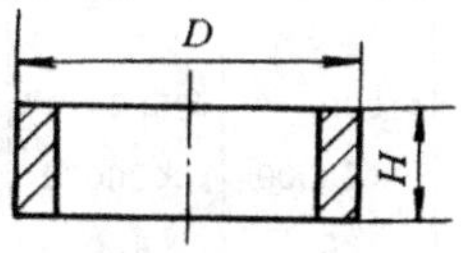	D/mm H/mm	1000 280	650 200	400 150	300 80	200 60	150 40
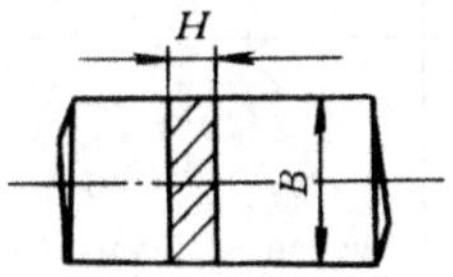	B/mm H/mm≥ m①/kg	500 70 700	450 50 400	250 30 150	180 20 40	130 10 18	70 7 4
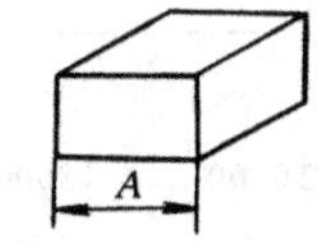	A/mm m①/kg	400 500	300 210	100 65	160 32	110 10	80 4
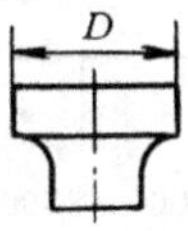	D/mm m①/kg	550 350	450 250	350 80	220 40	140 15	60 4
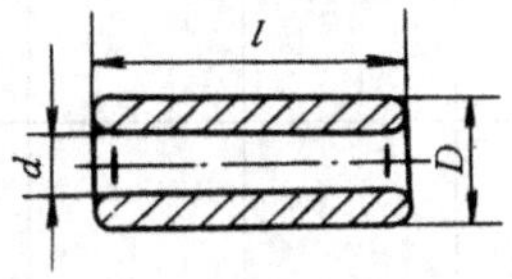	D/mm d/mm l/mm	450 140～250 700	330 100～150 500	220 80～120 350	150 60～100 250	120 50～80 200	
参考数据	最大行程/mm	1500	1450	1000	835	000	410
	砧面尺寸/mm	710×400	600×330	410×230	345×130	265×100	200×58
	生产能力/kg.h^{-1}	500	400	140	100	60	15

① m——锻件重量，单位为 kg。

表 2-7 水压机锻造能力范围

水压机规格/MN		8	12.5	25	31.5	60	120	备注
锻 件 特 征		最 大 能 力						
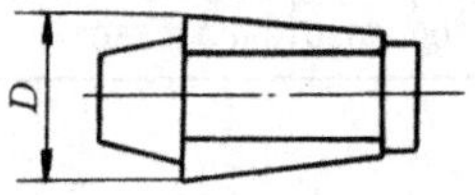	D/mm $m_1$①/t	740 7	900 12	1360 45	1450 50	2000 130	3000 300	主要取决于起重设备

（续）

水压机规格/MN		8	12.5	25	31.5	60	120	备注
锻 件 特 征		最	大	能	力			
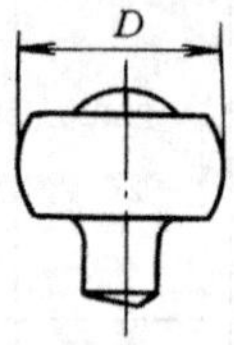	D/mm $m_1$①/t	800 2.5	1100 6	1600 24	1800 30	2600 60～90	2300 150～230	矮胖锭重量适当增加
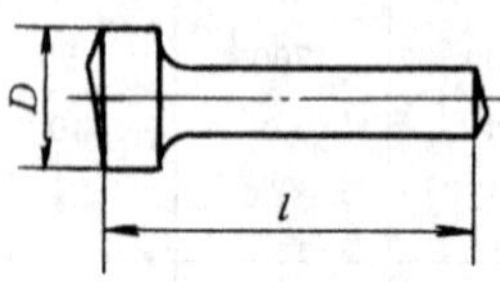	$D\times l$ mm mm m②/t	ϕ500 ×4500 4	ϕ750 ×14000 7	ϕ1000 ×16000 25	ϕ1350 ×18000 30	ϕ1900 ×20000 80	ϕ2500 ×26000 150	长度取决于辅助设备
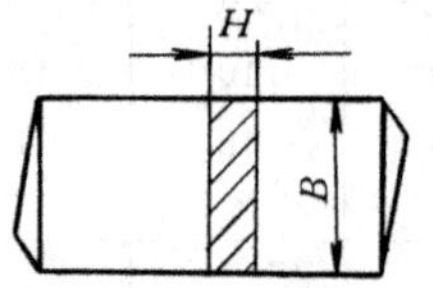	H/mm≥ B/mm	100 800	125 1000	140 1400	150 1500	200 22000	400 3700	
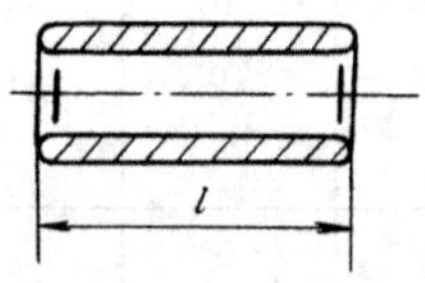	l/mm m②/t	2500 1.5	4000 3.5	6500 14	10.000 20	16000 40	18000 130	
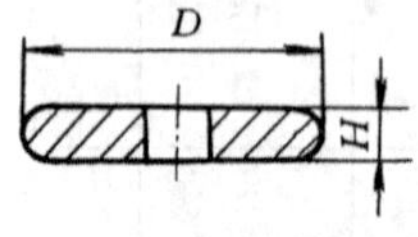	D/mm H/mm≥	1000 80～100	1200 100～120	1800 100～150	2000 130～150	2500 180～200	3500～5000 250～300	
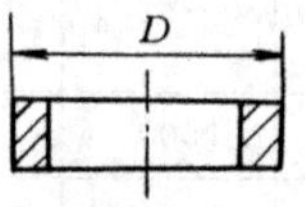	D/mm	1200	1600	2200	2600	3800	5000～6000	
参考数据	活动横梁最大行程/mm	1000	1250	1800	2000	2580	3000	
参考数据	活动横梁底面与工作台面最大距离/mm	2000	2680	3400	3800	6110	7000	
参考数据	立柱护套间净距/mm	1400×540	1800×600	2710×910	2900×1400	4100×1200	5000×2150	
参考数据	工作台面尺寸/mm	1200×2000	1500×3000	2000×5000	2000×6000	3400×9000	4000 ×10000	
参考数据	砧面尺寸/mm	850×240	1050×300	1400×450	1500×500	2300×600	3500×850	

① m_1——所用钢锭重量，单位为 t。

② m——锻件重量，单位为 t。

（五）确定加热火次　合理的加热火次对保证锻件质量、提高生产率有很大意义。图 2-17

给出了不同截面钢料的冷却时间曲线，纵坐标表示温度、横坐标表示时间、曲线表示坯料断面尺寸，可供拟定工艺时参考。例如，假设钢锭的平均直径为850mm，锻造温度范围为1200℃～800℃，在坐标上查得以1200℃冷却至800℃可锻造80min，即从开锻到终锻锻件的操作时间为80min。若锻造工时定额不超出图中曲线所列的冷却时间，一火加热即可完成全部锻造工序。

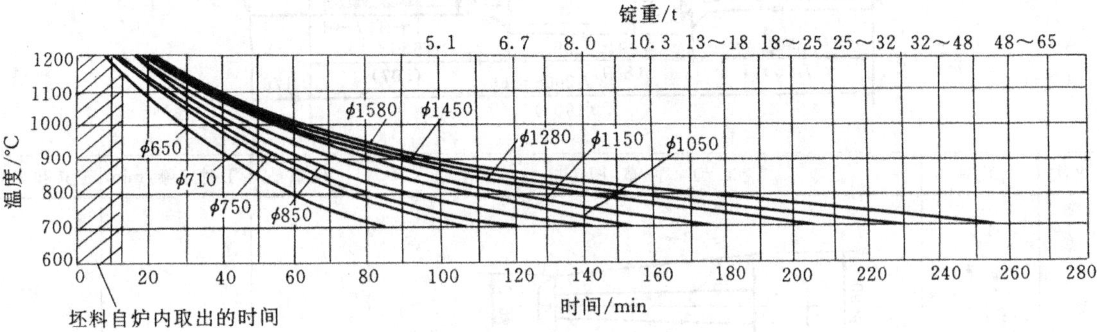

图 2-17 钢锭（或坯）的冷却时间曲线

工艺规程的内容还包括：确定所用工夹具、加热设备、加热及冷却规范、热处理及锻件的后续热处理等。

（六）填写工艺卡

制订工艺规程的结果应该用文字填入工艺卡片。工艺卡片在生产中有以下作用：

1）根据它进行生产准备。

2）根据它核算工时定额及设备负荷，组织生产，安排工作计划。

3）作为工艺核查及技术检验的依据。

典型工艺卡片的具体内容见表 2-8。

表 2-8 锻造工艺卡 第××号

厂名	××重机厂	订货单位				××轧钢厂		总工程师批准		
编制工艺师		锻冶科批准					车间同意		年 月 日	
零件名称						冷轧轧辊		合同号×××		
钢号	9Cr2	金属的力学性质				压力机	20000kN	金属分配	kg	百分比/%
化学成分 w/%						工序数目	10	锭重量	5150	100
C	0.8～0.95	σ_b		σ_s		一个锭几件	1	锻件	3000	58.3
Si	0.25～0.45	δ		ψ		锻件等级	2	冒口	1680	32.7
M_n	0.25～0.35	A_K		H_B		工时定额	185min	水口		
Cr	1.7～2.0					炉子温度	1200℃	切损		
Ni	≤0.30	特殊试验项目				始锻温度	1150℃	冲脱		
Mo	—					终锻温度	850℃	火耗	256	5
S	≤0.30					冷却方式	坑冷	试样（夹头）	214	4
P	≤0.30					锻压比	6.32	余料		
特殊技术要求	1. 要求有较高的硬度HS=85～100。相当于HRC=63～69。 2. 淬透层深不小于直径的3%，保证有高的耐磨性和不产生表面剥落。 3. 辊身硬度不小于HS=90～100，按四条母线测定。 辊颈硬度不小于HS=30～45，测定不少于两条母线。									

（续）

锻　件　图

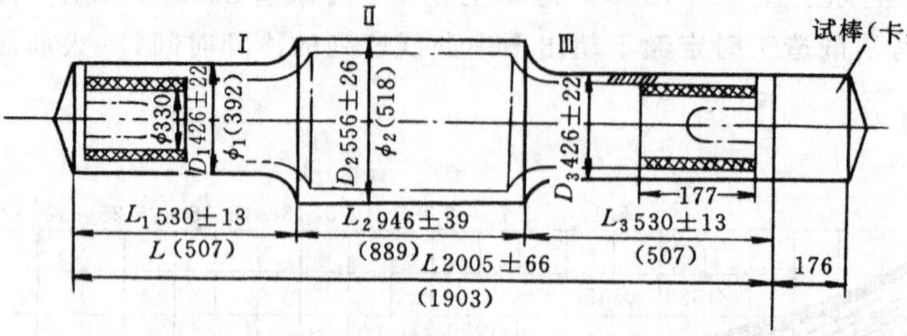

火次	工序	工序草图	设备	工时定额/min	工具和夹具
	按曲线进行加热	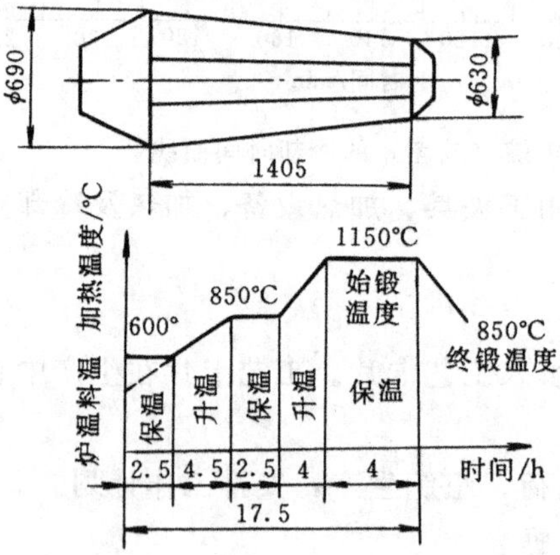	加热用抽底式加热炉		
Ⅰ	锻出料柄压棱成直径650mm	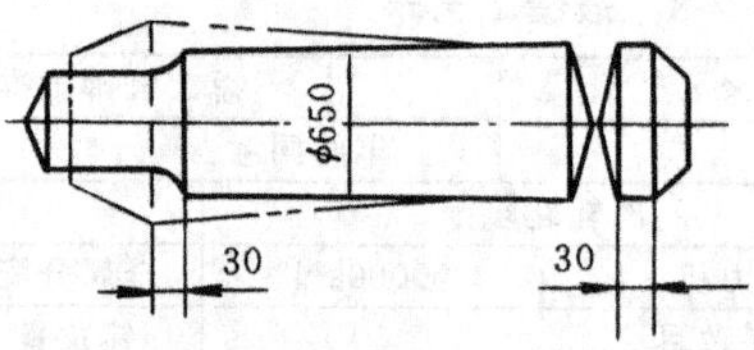	20000kN水压机	40.5	上、下砧子，剁刀和套筒
Ⅱ	镦粗至直径为1050mm锻压成直径620mm	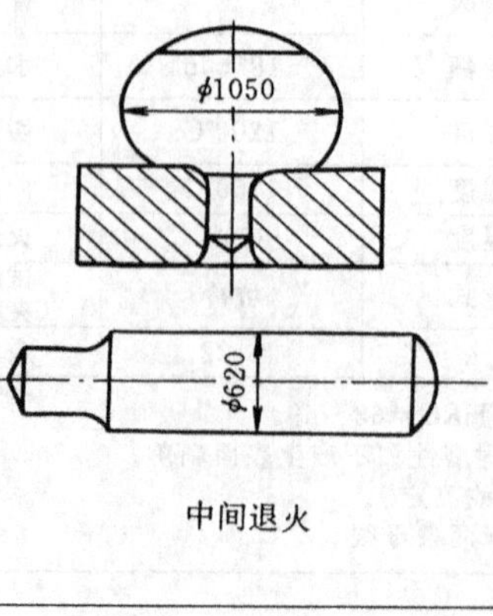 中间退火	20000kN水压机	38	上凹球面压板，下漏盘，上、下用平面砧子，套筒

（续）

中　间　退　火

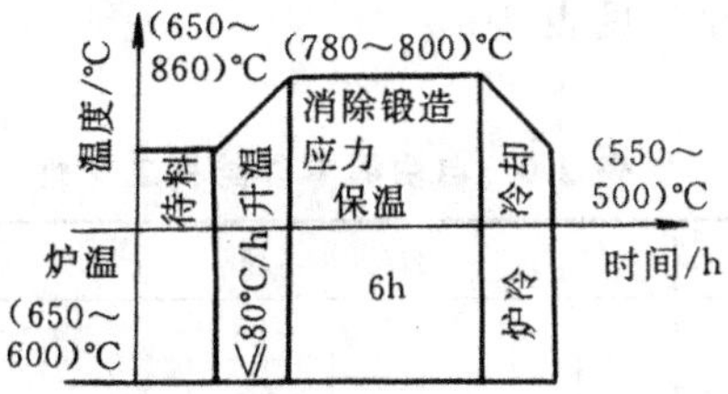

中间退火曲线

火次	工序	工 序 草 图	设备	工时定额/min	工具和夹具
	镦粗至直径1050mm	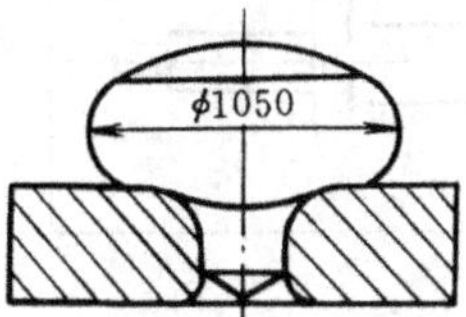			
	锻造成直径为620mm	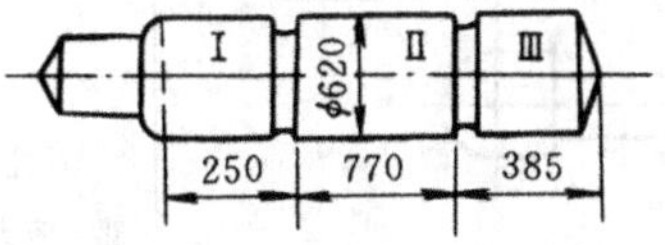	20000kN水压机	108	凹球面压板，漏盘，上、下砧子，压棍，剁刀，套筒
	锻造出部分Ⅰ和Ⅱ	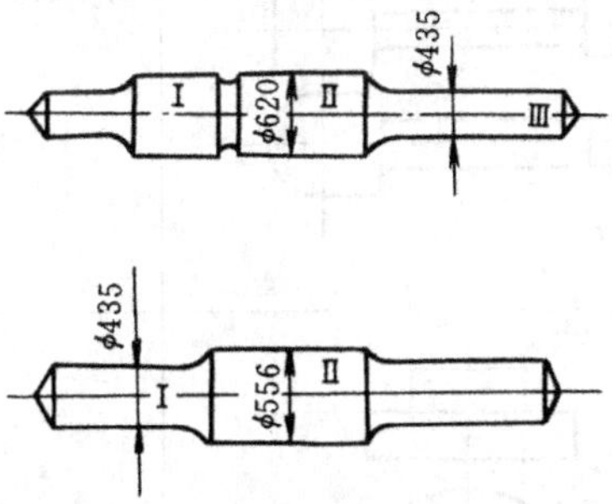			
	切除余料	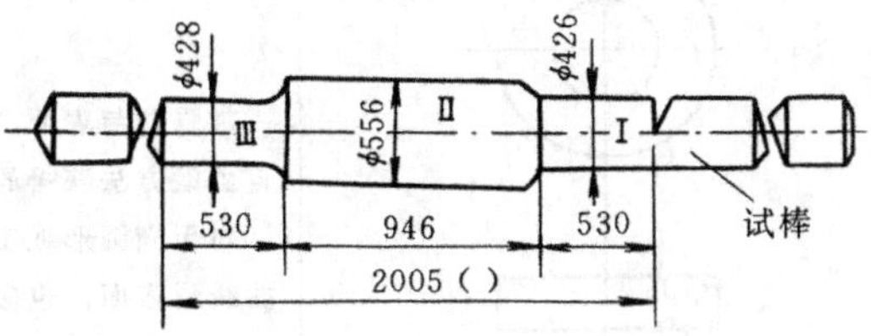			

工　艺　循　环

冶　炼	铸　锭	加　热	锻　造	退　火	机械加工	热处理

三、自由锻零件结构工艺性

设计自由锻零件时，除满足使用性能的要求外，还必须考虑自由锻设备和工具的特点，使锻件的结构符合自由锻的工艺性。以达到便于锻造、节约金属、保证质量、提高生产率的目的。自由锻零件的结构工艺性，见表 2-9。

表 2-9　自由锻零件结构工艺性

不合理	合理	说明
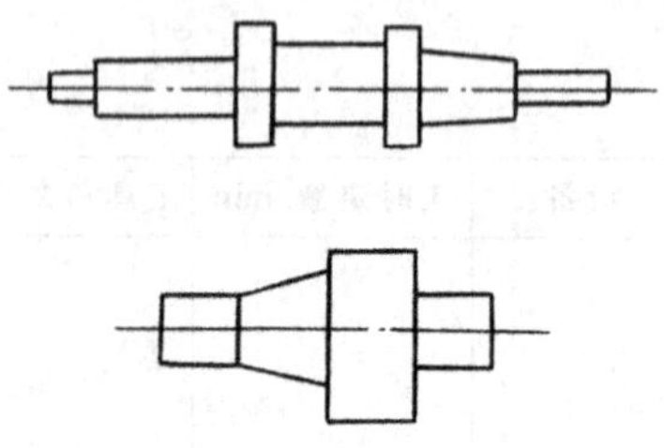	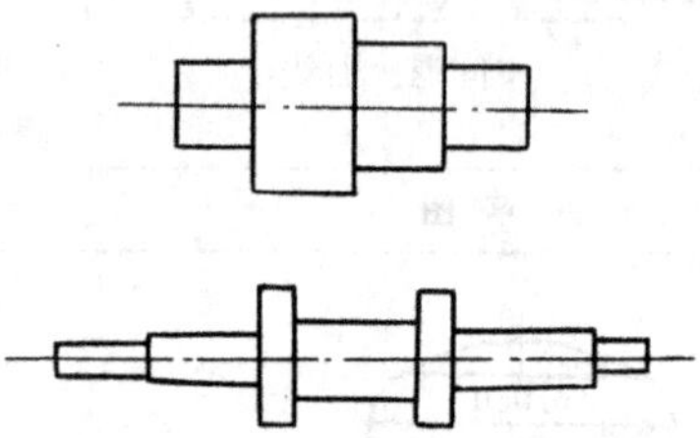	圆锥体的锻造须用专门工具，锻造比较困难，应尽量避免。与此相似，锻件上的斜面也不易锻出，也应尽量避免
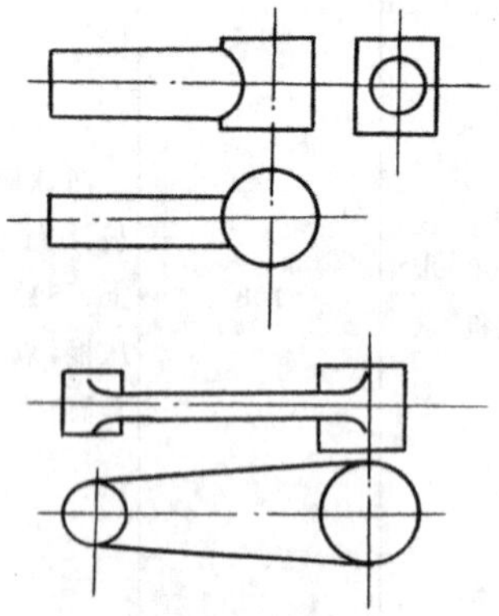	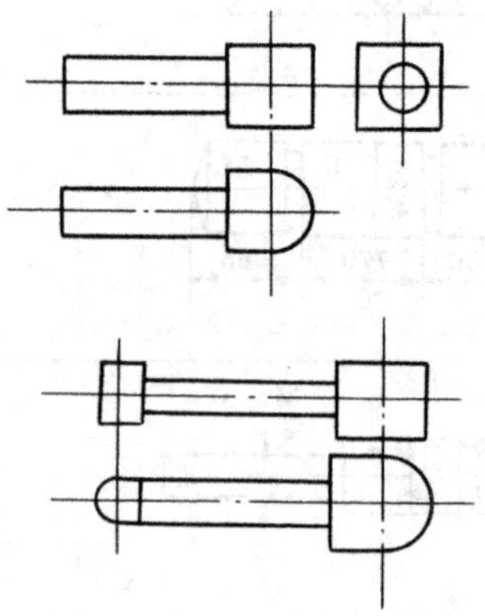	圆柱体与圆柱体交接处的锻造很困难，应改成平面与圆柱体交接，或平面与平面交接
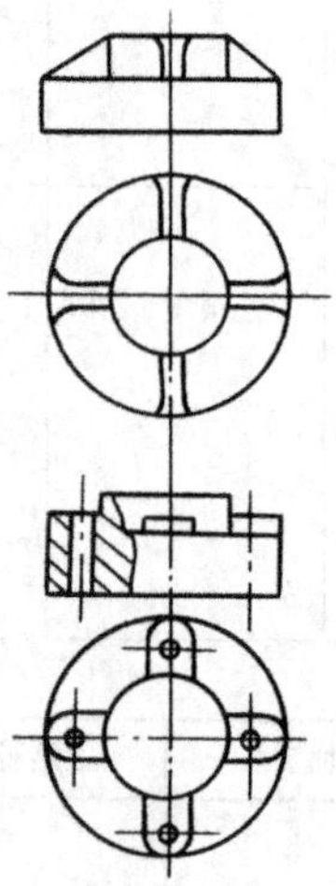	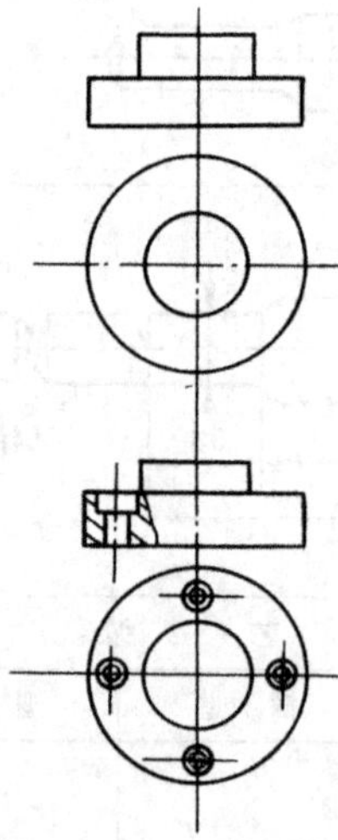	加强肋与表面凸台等结构是难以用自由锻方法获得的，应避免这种设计。对于椭圆形或工字形截面，弧线及曲线形表面，也应避免

（续）

不　合　理	合　　理	说　　明
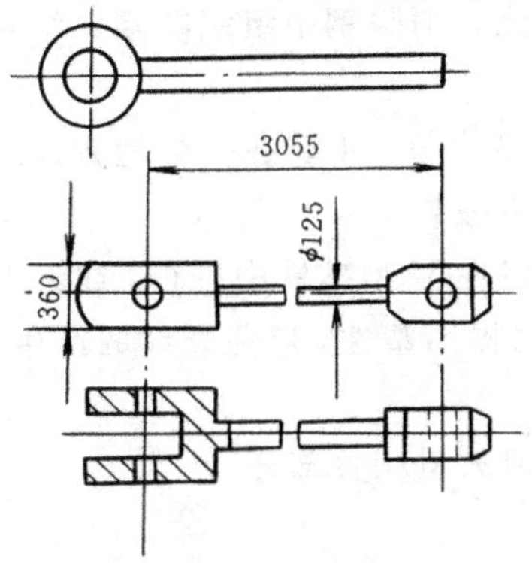	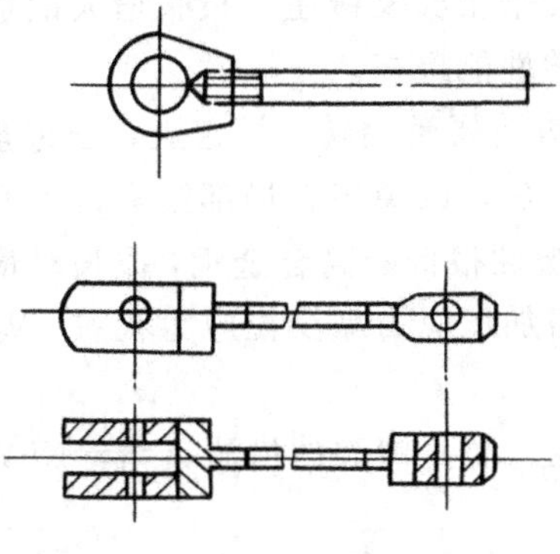	横截面有急剧变化或形状复杂的零件，应分成几个易锻造的简单部分，再用焊接或机械连接法组合成整体

四、高合金钢锻造特点

随着现代科学技术的发展，对零件性能要求越来越高，高合金钢的应用越来越广泛，许多重要零件均选用高合金钢锻制。而随着合金元素的增加，锻造性能逐渐变差，锻造难度递增，其主要特点表现如下：

（一）高合金钢的组织和再结晶特点

1. 金属组织结构复杂、塑性低　合金元素的加入能改变钢的组织状态及临界点的位置，因此，金属基体呈不同的组织类型。按正火后的基体组织来分有铁素体钢、珠光体钢、马氏体钢、奥氏体钢、莱氏体钢等五大类。有些高合金钢加热到高温呈现出多相组织，使钢的塑性降低，锻造性能变差。例如，高速钢中含有大量的莱氏体组织，使锻造性能降低。

2. 再结晶温度高，再结晶速度低，变形抗力大　由于钢中加入大量合金元素，使基体金属原子的扩散受到阻碍，需要在较高温度下才能开始再结晶，而且速度缓慢。使之产生的冷变形强化不易消除，变形抗力增大，锻件容易锻裂。

（二）高合金钢的加热特点

1. 导热性差　高合金钢的导热性比一般碳素钢低得多。例如18-8型不锈钢的热导率只是45钢的三分之一，所以高合金钢要求低温装炉、缓慢升温。否则易产生较大热应力导致坯料开裂。待坯料升至高温阶段已热匀热透，导热能力和塑性提高后，方可快速加热。

2. 锻造温度范围窄　高合金钢成分复杂，加热温度偏高时，分布于晶间的低熔点物即可熔化，金属基体晶粒将快速长大，容易产生过热和过烧缺陷，故高合金钢始锻温度低于碳素钢；当温度下降时，由于再结晶速度慢不能及时消除冷变形强化，容易锻裂，所以又要求终锻温度高于碳素钢。一般高合金钢的锻造温度范围仅有100℃～200℃，必须严格控制。这就给锻造过程带来许多困难。

（三）高合金钢锻造操作特点

1. 备料　高合金钢坯料不允许存在表面裂纹等缺陷，以防止在加热或锻造过程中缺陷进一步扩展。对某些要求较高的锻件，经常采用预切削方法去掉坯料的表层金属，锻前退火的方法消除坯料的残余应力和均化内部组织。

2. 控制变形量，增大锻造比　由于高合金钢内部缺陷多，偏析严重，晶界脆弱等原因，开始锻造时变形量不宜过大，要求轻锤快锻以防开裂；终锻前塑性降低，变形抗力升高，变形量也不宜过大。而在锻造过程中间变形量又不宜太小，否则，既影响生产率，又不能改善锻件的晶粒组织结构。另外，经常采用反复镦粗—拔长增大锻造比，消除钢中组织缺陷，细化碳化物并使之均匀分布，使力学性能提高。

3. 变形要均匀　高合金钢锻造要勤翻转、勤送进，送进量要均匀，不要在一个地方连续多次锤击。上下砧铁初锻前要预热，以免坯料局部温降过大发生锻裂。

4. 避免出现拉应力　对于塑性很低的高合金钢，拔长时最好在V型砧铁中进行，或者上面用平砧下面用V型砧铁，以增加压应力减少拉应力状态。从而提高塑性，避免裂纹的产生。小坯料可以用摔子拔长。

还有一些提高高合金钢塑性、防止锻裂的措施，请参阅实习教材相关部分。

（四）高合金钢的锻后冷却

由于高合金钢的导热性差，塑性低，终锻温度较高，如果冷却速度快，会因热应力和组织应力使锻件出现裂纹。因此，终锻后应尽快采取工艺措施保证锻件缓慢冷却。如坑冷、灰砂冷、炉冷等。

第三节　模　　锻

利用模具使毛坯变形而获得锻件的锻造方法称为模锻。

与自由锻相比，模锻具有锻件精度高、流线组织合理、力学性能高等优点，而且生产率高，金属消耗少，并能锻出自由锻难以成形的复杂锻件。因此，现代化大批量生产广泛采用模锻。但模锻需用锻造能力大的锻造设备和价格昂贵的锻模，而且每种锻模只能加工一种锻件，所以不适合于单件、小批量生产。受设备吨位的限制，模锻件不能太大，一般重量不超过150kg。

按模具类型模锻可分为开式模锻、闭式模锻和多向模锻等。

1. 开式模锻（有飞边模锻）　两模间间隙的方向与模具运动的方向相垂直，在模锻过程中间隙不断减小的模锻方式称为开式模锻，见图2-18。开式模锻过程中飞边桥口部分的阻力是逐渐增大的，这种阻力是保证金属充满模膛所必需的，因此开式模锻又叫有飞边模锻。

2. 闭式模锻（无飞边模锻）　两模间间隙的方向与模具运动方向相平行。在模锻过程中间隙大小不变化的模锻方式称为闭式模锻，见图2-19。由于闭式模锻时不设置飞边槽，所以也叫无飞边模锻。

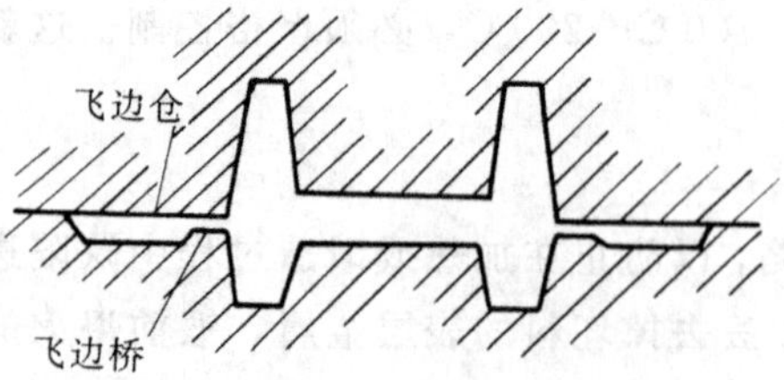

图2-18　开式模锻

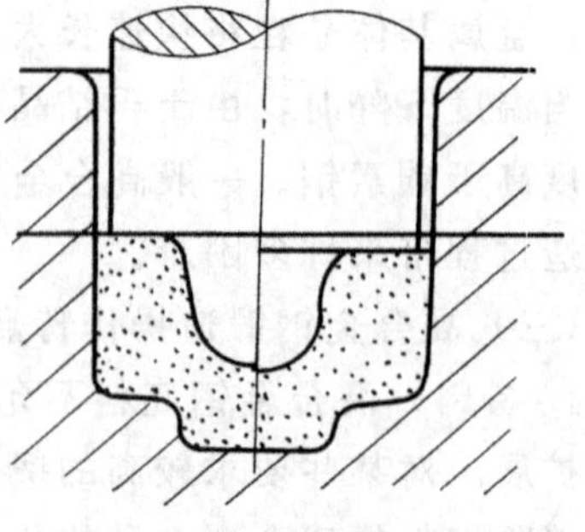

图2-19　闭式模锻

3. 多向模锻　在多个方向同时进行加载的锻造方法称为多向模锻。它是在具有多个分模面的闭式模膛内进行的。用这种方法模锻阀体等锻件机械加工量少，流线分布好。多向模锻是近年来发展起来的新工艺，将在后文中介绍。

按着设备类型，模锻可分为锤上模锻、胎模锻、压力机上模锻等。

一、锤上模锻

（一）模锻锤

锤上模锻所用设备主要是蒸汽—空气模锻锤，见图2-20。上、下模分别固定在模锻锤的锤头4和砧座7上。其工作原理与蒸汽—空气自由锻锤基本相同，但由于模锻锤的机架6直接与砧座7联接，形成封闭的刚性系统，可提高冲击效率；而且锤头与导轨间的间隙比自由锻锤的小，保证了上下模的对中及锤头运动精度，使锻件的形状和尺寸精度提高。

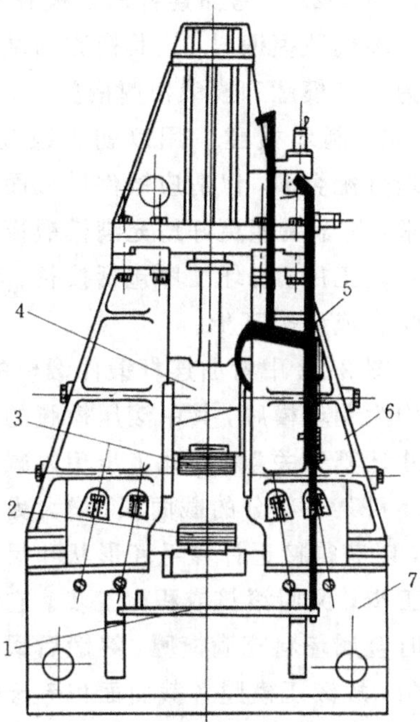

图 2-20　蒸汽—空气模锻锤

1—踏杆　2—下模　3—上模　4—锤头　5—操纵机构　6—机架　7—砧座

模锻锤的吨位为1t～16t。选择模锻锤的锻造能力有经验类比法和查表法。

1. 经验类比法　模锻锤吨位可用公式

$$G=(3.5\sim 6.3)KA$$

式中　G——模锻锤吨位（kg）；

A——锻件总变形面积，包括锻件投影面积、冲孔连皮面积及飞边面积（cm^2）；

K——钢种因数。

$w_C<0.25\%$的碳素结构钢$K=0.9$；$w_C>0.25\%$的碳素结构钢及$w_C<0.25\%$的低合金结构钢$K=1.0$；$w_C>0.25\%$的低合金结构钢$K=1.1$；高合金结构钢$K=1.25$；因数3.5用于能实现终锻工序而生产率不高的条件，因数6.3用于高生产率条件。

2. 查表法　模锻锤吨位亦可按表2-10选择。

表 2-10　模锻锤的锻造能力范围

模锻锤吨位/t	1	2	3	5	10	16
锻件重量/kg	2.5	6	17	40	80	120
锻件在分模面处投影面积/cm^2	13	380	1080	1260	1960	2830
能锻齿轮的最大直径/mm	130	220	370	400	500	600

（二）锻模及锻模模膛

锻模在工作时，需承受炽热金属坯料的巨大压力及冲击力，变形金属剧烈流动，模膛极易磨损，其工作温度可达400℃～600℃。因此，要求模具在高温下具有足够的强度、韧性、硬度和耐磨性，良好的导热性、抗热疲劳性、回火稳定性和抗氧化性。尺寸较大的模具还应具有高的淬透性和较小的变形。常用5CrNiMo、5CrMnMo钢等热锻模具材料制作锻模。负荷不大的小型锻模可用6SiMnV钢来代替。

锤上模锻使用的锻模是由带燕尾的上、下模组成，分别用镶条固定在锤头和模座上。上、下模接触时，其接触面上所形成的空间为模膛。具有一个模膛的锻模称为单模膛模锻，见图 2-21；具有两个以上模膛的锻模称为多模膛模锻，图 2-22 为弯曲连杆的多模膛模锻。

多模膛模锻时，按其模膛的结构和功用可分为制坯模膛和模锻模膛两类。

1. 制坯模膛　用以初步改变毛坯形状、合理分配金属，以适应锻件横截面积和形状的要求，使金属能更好地充满模锻模膛的工序称为制坯工序。制坯工序包括拔长、滚压、压肩、弯曲、成形等工步。

图 2-22 中弯曲连杆锻件锻模的 2、3、6 模膛均为制坯模膛，其中滚压模膛的形状设计和尺寸计算致关重要，此工步用以减小长轴类锻件坯料某一部分的截面积，增大另一部分截面积，以获得接近计算毛坯形状和尺寸的模锻制坯工步，又叫滚挤或积聚工步。它必须保证终锻时金属坯料充满模膛，终锻后锻件各处飞边均匀，故滚压模膛各截面面积等于锻件上相应截面积与飞边截面积之和。按这一要求算出的坯料通常称为计算毛坯。即

$$A_{计} = A_{锻} + 2\eta A_{飞}$$

式中　$A_{计}$——计算毛坯截面积；

$A_{锻}$——锻件截面积，冲孔连皮及叉形锻件的内飞边应算在锻件内；

$A_{飞}$——飞边槽截面积；

η——充满因数，形状简单的锻件取 0.3～0.5，形状复杂的锻件取 0.6～0.8。

一般根据冷锻件图制作计算毛坯图。计算毛坯图由锻件图、截面图和直径图三个部分组成，上下排列，见图 2-23。

绘制计算毛坯图时，首先应根据锻件的复杂程度从锻件图上选定若干个截面，计算出各截面面积 $A_{计}$ 值；然后以毛坯的直线（弯曲轴线锻件应展开成直线）计算长度 $L_{计}$ 为横坐标、算得的 $A_{计}$ 为纵坐标，通过数方格等方法在坐标纸上按比例用直线段 $h_{计}$ 画出所选定各截面

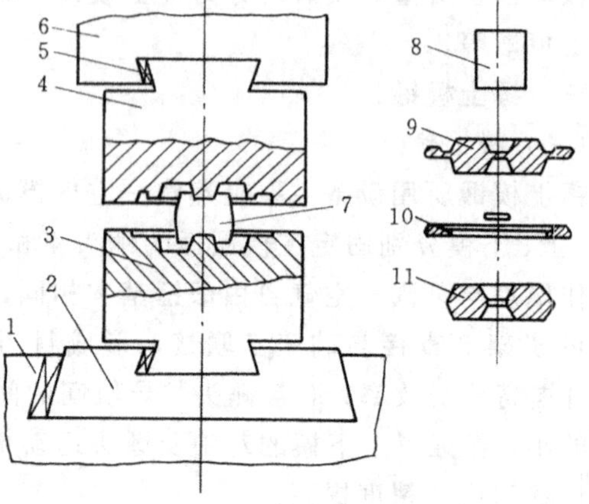

图 2-21　单模膛模锻

1—砧铁　2—模座　3—下模　4—上模　5—镶条　6—锤头　7—锻造中的坯料　8—坯料　9—带飞边和连皮的锻件　10—飞边和连皮　11—锻件

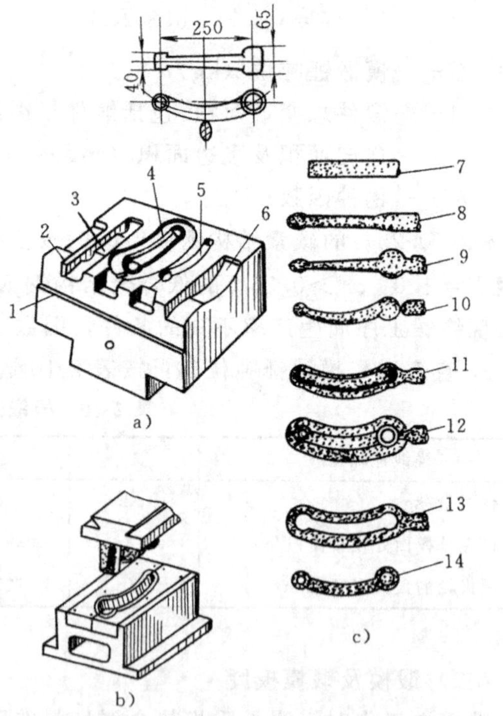

图 2-22　弯曲连杆的多模膛模锻

a）下模　b）切边模　c）工艺过程

1—检验角　2—拔长模膛　3—滚压模膛　4—终锻模膛　5—预锻模膛　6—弯曲模膛　7—原始坯料　8—拔长　9—滚压　10—弯曲　11—预锻　12—终锻　13—飞边　14—锻件

的截面积，并以光滑曲线连接各线段的端点；最后，以 $L_{计}$ 为横坐标、$d_{计}$ 为纵坐标绘制出计算毛坯直径图。

除以上制坯模膛外，还可根据锻件的具体情况，设计镦粗、压扁、切断等制坯模膛（示意图请参考有关资料）。简单锻件可不设制坯模膛，用单模膛模锻直接锻压成形。

2. 模锻模膛　模锻模膛又可分为预锻模膛和终锻模膛

（1）预锻模膛　为了改善终锻时金属的流动条件，避免产生充填不满和折迭，使锻坯最终成形前获得接近终锻形状的模膛，它可提高终锻模膛的寿命。其结构比终锻模膛高度大、宽度小、无飞边槽，模锻斜度和圆角大。

（2）终锻模膛　模锻时最后成形用的模膛，和热锻件图上相应部分的形状、尺寸一致。模膛周围设飞边槽，通孔锻件需留冲孔连皮。

1）飞边槽　飞边槽由飞边桥和飞边仓组成。飞边桥是飞边模中和模膛紧相联接的间隙面，多余金属越过该间隙面挤出而形成飞边，它可产生阻力使金属充满模膛；飞边仓是围绕着飞边桥外周的凹槽，用于容纳多余的金属材料，见图 2-18。飞边槽在模锻时还可起缓冲作用，减弱上、下模模具间的打击力，防止模具压塌和开裂。

飞边槽的形式有多种，见图 2-24。

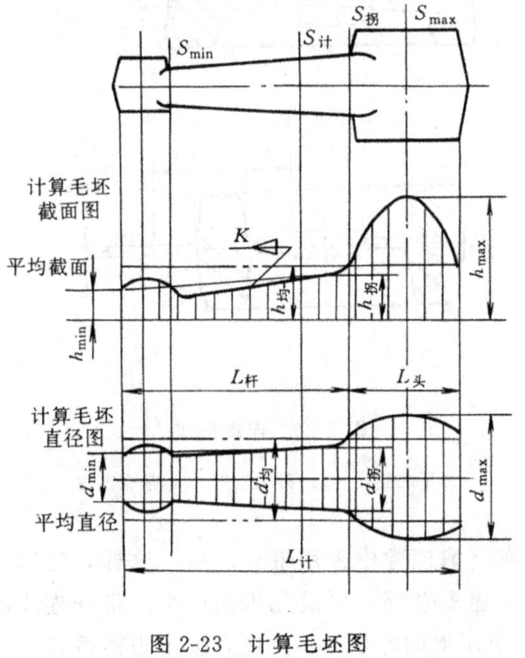

图 2-23　计算毛坯图

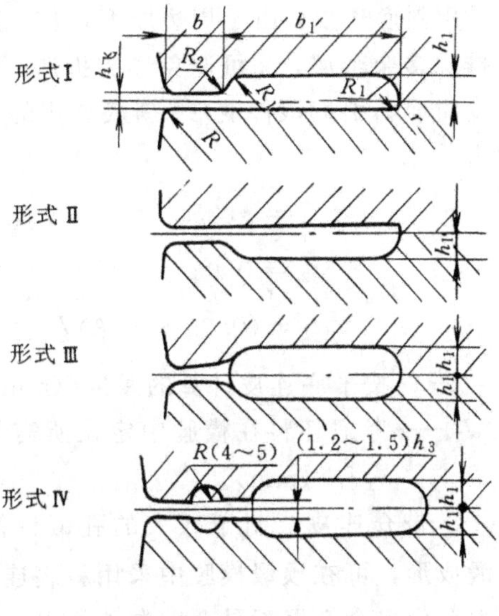

图 2-24　飞边槽形式

形式Ⅰ：一般多采用此种形式。桥口在上模，受热时间短，不易过热和磨损。

形式Ⅱ：锻件的上模部分形状较复杂，切边时需翻转，采用此种形式可简化切边凸模形状。当整个锻件模膛完全位于下模时，为简化锻模的制造，亦采用此形式。

形式Ⅲ：此种形式仓部较大，能容纳较多的金属，适用于大型和形状复杂的锻件。

形式Ⅳ：此形式只用于锻件形状复杂、难以充满的局部位置，如高肋、叉口与枝芽等处。它能较大地增加桥口阻力，迫使金属充满深而复杂的模膛。

飞边槽最主要的尺寸是桥口高度 $h_飞$ 和宽度 b，桥口越宽，高度越小，阻力越大。其具体数值依锻件在分模面上的投影面积而定，可查阅有关资料。

2）连皮　带孔的模锻件在模锻时不能直接获得透孔，在该部位留有一层较薄的金属，称为连皮。连皮的形式有平底连皮、斜底连皮、带仓连皮等，见图 2-25。

①平底连皮　平底连皮较为常用，一般用于 $d<2.5h$ 或 $25mm<d<60mm$ 的孔。连皮厚度可按下式计算

$$s = 0.45\sqrt{d - 0.25h - 5} + 0.6\sqrt{h}$$

式中　d——锻件内孔直径（mm）；

h——锻件内孔高度之半（mm）。

由于模锻过程中冲孔部分金属流动激烈，连皮处的圆角半径 R_1 应比锻件其它内圆角半径 R 大些，可取 $R_1=R+0.1h+2mm$

②斜底连皮　斜底连皮用于较大的内孔，一般当 $d>2.5h$ 或 $d>60mm$ 时采用。对于较大的孔若仍用平底连皮，由于金属流动激烈而内孔处的多余金属又不易向四周排除，连皮四周处容易产生折迭，冲头也会过早地磨损或压坍。采用斜底连皮，由于周边厚度增加，既有助于排除多余金属，又可避免形成折迭。但冲除连皮时容易引起锻件变形。斜底连皮的主要尺寸为

$$s_1 = 1.35s$$

$$s_2 = 0.65s$$

$$d_1 = (0.25 \sim 0.3)d$$

式中　s——按平底连皮计算的厚度（mm）；

d_1——考虑坯料在模膛中定位所需平台直径（mm）。

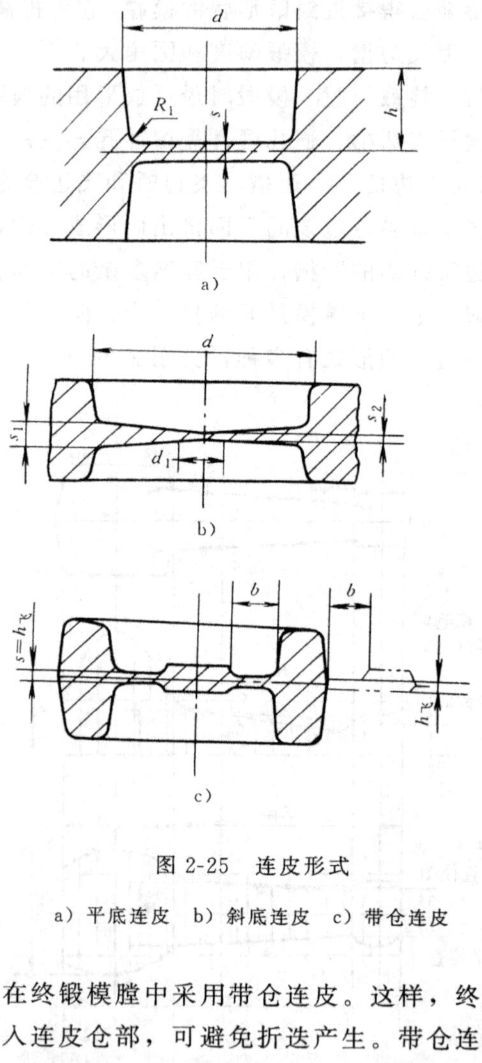

图 2-25　连皮形式

a）平底连皮　b）斜底连皮　c）带仓连皮

③　带仓连皮　对于较大的孔锻件需采用预锻成形，可在预锻模膛中采用斜底连皮，而在终锻模膛中采用带仓连皮。这样，终锻成形时内孔中多余金属不是全部向外排出，而是挤入连皮仓部，可避免折迭产生。带仓连皮的优点是周边较薄切除容易，且锻件形状不走样。带仓连皮的厚度 s 和宽度 b 按飞边槽桥口高度 $h_飞$ 和桥口宽度 b 确定。仓部体积应足够容纳预锻后斜底连皮上多余的金属。

还有其它连皮形式，不再赘述。

在设计多模膛锻模时，由于终锻模膛变形力最大应位于锻模中心，制坯模膛分布在终锻模膛两侧，变形最小的模膛应位于锻模边缘处以减小作用于模锻设备上的偏心载荷。

在锻模上加工出互相垂直的两个侧面称为检验角，见图 2-22。它是模膛加工的划线基准，也是上、下模对模的基准。

（三）锤上模锻工艺规程的制订

制订模锻工艺规程主要包括以下内容：

1. 绘制模锻锻件图　与自由锻锻件图同等重要，模锻锻件图是制造和检验终锻模膛的依据。它是以零件图为基础，考虑了分模面的选择、加工总余量、公差、余块、模锻斜度和圆角半径等绘制的。

（1）分模面的选择　上、下模或凸、凹模的分界面称为分模面。分模面可以是平面，也可以是曲面。选择分模面位置最基本的原则是：应选在锻件具有最大水平投影尺寸的位置上，最好为锻件中部的一个平面，并使锻件上所加余块最少，上、下模膛深度最浅且尽可能基本一致。这样可使上、下模膛具有相同的轮廓，易于发现上、下模的错移，金属容易充满模膛，便于取出锻件，并有利于锻模的制造。图 2-26a 图中以 *d-d* 分模面位置最佳，b 图中分模面 *a-a* 明显优于 *b-b* 和 *c-c*。

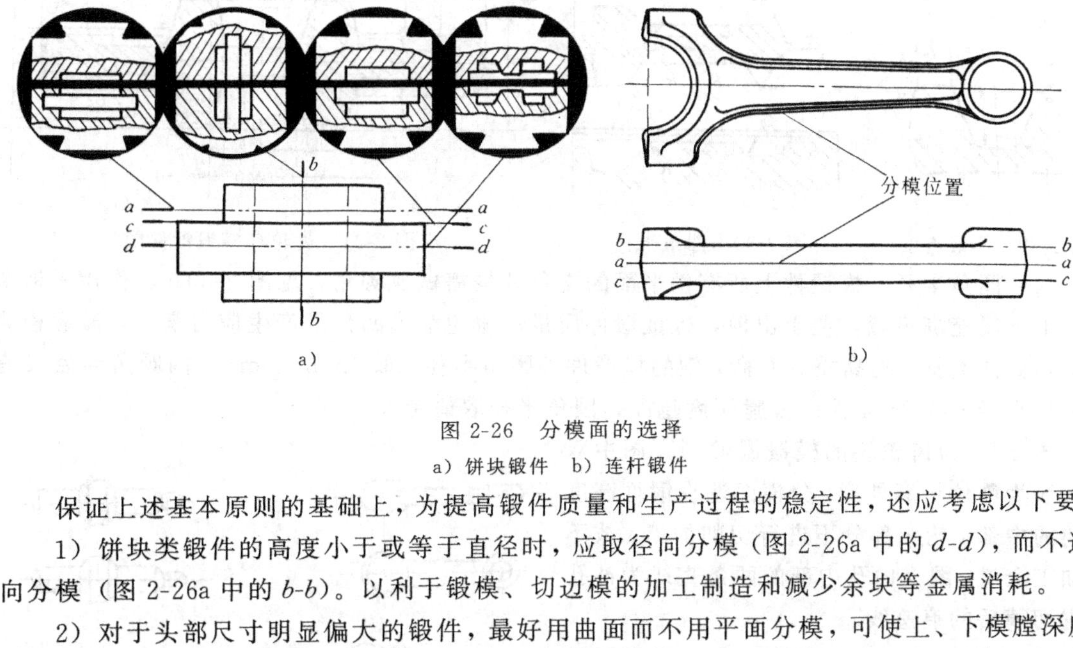

图 2-26　分模面的选择

a）饼块锻件　b）连杆锻件

保证上述基本原则的基础上，为提高锻件质量和生产过程的稳定性，还应考虑以下要求：

1）饼块类锻件的高度小于或等于直径时，应取径向分模（图 2-26a 中的 *d-d*），而不选轴向分模（图 2-26a 中的 *b-b*）。以利于锻模、切边模的加工制造和减少余块等金属消耗。

2）对于头部尺寸明显偏大的锻件，最好用曲面而不用平面分模，可使上、下模膛深度大致相同，有利于整个锻件充填成形，见图 2-27。

3）有流线方向要求的锻件，应考虑锻件工作时的受力特点。如图 2-28 锻件 *a-a* 处工作时承受切应力，其流线方向应与切应力垂直，为避免流线组织被切断，应选 *b-b* 为分模位置。

（2）加工余量、模锻公差和工艺余块　模锻件的加工余量和公差比自由锻件小得多，其数值根据锻件大小、形状和精度等级有所不同，一般余量为 1mm～4mm，公差为±0.3mm～±3mm 之间，用时可查有关手册。因为模锻为成批生产，应尽量少加或不加工艺余块。

（3）模锻斜度　为了使锻件易于从模膛中取出，锻件与模膛侧壁接触部分需带一定斜度。锻件上的这一斜度称为模锻斜度，见图 2-29。模锻斜度不包括在加工余量内，一般取 5°、7°、10°、12°等标准值。模膛深度与宽度之比增大时应取较大斜度值。因冷却引起收缩，锻件的内壁斜度值 β 应比外壁斜度值 α 大一级。

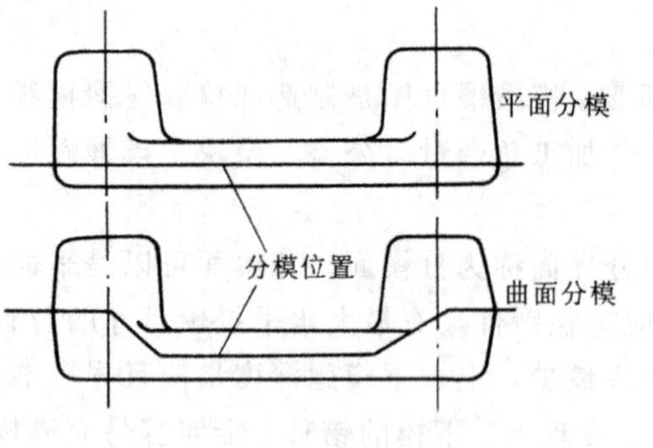

图 2-27 头部偏大锻件的分模位置

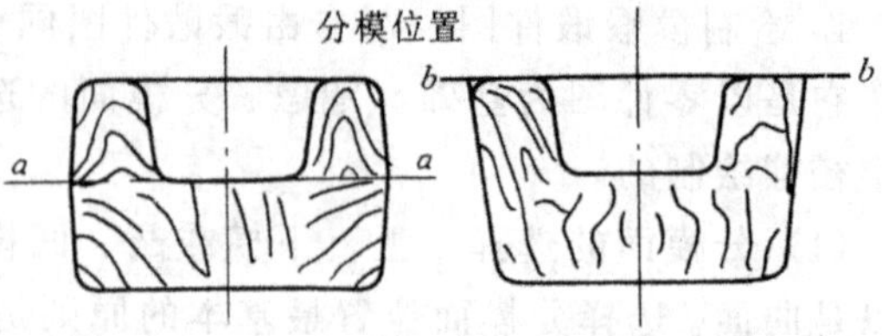

图 2-28 有流线要求锻件的分模位置

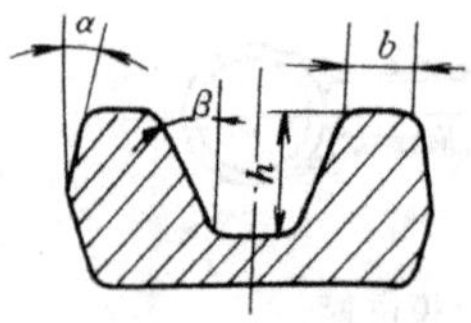

图 2-29 模锻斜度

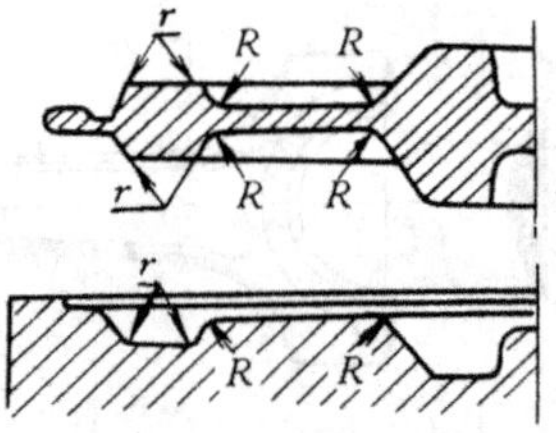

图 2-30 圆角半径

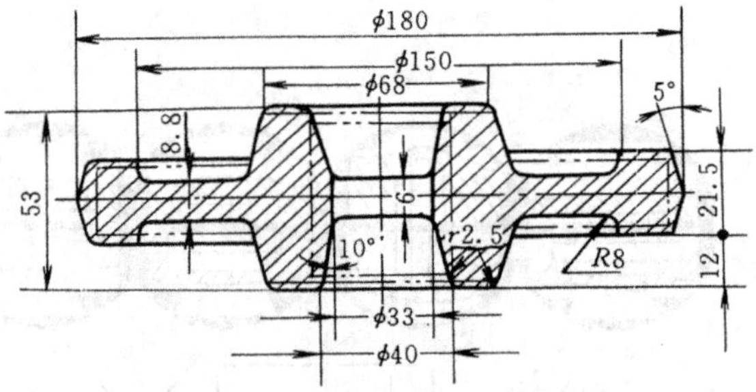

图 2-31 齿轮坯模锻锻件图

（4）圆角半径　模锻件上所有两平面的交角处均需做成圆角，见图 2-30。其作用是锻造时易于金属充满模膛，便于出模，保证锻件质量；避免锻模凹角处产生应力集中，减缓模具外圆角处的磨损，提高模具寿命。钢的模锻件外圆角半径 r 取 1mm～6mm，内圆角半径 R 是外圆角半径 r 的 3～4 倍。模膛深度越深，圆角半径取值越大。

图 2-31 为齿轮坯的模锻锻件图。图中双点划线为零件轮廓外形，分模面选在锻件高度方向的中部。轮幅部分不进行切削加工，故不留加工余量。图上内孔中部的两条直线为冲孔连皮切掉后的痕迹线。

2. 确定模锻工步　模锻工步主要根据模锻件的形状和尺寸来确定。工步的名称和所用的模膛相一致，例如拔长工步所用的模膛叫拔长模膛等。模锻件按形状分为两大类：

（1）长轴类　此类锻件的长度明显大于其宽度和高度，如台阶轴、曲轴、连杆、弯曲摇臂等见图 2-32。锻造时锤击方向垂直于锻件轴线，常选用拔长、滚压、弯曲、预锻和终锻等工步。因此，终锻时金属沿高度与宽度方向流动，而长度方向流动不显著。

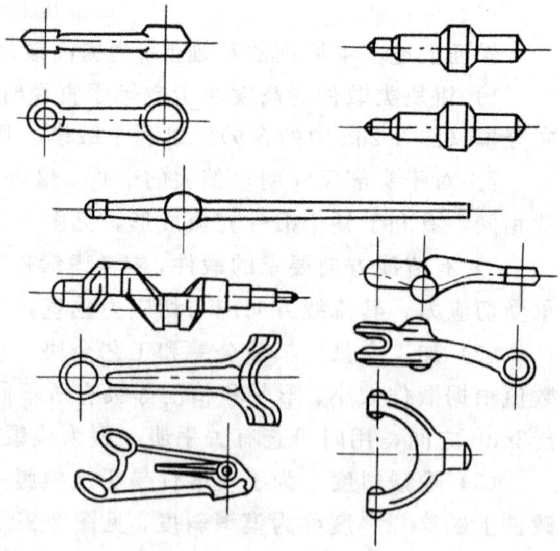

图 2-32 长轴类锻件

由于在拔长、滚压等制坯工步时，坯料已沿轴线方向流动改变了形状，各横截面已和锻件相应的横截面面积与飞边截面积之和近似相等，所以能保证终锻时金属充满模膛，且各处飞边均匀。锻件轴线为曲线时应设弯曲工步，形状复杂的锻件还应增加预锻工步，见图 2-22。

对于小型长轴类锻件，为了减少钳口料和提高生产率，常用一根棒料锻造几个锻件，因此应增设切断工步，切断模膛见图 2-33。大批大量生产时，选用周期变截面轧制材料（图 2-34）可以省去拔长和滚压工步，使锻模简化，生产率提高。

图 2-33　切断模膛

(2) 饼块类　此类锻件主轴尺寸较短，在分模面上投影为圆形或长宽尺寸相近，如齿轮、法兰、十字轴、万向节叉等见图 2-35。模锻时，坯料轴线方向与锤击方向相同，金属沿高度、宽度和长度方向同时流动。常采用镦粗或压扁等工步制坯，然后终锻。形状简单的锻件可直接终锻成形，见图 2-21。

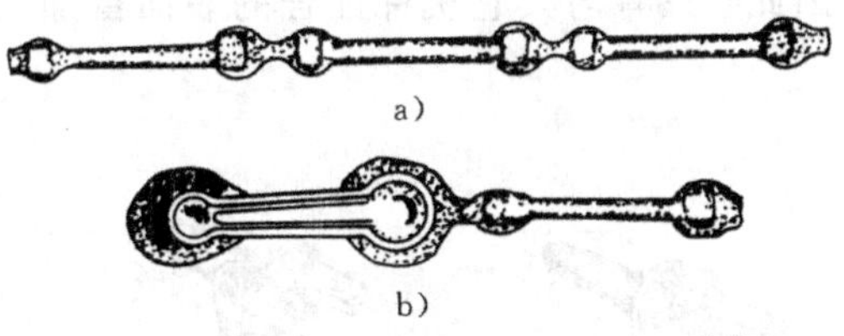

图 2-34　用轧制坯料模锻

a）周期轧制材料　b）模锻后形状

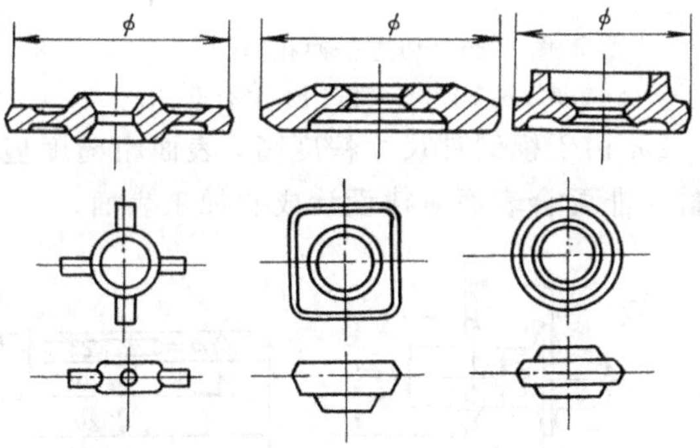

图 2-35　饼块类锻件

3. 坯料计算　计算方法与自由锻相同。坯料重量为锻件、飞边、连皮、钳口料头和氧化皮重量的总和，一般飞边是锻件重量的 20%～25%；氧化皮是锻件、飞边、连皮等重量总和的 2.5%～4%。

4. 选择模锻设备　锤上模锻设备吨位的选择请参阅前面已述及的“模锻锤”部分的经验公式及表 2-10。其它方法模锻设备吨位可查有关手册。

5. 模锻的后续工序　普通模锻件均带有飞边，带孔锻件还有冲孔连皮，通常采用冲切法去除飞边和连皮。切边—冲孔模分为简单模、连续模和复合模三种类型，见图 2-36。

其后尚有清除氧化皮及校正工序。清除氧化皮的方法有滚筒清理、喷丸清理等，以便于检验表面缺陷及切削加工；锻件在切边、冲孔、热处理及表面清理过程中若有变形应进行校正，大中型锻件在热态下校正，小锻件亦可冷态校正，此工序可在终锻模膛中进行，亦可在专门的校正模具中进行。

对于精度要求较高的锻件应进行精压。精压可全部或部分代替切削加工，分平面精压和体积精压两类，见图 2-37。

(四) 模锻零件的结构工艺性

设计模锻件时，应根据模锻的工艺特点使之符合下列要求：

1）模锻件应具有合理的分模面、模锻斜度和圆角半径。

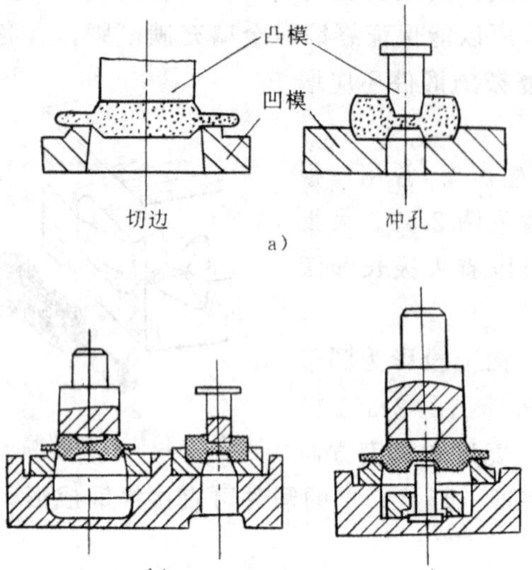

图 2-36 切边—冲孔模
a) 简单模 b) 连续模 c) 复合模

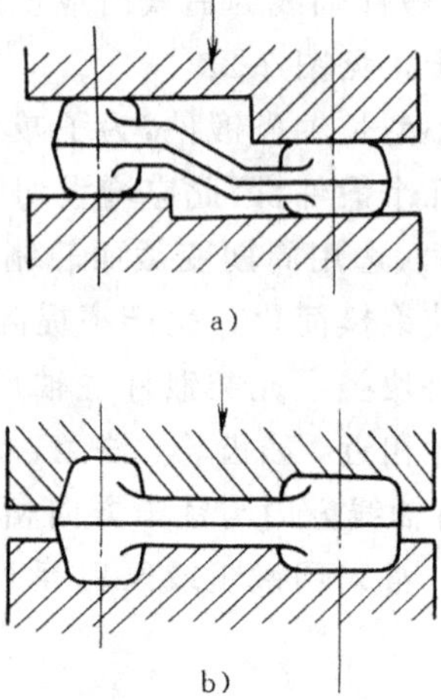

图 2-37 精压
a) 平面精压 b) 体积精压

2) 由于模锻件尺寸精度高，表面粗糙度值低，因此，只有与其它机件配合的表面留加工余量，非配合表面一律设计成非加工表面。

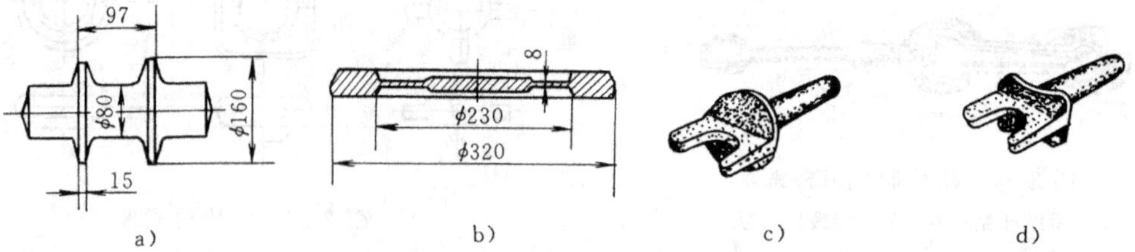

图 2-38 模锻件外形的工艺性

3) 零件的外形应力求简单、平直和对称，截面相差不宜过于悬殊，避免薄壁、高肋、凸起等不利于成形的结构。图 2-38a 零件的最小截面与最大截面之比若小于 0.5 就不宜采用模锻，因该零件凸缘高而薄、中间凹槽过深，难于用模锻方法锻制；b 图零件扁而薄，薄的部位金属冷却快，变形抗力提高，难以成形；c 图零件的凸缘高而薄，不仅制造锻模困难，而且不利于金属充满和锻件出模，若能改成图 d 的形状，模锻成形就很容易了。

4) 应避免窄沟、深槽、深孔及多孔结构，以利于金属的充满、模具制造和延长模具寿命。

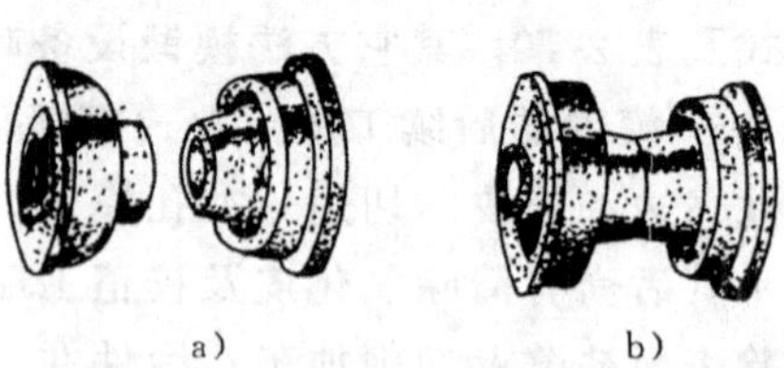

图 2-39 锻—焊结构模锻件
a) 锻件 b) 焊合件

5) 形状复杂的锻件应采用锻—焊或锻—机械加工联接的方法，减少余块以简化模锻工艺，见图 2-39。

二、胎模锻

胎模是在自由锻设备上锻造模锻件时使用的模具。常用的胎模有摔模、扣模、垫模、套模、合模、弯曲模、跳模等，见图 2-40。

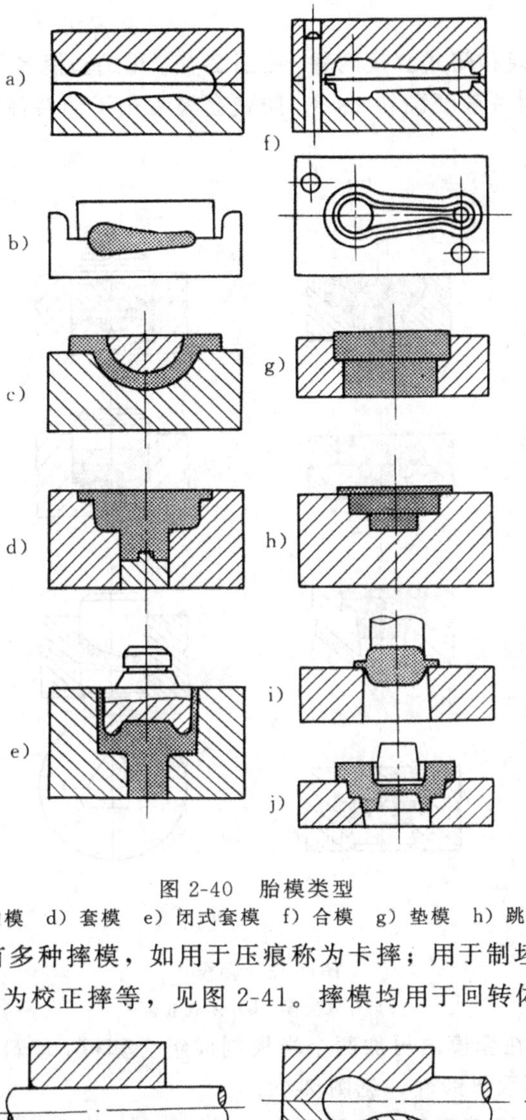

图 2-40　胎模类型

a）摔模　b）扣模　c）弯曲模　d）套模　e）闭式套模　f）合模　g）垫模　h）跳模　i）切边模　j）冲孔模

1. 摔模　根据用途有多种摔模，如用于压痕称为卡摔；用于制坯称为型摔；用于整径称为光摔；用于校正整形称为校正摔等，见图 2-41。摔模均用于回转体锻件。

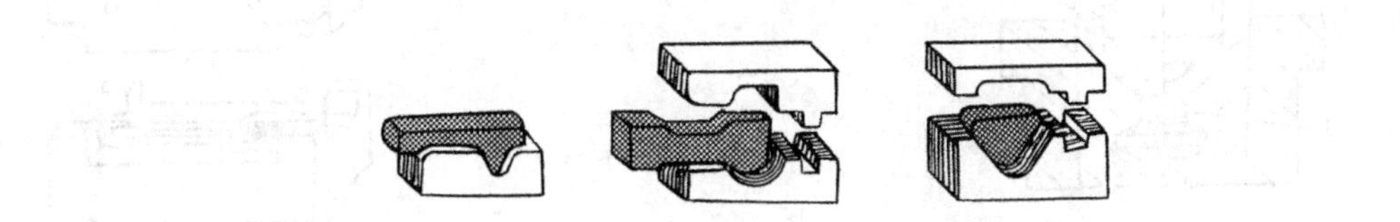

图 2-41　摔模

a）卡摔　b）型摔　c）光摔　d）校正摔

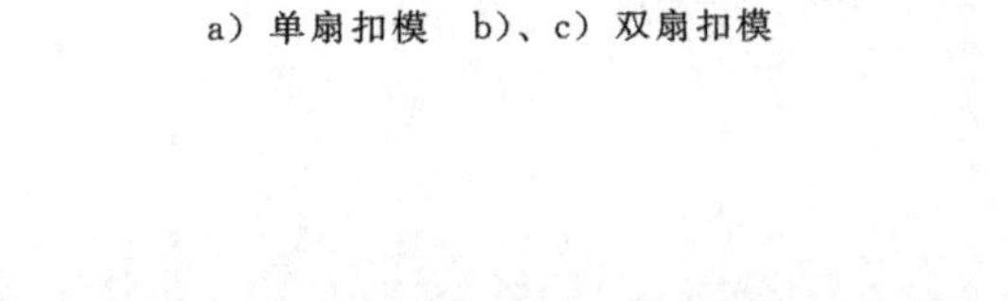

图 2-42　扣模

a）单扇扣模　b)、c）双扇扣模

2. 扣模　扣模分单扇扣模和双扇扣模，见图 2-42。用于非回转体类锻件的局部扣形，也可为合模制坯。

3. 套模　有开式套模和闭式套模两种，见图 2-43。开式套模多用于法兰、齿轮类锻件，或为闭式套模制坯，取件时一般要翻转 180°；闭式套模常用于回转体锻件，有时也用于非回转体锻件。

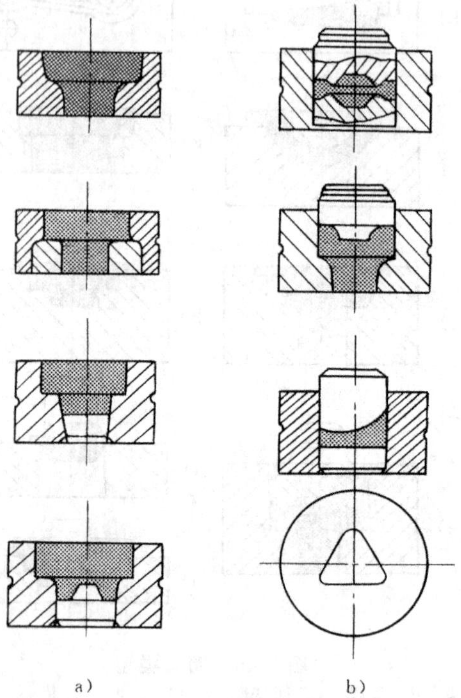

图 2-43　套模

a）开式套模　b）闭式套模

形状复杂的锻件，可在套模内再加两个半模制成组合套模，坯料在两个半模模膛内成形，锻后先取出两个半模，再取出锻件，见图 2-44。

4. 合模　合模由上、下模及导向装置构成，见图 2-45。适合于各类锻件的终锻成形，尤其连杆、叉形等较复杂的非回转体件常用。

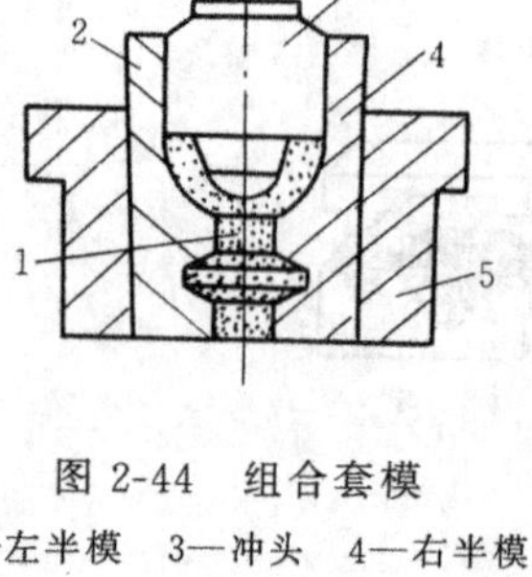

图 2-44　组合套模

1—锻件　2—左半模　3—冲头　4—右半模　5—套模

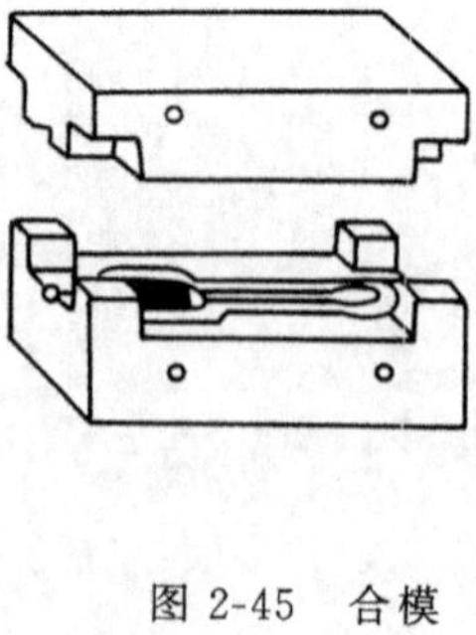

图 2-45　合模

由于胎模锻是在自由锻设备上使用可移动模具生产模锻件，胎模不固定在锤头和砧座上，只是在用时才放上去。通常，可用自由锻制坯，在胎模中最后成形。与模锻相比，胎模结构简单、容易制造，使用方便，不需贵重的模锻设备；与自由锻相比，胎模锻可以生产形状较复杂的锻件、节约金属，生产率高，余块少。其尺寸精度和表面粗糙度值位于自由锻与模锻之间。但胎模寿命较低，工人劳动强度大。适合于中、小批量生产，尤其在没有模锻设备的中小型工厂得到广泛应用。

表 2-11　自由锻锤无飞边胎模锻造能力

锻锤吨位/t	锻件最大直径/mm
0.25	80～100
0.4	130～150
0.56	155～165
0.75	175～185
1.0	200～210

自由锻锤进行无飞边胎模锻的设备吨位按表 2-11 选择。

表 2-12 为阀体的胎模锻造工艺卡。坯料先镦粗，然后放入胎模中焖形及冲孔。

三、其它设备上模锻

锤上模锻具有工艺适应性广的特点，目前仍被广泛采用。但由于锻造时震动大、噪声高、蒸汽效率低、能源消耗多、劳动条件差等缺点的存在，近年来，大吨位模锻锤有被压力机取代的趋势。用于模锻的压力机有曲柄压力机、摩擦螺旋压力机、平锻机等。

表 2-12　阀体胎模锻造工艺卡

锻件名称：阀体 坯料重量：58kg 锻造设备：3t 自由锻锤			锻件图：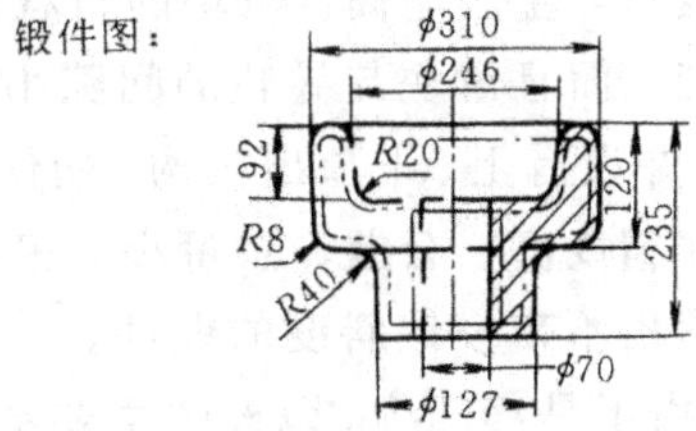		
序号	工序说明	工艺简图	序号	工序说明	工艺简图
1	下料加热预镦粗及去氧化皮	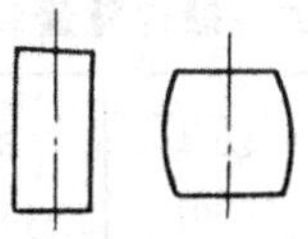	4	用球面压凹坑	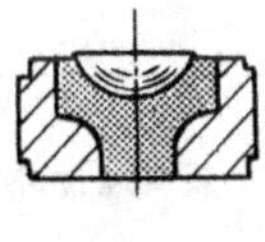
2	开式套模中镦粗	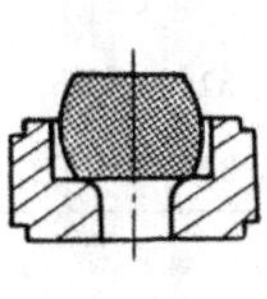	5	用反挤法使中部凹孔成形	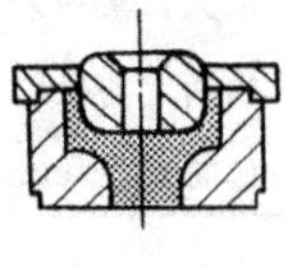
3	用垫铁镦平顶部	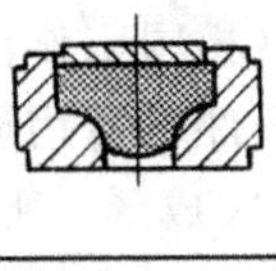	6	翻转冲孔	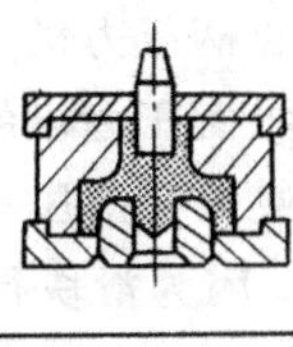

（一）曲柄压力机上模锻

采用曲柄连杆作为工作机构的压力机称为曲柄压力机。图 2-46 是曲柄压力机传动系统图。电动机通过带轮和齿轮副的传动，带动曲柄转动，从而使滑块沿导轨作上下往复运动。锻模的上、下模分别安装在滑块下端和工作台上。工作台安装在楔形垫块的斜面上，可对锻模封闭空间的高度作少量调节。滑块和工作台内分别装有上顶杆（图中未画）和下顶杆，供顶出锻件用。曲柄滑块机构的运动靠摩擦离合器的作用，而停止则由制动器控制。

曲柄压力机的吨位是用滑块运行到接近下死点时所产生的最大压力来表示，一般为2MN～120MN（原200t～12000t）。国产热模锻曲柄压力机的吨位及能锻制锻件的重量和尺寸见表 2-13。

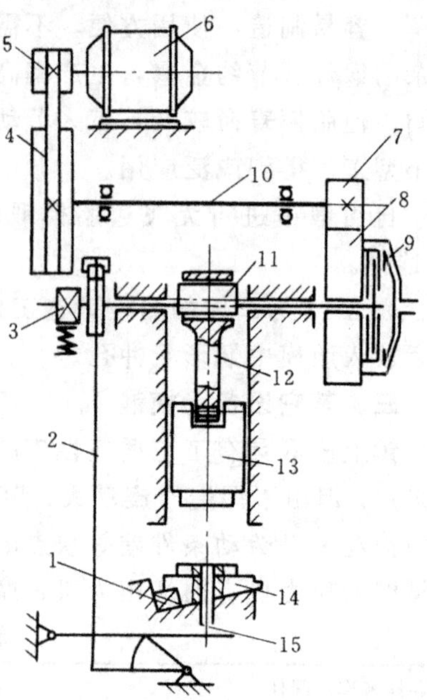

图 2-46　曲柄压力机传动系统图
1—斜楔　2—下顶出机构　3—制动器　4—大带轮　5—小带轮　6—电动机　7—小齿轮　8—大齿轮（飞轮）　9—摩擦离合器　10—传动轴　11—曲柄　12—连杆　13—滑块　14—楔形工作台　15—下顶杆

曲柄压力机模锻的主要优点是：

1）曲柄压力机结构刚度大，作用到锻件上的不是冲击力而是静压力，因此无震动、噪声小。金属在模膛中流动缓慢，有利于锻件的再结晶和提高力学性能。尤其对于变形速度敏感的低塑性材料成形有利。

2）曲柄压力机在滑块的一次行程中即可完成一个工步的变形，生产率高。滑块的行程决定于曲柄的尺寸固定不变；而且滑块与导轨的间隙小，装配精度高，导向准确，并设有上、下顶出机构，能使锻件自动脱模。故锻件尺寸精度高，公差、余量小，模锻斜度小，特殊情况下可锻出不带模锻斜度的锻件。

3）由于是静压力，锻模的主要部件上、下模可设计成镶块式的，用螺栓和压板固定在上、下模板上，导柱用来保证上下模间的运动精度，上、下顶杆的端面形成模膛的一部分。这种组合模具制造简单，易于更换，见图 2-47。

表 2-13　热模锻曲柄压力机的吨位、锻件重量和尺寸

设备吨位/MN（t）	10 (1000)	16 (1600)	20 (2000)	31.5 (3150)	40 (4000)	80 (8000)
锻件最大重量/kg	2.5	4.0	7.0	18	30	80
在分模面上的投影面积/cm^2	150	240	310	570	800	1810
能锻齿轮直径/mm	130	175	200	270	320	480

曲柄压力机上的模锻件见图 2-48。

曲柄压力机的主要缺点是：结构复杂，造价高（相同工作能力模锻锤的 3～4 倍）。不能完成拔长、滚压等工步，生产横截面较大的长轴类锻件时需用周期变截面轧制坯料或以辊锻制坯。因为滑块行程一定，不论在什么模膛中都是一次成形，所以锻造前要认真清除氧化皮，以免影响锻件质量和模膛磨损。形状较复杂的锻件终锻前常采用预成形或预锻工步，以使坯料变形逐步进行，齿轮坯的曲柄压力机变形工步见图 2-49。

曲柄压力机模锻适于大批量生产，目前我国只有大中型工厂才有条件采用。

（二）摩擦螺旋压力机上模锻

摩擦螺旋压力机一般叫摩擦压力机，由电动机带动左右两个摩擦轮旋转，通过摩擦力使飞轮和主螺杆旋转，带动滑块上下进行打击。

摩擦压力机的传动系统见图 2-50。当利用操纵手柄使摩擦轮向左或右移动时，两个摩擦轮之一就与飞轮贴合摩擦，带动螺杆旋转。而随两个摩擦轮带动飞轮转向的不同，使螺杆下端的滑块向下或向上运动，从而锻压工件。上模安装在滑块下端，下模固定在工作台上，工作台上装有顶出机构（图中未画），用以顶出锻件。

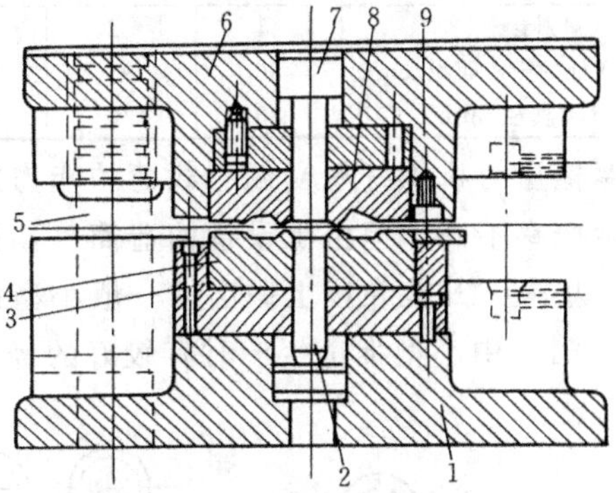

图 2-47　曲柄压力机用的锻模
1—下模板　2—下顶杆　3—螺栓　4—下模　5—导柱　6—上模板　7—上顶杆　8—上模　9—压板

摩擦压力机靠滑块上固定的锻模冲击力使坯料变形，其特点是无固定行程，打击速度低，超负荷不敏感，行程次数少，每分钟一般打击 3～4 次，对锻造塑性较差的铜合金等较为有利。

摩擦压力机的吨位一般为 0.8MN～3.5MN（原 80t～350t），其锻造能力见表 2-14。

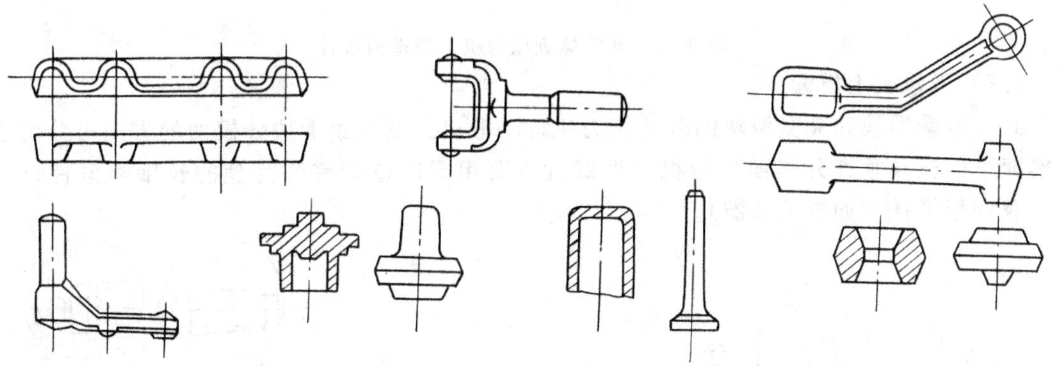
图 2-48　曲柄压力机上的模锻件

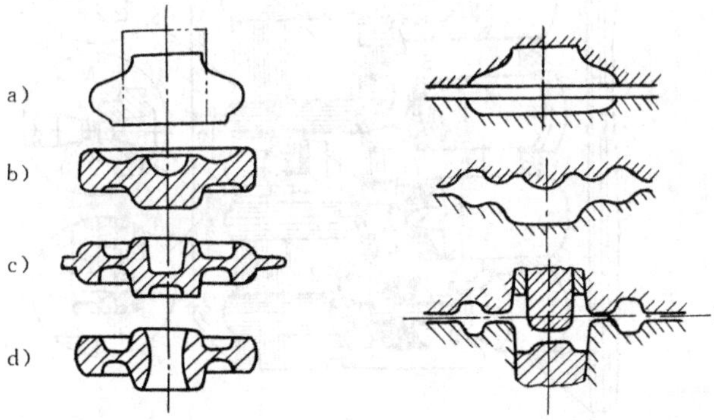

图 2-49　曲柄压力机上模锻齿轮
a）镦粗　b）预锻　c）终锻　d）切除飞边和连皮后的锻件
Ⅰ—制坯模膛　Ⅱ—预锻模膛　Ⅲ—终锻模膛

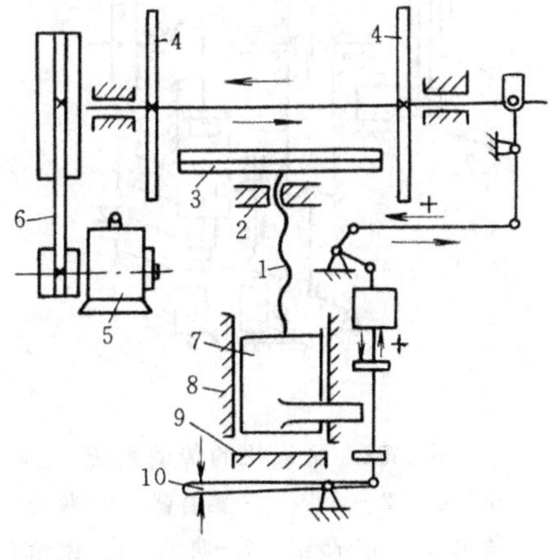

图 2-50　摩擦螺旋压力机传动系统
1—螺杆　2—螺母　3—飞轮　4—两个摩擦轮　5—电动机　6—V 带　7—滑块　8—导轨　9—工作台　10—操纵手柄

表 2-14　摩擦螺旋压力机的吨位、锻件重量和尺寸

设备吨位/MN（t）	1.6 (160)	3 (300)	4 (400)	5 (500)	6.3 (630)	8 (800)	10 (1000)	12.5 (1250)
锻件重量/kg	1	2	3	—	12	—	17	—
分模面处的投影面积/cm^2	50	95	250	—	490	—	960	—
能锻齿轮直径/mm	80	170	180	—	250	—	350	—

摩擦压力机螺杆承受偏心载荷的能力差，一般用单模膛模锻，制坯工步在其它设备上进行，生产率不高。但由于设备构造简单，投资少，工艺适应性较广（冷热校正、精压、冷冲压、切边等），凡能在锤上锻出的一般小型锻件，包括各种轴类和饼块类锻件，大都可以锻造，见图 2-51。中小型批量生产时有较好的经济效果。

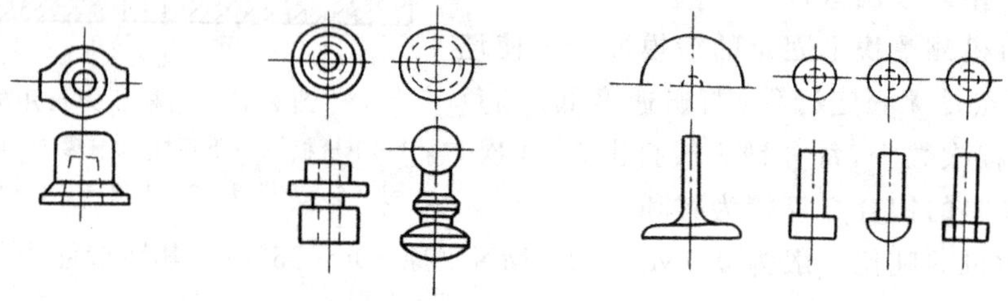

图 2-51　摩擦螺旋压力机上锻造的锻件

（三）平锻机上模锻

具有镦锻滑块和夹紧滑块的卧式压力机称平锻机。按夹紧滑块分模面的方向可分为水平分模面平锻机和垂直分模面平锻机。平锻机主要用于锻造带有法兰盘的长轴类锻件（如半轴）及环形锻件（如轴承套圈）。

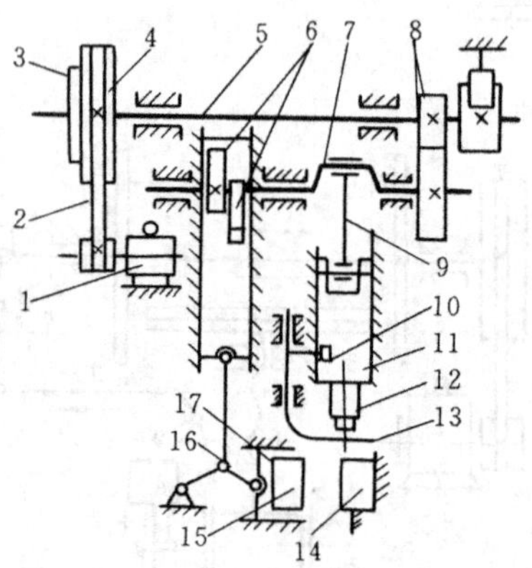

图 2-52　平锻机的传动系统

1—电动机　2—V 带　3—离合器　4—带轮　5—传动轴　6—凸轮　7—曲轴　8—齿轮　9—连杆　10—小凸轮　11—主滑块　12—凸模　13—挡料板　14—固定凹模　15—活动凹模　16—杠杆　17—副滑块

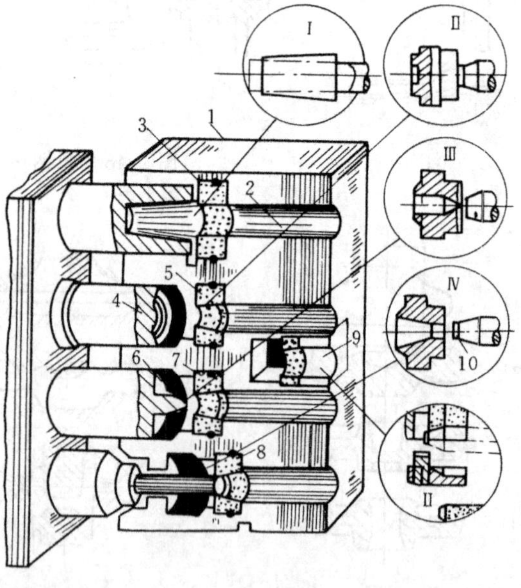

图 2-53　平锻机锻模结构及模膛分布

1—固定凹模　2—凹模的夹紧模槽（上下共四个）　3、5、7、8、9—镶块　4—聚料凸模、预成形凸模　6—成形及冲孔凸模　10—穿孔余料

Ⅰ—聚料工步　Ⅱ—预成形工步　Ⅲ—成形工步　Ⅳ—冲孔及穿孔

平锻机的传动系统见图 2-52。平锻机的主滑块和曲柄压力机不同，为水平直线运动。锻模由固定凹模、活动凹模和凸模三部分组成，具有两个互相垂直的分模面。当活动凹模与固定凹模合模时，即夹紧坯料，主滑块端部和凸模进行锻压。

图 2-53 给出坯料需经几个模膛的成形过程。主滑块从上到下装有几个不同形状的凸模，分别为聚料、预成形、成形及冲孔凸模，锻压时分别完成各自的工序。合模时活动凹模对固定凹模产生很大压力，故常采用镶块卡细或切断坯料。如图中 3、5、7、8 为卡细坯料用的镶块，使锻件在穿孔时与棒料分离，镶块 9 是用于切除穿孔余料 10 的。

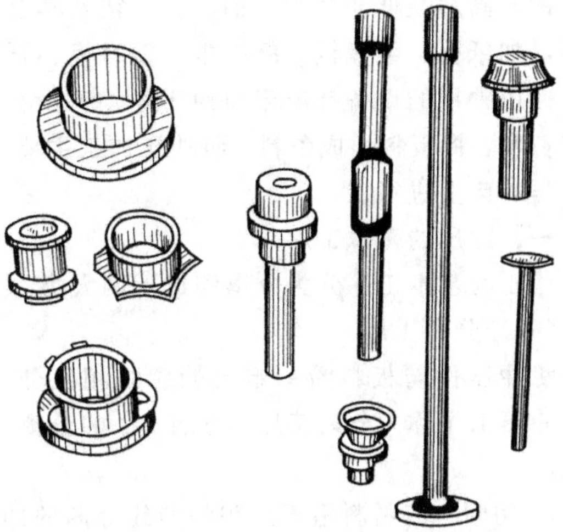

图 2-54　平锻机上锻造的锻件

平锻机锻造具有下列特点：

1）由于平锻机具有互相垂直的两个分模面，可以锻制侧面带有凸台或凹槽的锻件。

2）通常只是对坯料的一部分进行锻造，故适于锻造有头的杆件、管件和法兰类锻件等，见图 2-54。

3）锻件外壁不需斜度，带孔件不留连皮，无飞边或飞边很小，材料利用率高，易于实现机械化操作。国产平锻机带有棒料自动送进装置。

4）锻件尺寸精度高，表面粗糙度值低，生产率高，每小时可以生产 400～900 件。

缺点是平锻机本身造价高，只适于成批大量生产。而且不能进行拔长，对于非回转体及中心不对称锻件难于锻造，其通用性不如锤上模锻。

平锻机的吨位以主滑块的最大压力表示，一般为 0.5MN～31.5MN（原 50t～3150t）。可加工直径为 25mm～230mm 的棒料。国产平锻机吨位及能锻造的锻件重量和尺寸见表 2-15。

表 2-15　平锻机吨位、锻件尺寸及重量

设备吨位/MN（t）	5 (500)	8 (800)	12.5 (1250)	20 (2000)
能锻最大锻件直径/mm	110	140	190	245
能锻最大棒料直径/mm	75	100	150	175
锻件平均重量/kg	2	4	10	20

第四节　冲　　压

使板料经分离或成形而得到制件的工艺统称为冲压。冲压通常在常温下进行，故称冷冲压。冲压常用的金属板料厚度在 8mm 以下，只有当板料厚度超过 8mm 时才采用热冲压。

冲压生产的特点是：产品有较高的精度和较低的表面粗糙度值，互换性好，一般无需再进行切削加工；冷变形强化作用显著，零件的重量轻、强度和刚度较高；能生产较复杂形状的平板类和中空类零件，工艺过程便于机械化、自动化，生产效率高、废品率低、成本低。但由于冲模结构复杂，模具材料及制作成本高，只有大批量生产时才能充分显示其优越性。广泛应用于汽车、飞机、农业机械、仪表电器、轻工和日用品等工业部门。

冲压所用的原材料要求在常温下具有良好的塑性和较低的变形抗力。常用的金属材料有低碳钢，高塑性低合金钢，铜、铝、镁及其合金等的金属板料、带料等。还可以加工非金属板料，如纸板、绝缘板、纤维板、塑料板、石棉板、硬橡胶板等。

冲压常用的设备有剪床和冲床等。剪床为冲床备料，将板料切成条料；而冲压加工主要在各类冲床上进行。

一、冲压的基本工序

冲压的基本工序分为分离和成形两大类。

（一）分离工序

使冲压件与板料沿一定的轮廓线相互分离的冲压工序称为分离工序。见表 2-1 的分离加工。

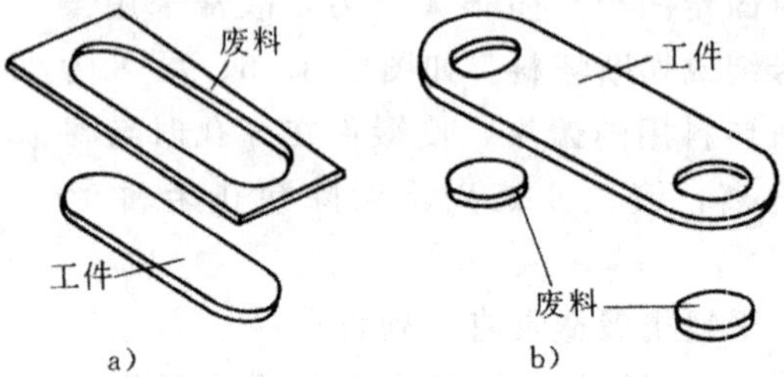

图 2-55　落料与冲孔示意图

a）落料　b）冲孔

1. 切断　将材料沿不封闭的曲线分离的冲压方法称为切断。主要用于将板料切成具有一定宽度的条料，为成形工序的备料工序。

2. 冲裁　利用冲模将板料以封闭的轮廓与坯料分离的冲压方法称为冲裁。冲裁是落料和冲孔的总称。这两个工序的模具结构和板料变形过程是相同的，只是作用不同。落料时，冲下的部分为工件，带孔的周边为废料，而冲孔则相反，见图 2-55。

（1）冲裁过程分析　图 2-56 为金属冲裁过程。当凸模（冲头）接触板料向下运动时，金属板料首先产生弹性变形，进而进入塑性变形阶段，一部分坯料相对另一部分坯料产生错移的同时亦产生冷变形强化现象。随着凸模进入凹模深度的增加，冷变形强化加剧，凸模、凹模刃口附近的坯料产生应力集中出现微裂纹并迅速向内层扩展，直至裂纹会合板料被切断。

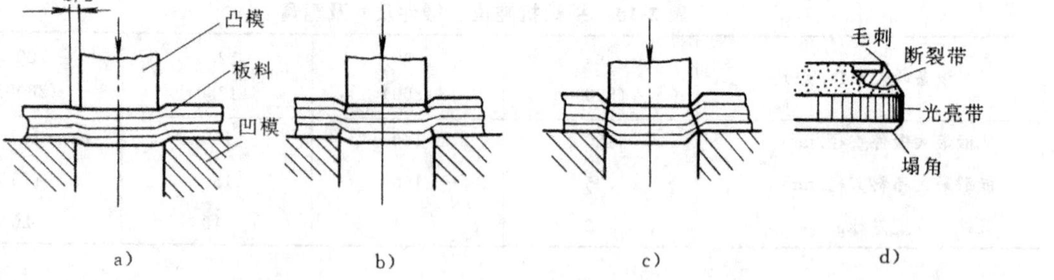

图 2-56　金属板料的冲裁过程

a）弹性变形　b）塑性变形　c）分离　d）落下部分的放大图

由于冲裁变形的特点，不仅使冲出的工件带有毛刺，而且还使其断面具有三个特征区，即塌角、光亮带和断裂带，见图 2-56d。塌角是由于坯料被弯曲拉伸断裂时形成的，软材料比硬材料的塌角大；光亮带是塑性切应变过程中，材料的一部分相对另一部分的移动时，凸模、凹模的侧压力将坯料压挤而形成的光亮垂直断面，约占坯料厚度的 1/2～1/3；断裂带是由刃口处的微裂纹在拉应力作用下不断扩展而形成的撕裂面，使冲裁件的断面粗糙且带有斜度。此三个特征带和毛刺在断口断面上所占的比例不是固定不变的，随材料的力学性能、凸凹模间隙和模具结构等的不同而变化。

（2）冲裁间隙　凹模和凸模工作部分水平投影尺寸之差称为冲裁间隙。冲裁间隙对冲裁件质量、冲裁力大小、模具寿命等的影响很大。间隙合适，上下裂纹重合，冲裁件断口表面平整、毛刺小，且冲裁力小；间隙过小，上下裂纹不重合，上下裂纹中间将产生二次剪切在断口中部留下撕裂面，出现第二个光亮带，端面出现被挤长的毛刺，而且模具刃口很快磨损钝化，降低模具寿命；若间隙过大，材料的弯曲拉伸变形增大，裂纹在距刃口稍远的侧面上产生，上下不重合，致使断口光亮带窄，塌角和断裂带斜度都增大，毛刺大而厚，难以去除。

合理的间隙值 z 可按下述经验公式计算

$$z = K \cdot \delta$$

式中　δ——材料厚度（mm）；

K——与材料性质及厚度有关的因数，实用中低碳钢、铝合金、铜合金 K 取 0.06～0.1；高碳钢 K 取 0.08～0.12；当 $\delta > 3$mm 时，K 可适当加大。

（3）凸模、凹模刃口尺寸的确定　设计冲模时应使：落料时凹模刃口尺寸等于落料件尺寸，凸模尺寸为凹模尺寸减去 z；冲孔时凸模尺寸等于孔的尺寸，凹模尺寸为凸模尺寸加 z。

工作过程中冲模必然有磨损。为了保证零件的尺寸要求，提高模具使用寿命，落料时应取凹模刃口尺寸靠近公差范围的最小尺寸；而冲孔时应取凸模刃口尺寸靠近孔的公差范围的最大尺寸。

（4）冲裁力计算　冲裁力是选用冲床吨位和检验模具强度的重要依据。平刃冲模的冲裁力按下式计算

$$F = KL\delta\tau \times 10^{-3}$$

式中　F——冲裁力（kN）；

L——冲裁件周边长度（mm）；

δ——坯料厚度（mm）；

τ——材料的抗剪强度（MPa）；

K——因数，与模具间隙、刃口钝化、板料的力学性能、厚度等的波动有关，一般取 1.3。

为了便于估算，根据经验一般取抗剪强度 τ 等于该材料抗拉强度 σ_b 的 80%，即 $1.3\tau \approx \sigma_b$，所以上式可简化为

$$F \approx L\delta\sigma_b \times 10^{-3}$$

（5）整修　利用整修模沿冲裁件的外缘或内孔刮去一层薄薄的切屑，以提高冲裁件的加工精度和降低剪断面表面粗糙度值的冲压方法称为整修，见图 2-57。整修后的冲裁件，精度可达公差等级 IT7～IT6，表面粗糙度值可达 $R_a0.8\mu m \sim R_a1.6\mu m$。

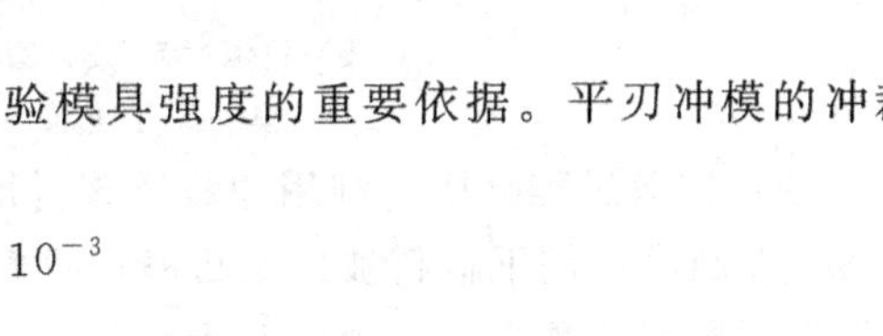

图 2-57　整修
a）外缘整修　b）内孔整修

3. 精密冲裁　用压边圈使板料冲裁区处于静液压作用下，抑制剪裂纹的发生，实现塑性变形分离的冲裁方法称为精密冲裁。目前大中型工厂使用的冲裁模多数设计出压边圈。

4. 切口　将材料沿不封闭的曲线部分地分离开，其分离部分的材料发生弯曲，此种冲压方法称

为切口。

（二）成形工序

除分离工序外，使坯料塑性变形，获得所需形状尺寸的制件的冲压工序称为成形工序。见表 2-1 的板材及管材成形。

1. 拉深（拉延） 变形区在一拉一压的应力状态作用下，使板料（浅的空心坯）成形为空心件（深的空心件）而厚度基本不变的加工方法称为拉深，也叫拉延，见图 2-58。

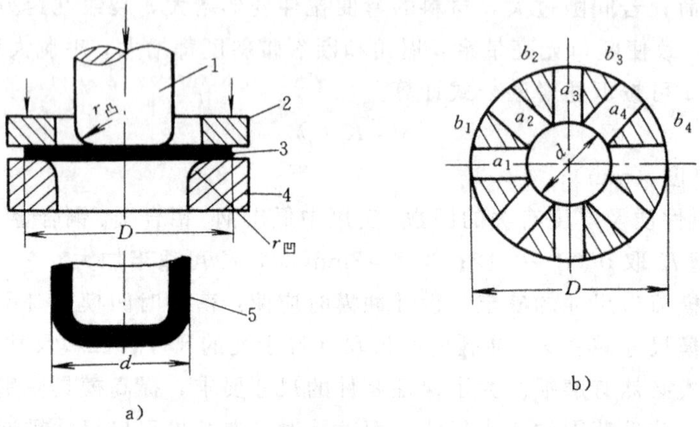

图 2-58 拉深

a）拉深过程 b）圆板坯料制成筒形件时材料的转移

1—凸模 2—压边圈 3—板料 4—凹模 5—空心零件

（1）拉深过程分析 利用冲裁模落料得到直径为 D 的平板毛坯放在拉深模的凹模上，见图 2-58a，在凸模作用下板料被拉入凸模和凹模的间隙中，形成空心零件。在拉深变形时，在凸模圆角附近材料变薄最严重的地方称为危险断面。拉深件底部一般不变薄，只起传递拉力的作用。零件直壁由坯料外径 D 减去内径 d 的环形区金属所形成，见图 2-58b，图中三角阴影部分 b_1、b_2……的金属产生塑性流动被转移到 a_1、a_2……的狭条部分，使所得的零件高度大于 $\frac{1}{2}(D-d)$。

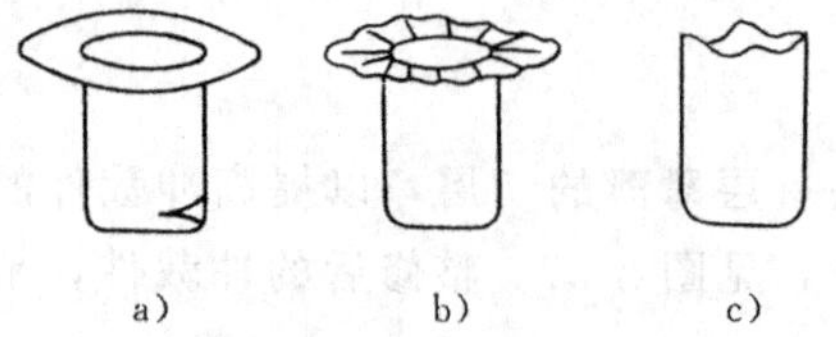

图 2-59 拉深件废品及形状不良

a）破裂 b）起皱 c）凸耳

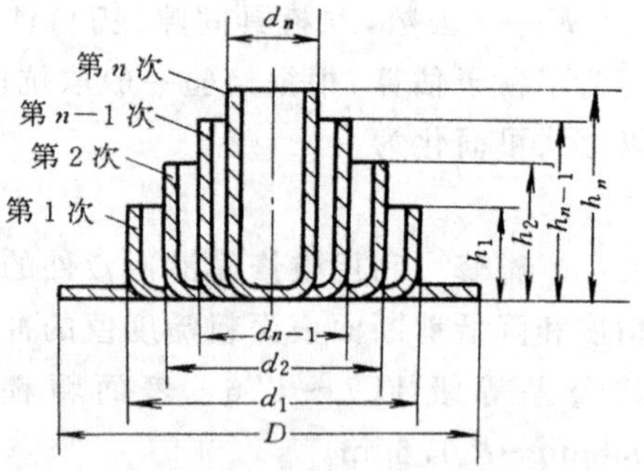

图 2-60 n 次拉深时圆筒直径和高度的变化

（2）拉深件废品及形状不良 从拉深过程分析可以看出，在环形区金属中三角阴影部分向狭条部分塑性转移过程中，当危险断面的应力超过 σ_b 时，则会产生破裂；当拉深变形区的毛坯相对厚度较小时，在切向应力作用下，引起毛坯失稳而形成折皱的现象称为起皱；在板平面内具有各向异性的坯料，拉深成形的制件边沿凸凹不齐，突出部分称为凸耳。见图 2-59。

（3）拉深系数 拉深变形后制件的直径与其毛坯直径之比称为拉深系数，用 m 表示，即

$m=d/D$，见图 2-58。保证危险断面不被拉裂的拉深系数的最小值又称为极限拉深系数，用 m_{min}表示，m_{min}与材料性质、相料相对厚度 d/D、和拉深次数等有关，一般 m_{min}取 0.5～0.8。坯料塑性差选上限值，塑性好可选下限值。

受极限拉深系数的限制，所需要的拉深不能一次完成而需要分几次逐步成形，这道次数就称为拉深次数。图 2-60 为 n 次拉深时圆筒直径和高度的变化。

首次后的拉深方法有多种，具有代表性的方法见图 2-61。拉深系数应一次比一次略大。若表面质量要求不高可在各次拉深之间中间再结晶退火，以恢复塑性。

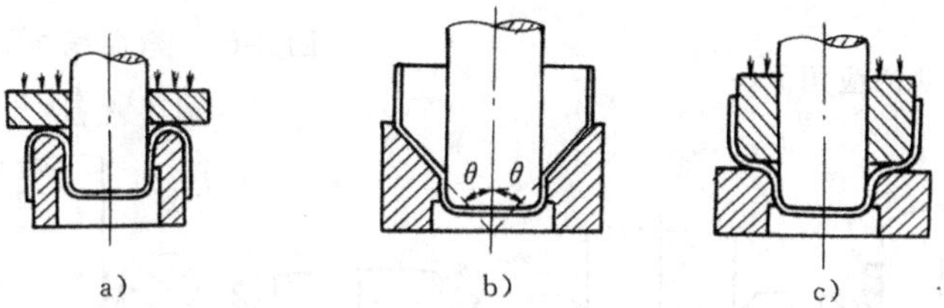

图 2-61 首次后的各次拉深方法

a）反拉深法 b）正拉深法（无压边） c）正拉深法（带压边）

为减少坯料的流动阻力，凸模、凹模的边缘应做成圆角，并具有适当的凸，凹模间隙值。根据板材的种类、厚度、拉深次数的不同，圆角 $r_{凸}$、$r_{凹}$ 和间隙值 z 可查有关手册。另外，为了减少拉深过程中模具的摩擦和磨损，拉深时要涂润滑剂。

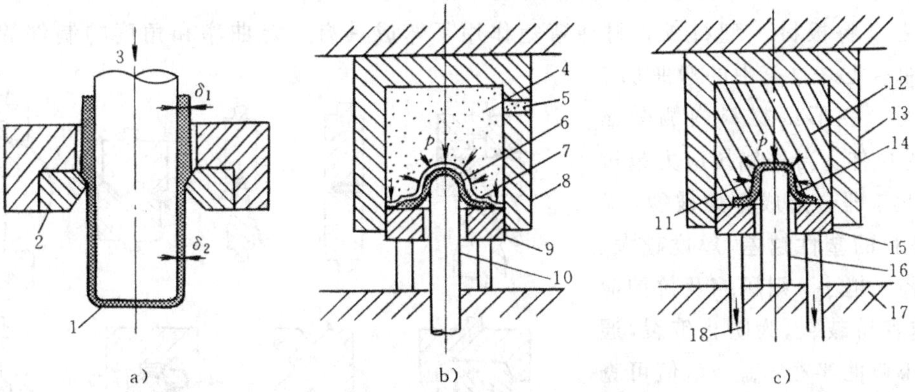

图 2-62 其它拉深方法

a）变薄拉深 b）液压拉深 c）橡皮拉深

1—制品 2—凹模 3、10、16—凸模 4—液体 5—液压调节阀 6、14—变形板材 7—橡皮膜 8、13—外壳体 9、15—压边圈 11—成形圆角半径 12—层状橡皮 17—工作台 18—顶杆

（4）其它拉深方法 除上述用普通拉深模具生产拉深件外，还有如图 2-62 所示的其它拉深方法。a 图为把空心坯用间隙小于壁厚的模具加工成侧壁厚度小于底部厚度的薄壁制品的加工方法称为变薄拉深；b 图是利用液体压力作为拉深凹模（或凸模）进行拉深成形的方法称为液压拉深；c 图是利用橡皮作拉深凹模（或凸模）进行拉深成形的方法称为橡皮拉深。

为了增加进料阻力，调节金属沿变形区周边的径向流动，扩大压边力调节范围等而在压边圈的压料面上装置突出的肋条，在凹模面上开有相应的凹槽，该肋条称为拉深肋，见图 2-63。

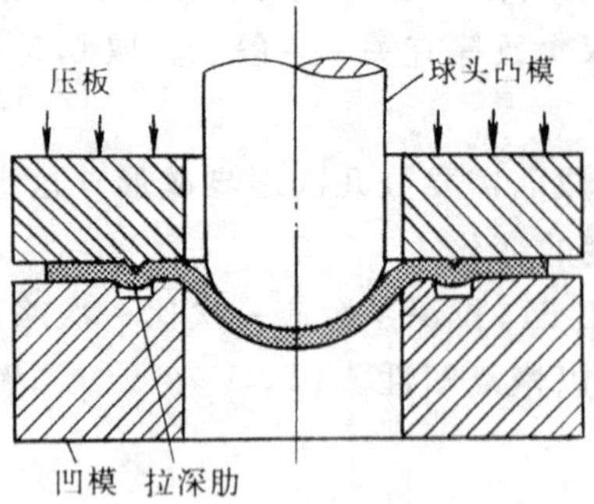

图 2-63 拉深肋的应用

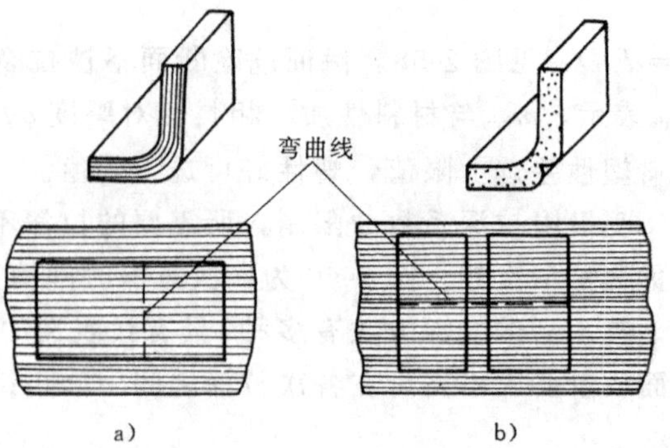

图 2-64 弯曲线与流线方向的关系

a)垂直 b)平行

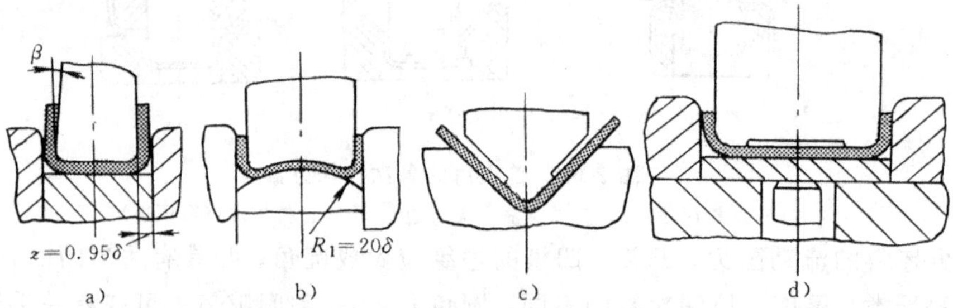

图 2-65 减小回弹的模具结构设计

a）减去回弹角的凸模 b）凹形弧面凸模、凸形弧面凹模 c）强化 V 形工件圆角压力的凸模 d）强化 U 形工件双角压力的凸模

2. 弯曲 将板料、型材或管材在弯矩作用下弯成具有一定曲率和角度的制件的成形方法称为弯曲。见表 2-1 中的弯曲加工。

弯曲时，变形区材料内侧受压缩，外侧受拉伸。当外侧拉应力超过坯料的 σ_b 时，即会造成金属破裂，见图 2-64。坯料的塑性越差、厚度越大、内弯曲半径 r 越小，则压缩及拉伸应力越大，越容易破裂。为防止破裂，通常限定最小弯曲半径 r_{min}，r_{min} 值可查有关手册。此外，弯曲线与坯料流线方向要垂直，否则该处的弯曲半径应比正常的增加二倍；此外，坯料有无表面缺陷、划伤及毛刺等都对弯曲破裂亦有重大影响。

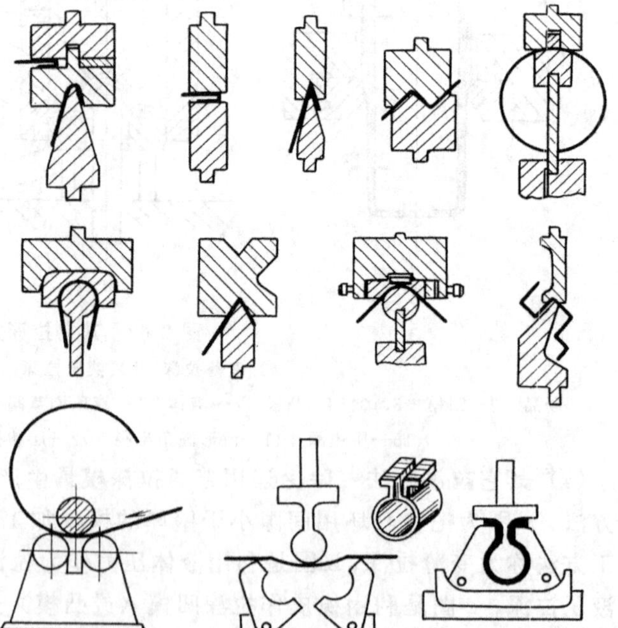

图 2-66 各种弯曲方法实例

塑性弯曲时，材料产生的变形由塑性变形和弹性变形两部分组成。外载荷去除后，塑性变形保留下来，弹性变形消失，使形状和尺寸发生与加载时变形方向相反的变化，从而消去一部分弯曲变形的效果，该现象称为

回弹。用回弹角 $\Delta\alpha$ 来表示。影响回弹角的因素很多，生产中要通过实验确定。设计弯曲模时应使模具的角度比成品件角度小一个回弹角。亦可以通过改革设计模具结构减小回弹，以便在弯曲后得到准确的弯曲角度，见图 2-65。

图 2-66 为各种弯曲方法实例。

3. 其它成形方法　除拉深、弯曲之外，随近代科学技术的发展，许多新型成形方法层出不穷并推广应用。其中有：

(1) 电液成形　利用在液体介质中高压放电时所产生的高能冲击波，使坯料产生塑性变形的成形方法，称为电液成形，见图 2-67。

(2) 爆炸成形　利用炸药爆炸时所产生的高能冲击波，通过不同介质使坯料产生塑性变形的成形方法，称为爆炸成形，见图 2-68。

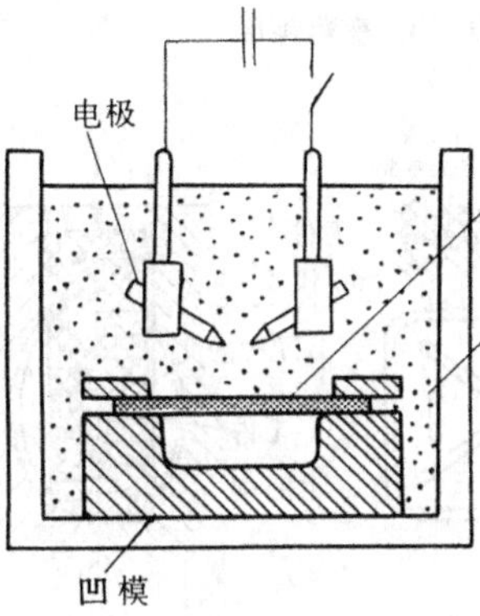

图 2-67　电液成形

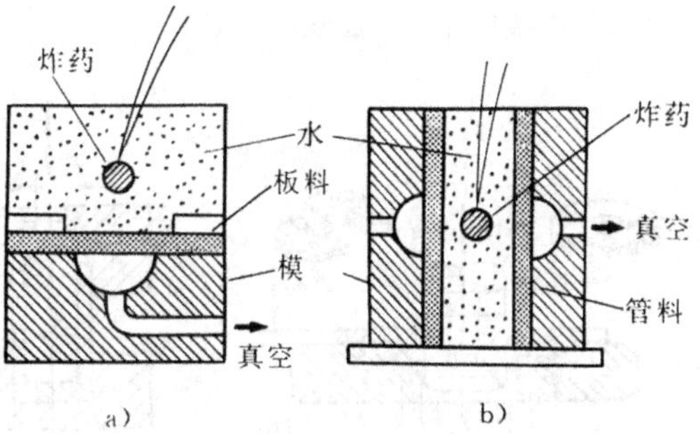

图 2-68　爆炸成形

a) 板材凸肚拉伸　b) 管料胀形

(3) 液压成形　用液体（水或油）作为传压介质，使板料产生塑性变形，按模具形状成形的工艺方法，称为液压成形，见图 2-69。

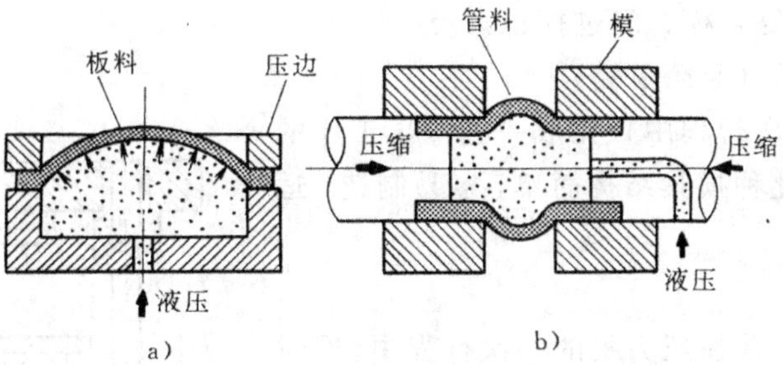

图 2-69　液压成形

a) 板的胀形　b) 管的胀形

(4) 电磁成形　利用电流通过线圈所产生的磁场，在磁力作用下，使坯料产生塑性变形的成形方法，称为电磁成形，见图 2-70。

(5) 旋压　是一种成形金属回转体件的工艺方法。在毛坯随芯模旋转或旋压工具绕毛坯与芯模旋转中，旋压工具与芯模相对进给，从而使毛坯受压并产生连续、逐点地变形。它包括普通旋压和变薄旋压（即强力旋压），见图 2-71。

除上述成形方法外，还有翻边、缩口、压肋、胀形等，见图 2-72。

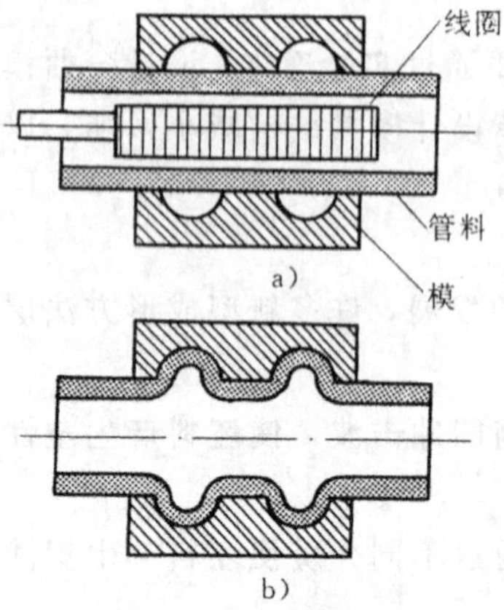

图 2-70 电磁成形

a) 成形前 b) 成形后

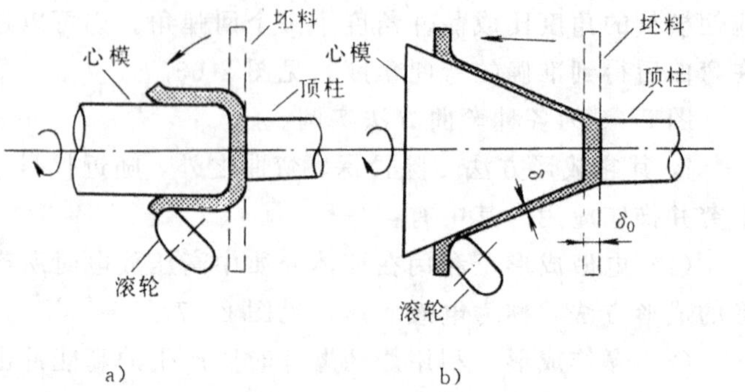

图 2-71 旋压

a) 普通旋压 b) 变薄旋压

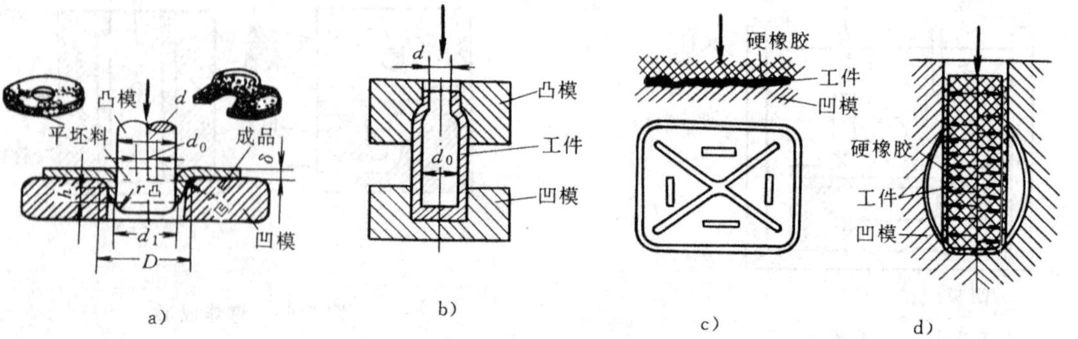

图 2-72 翻边、缩口、压肋、胀形

a) 翻边 b) 缩口 c) 压肋 d) 胀形

二、冲模

冲模是加压将金属或非金属板料或型材分离、成形或接合而得到制件的工艺装备。冲模可分为单工序模、复合模、级进模三大类。

(一) 单工序模（原简单模）

在压力机的一次行程中只完成一道冲压工序的冲模，见图 2-73。此种模具结构简单，容易制造，适用于小批量生产。

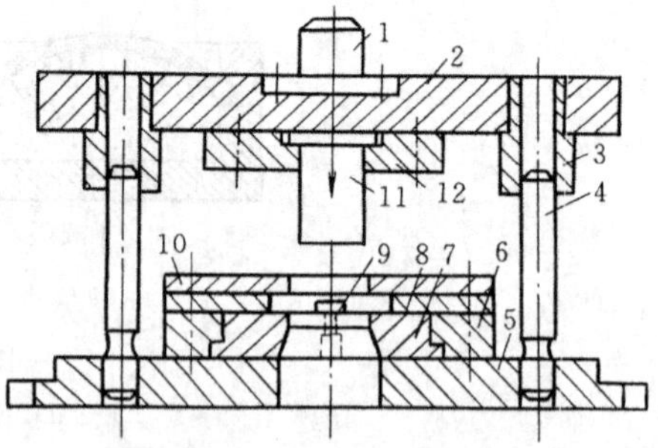

图 2-73 单工序模

1—模柄 2—上模座 3—导套 4—导柱 5—下模座 6—凹模固定板 7—凹模 8—导料板 9—挡料销 10—卸料板 11—凸模 12—凸模固定板

(二) 复合模

只有一个工位，并在压力机的一次行程中，同时完成两道或两道以上的冲压工序的冲模，见图 2-74。这是一个落料和拉深的复合模，其最大特点是模具中有一个凸凹模，它的外圆是落料凸模 2，内孔是拉深凹模 3。此种模具能保证较高的零件精度和生产率。但结构复杂、制造成本高。适于大批量生产中小型零件。

(三) 级进模（原连续模）

在条料的送料方向上，具有两个以上的工位，并在压力机一次行程中，在不同的工位上完成两道或两道以上的冲压工序的冲模，见图 2-75。此种模具生产效率高，易于实现自动化。但要求定位精度高，制造比较麻烦，成本高，适于大批量生产。

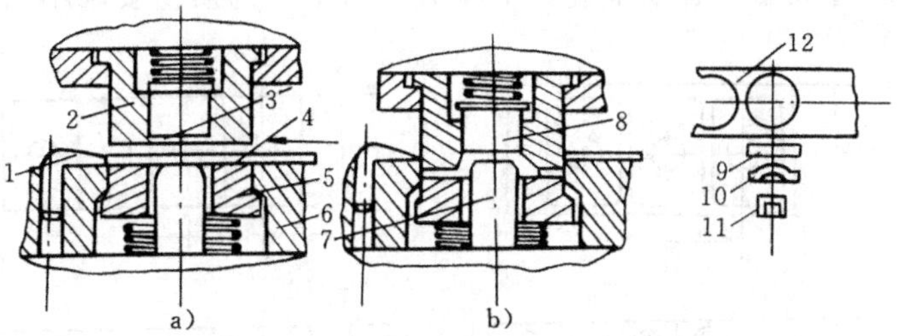

图 2-74　落料及拉深的复合模

a）冲压前　b）冲压时

1—挡料销　2、3—凸凹模（落料凸模、拉深凹模）　4—条料　5—压板（卸料器）　6—落料凹模　7—拉深凸模　8—顶出器　9—落料成品　10—开始拉深件　11—零件（成品）　12—废料

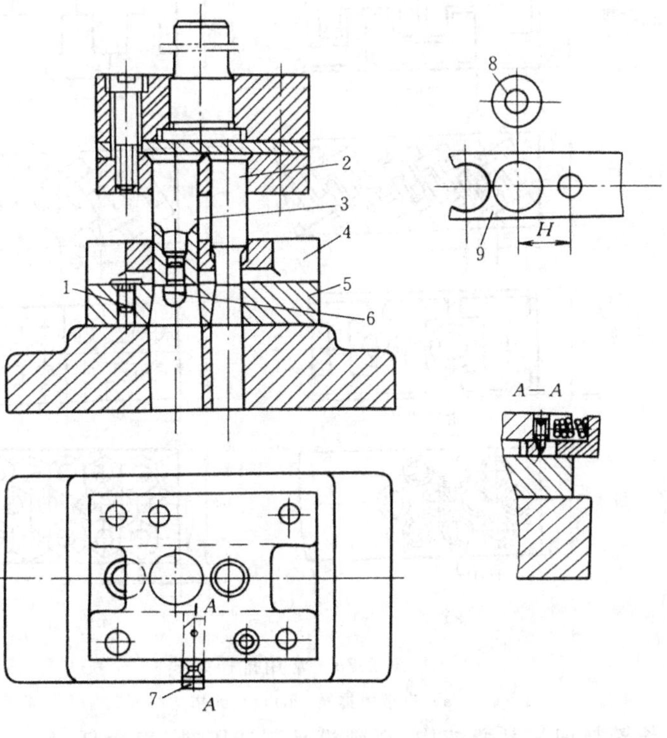

图 2-75　级进模

1—固定挡料销　2—冲孔凸模　3—落料凸模　4—导板（卸料板）　5—凹模　6—导正销　7—临时挡料销　8—工件（垫圈）　9—废料

三、冲压零件结构工艺性

冲压零件设计不仅应满足其使用要求，而且应具有良好的工艺性能。以减少材料消耗、延长模具寿命、保证制品质量、提高生产率和降低成本。

1. 对冲裁件的要求

1）冲裁件的外形应力求简单、对称，尽可能采用圆形、矩形等规则，并使在排样时将废料降低到最小，见图 2-76。

从图 2-76 可以看出，落料件排样有搭边排样和无搭边排样两种类型。有搭边排样的优点是模具受力均匀，落料尺寸准确，毛刺少，质量高，但材料消耗多。无搭边排样的优点是材料利用率高，但落料件尺寸不容易准确，毛刺大，对落料件质量要求不高时采用。

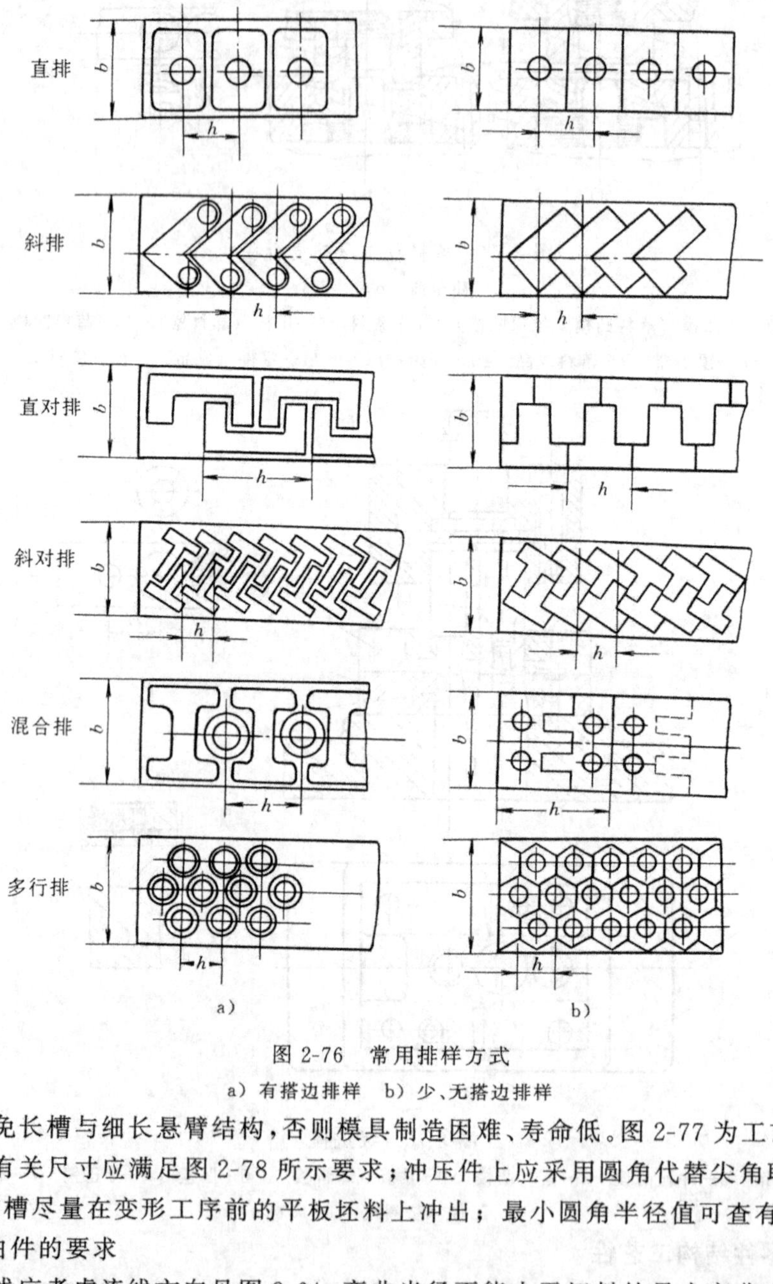

图 2-76　常用排样方式

a）有搭边排样　b）少、无搭边排样

2）应避免长槽与细长悬臂结构，否则模具制造困难、寿命低。图 2-77 为工艺性差的结构。

3）孔与有关尺寸应满足图 2-78 所示要求；冲压件上应采用圆角代替尖角联接，以防应力集中；孔与沟槽尽量在变形工序前的平板坯料上冲出；最小圆角半径值可查有关手册。

2. 对弯曲件的要求

1）弯曲线应考虑流线方向见图 2-64；弯曲半径不能小于坯料的最小弯曲半径；弯曲件的形状应力求对称，非对称件常用成双弯曲、弯曲后再用切削方法切开的办法，见图 2-79。

2）弯曲边尺寸过短不易成形；孔亦不能距弯曲线太近，否则孔形容易改变。其尺寸限制，见图 2-80a。为防止板料在冲压时偏移或窜动，应利用坯料上的已有孔或另加定位孔与模具上的导正销配合定位，见图 2-80b。

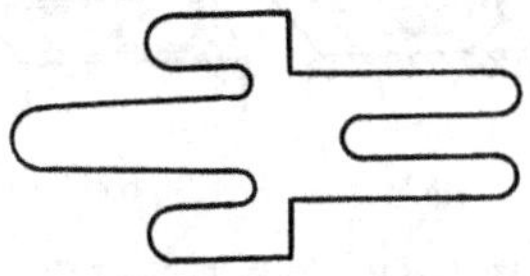

图 2-77 工艺性差的落料件外形

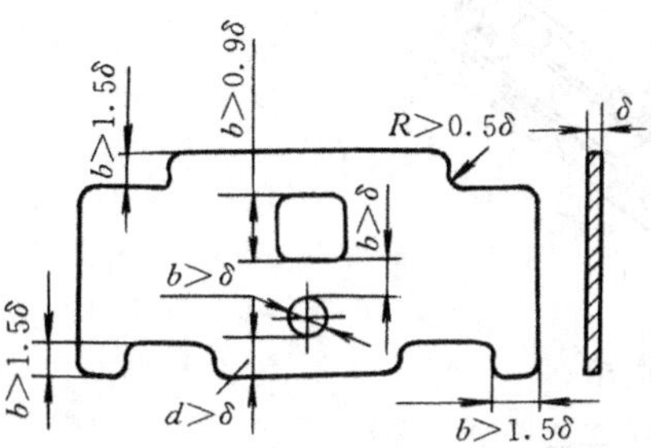

图 2-78 冲裁件的有关尺寸限制

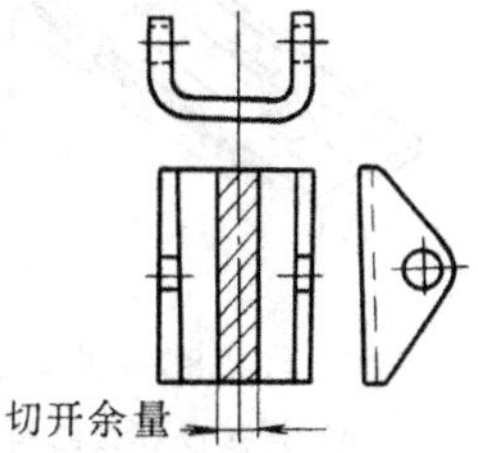

图 2-79 成双弯曲

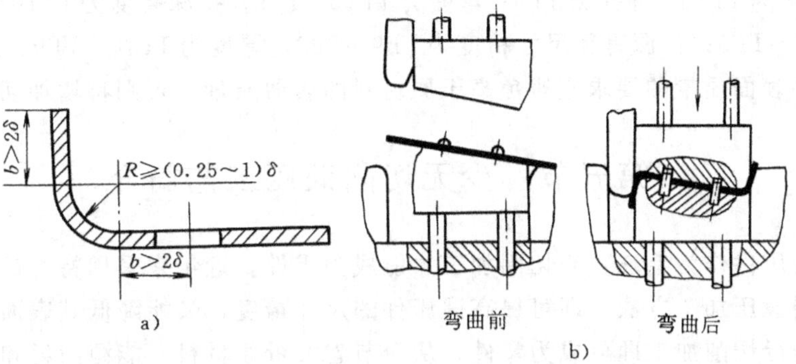

图 2-80 弯曲件的有关尺寸限制和定位

a）弯曲件的有关尺寸限制 b）弯曲件的定位

3. 对拉深件的要求

1）拉深件外形应简单、对称、且不宜太高。以减少拉深次数，并利于模具制造和延长模具寿命。

2）拉深件的最小许可圆角半径按图 2-81 确定。否则容易拉裂，必将增加拉深次数或整形工作，模具数量增多、成本上升。

4. 改进结构可以简化工艺、节省材料

（1）采用冲—焊结构 对形状复杂的冲压件，可首先冲压成若干个简单制件，然后再焊接成整体件，见图 2-82。

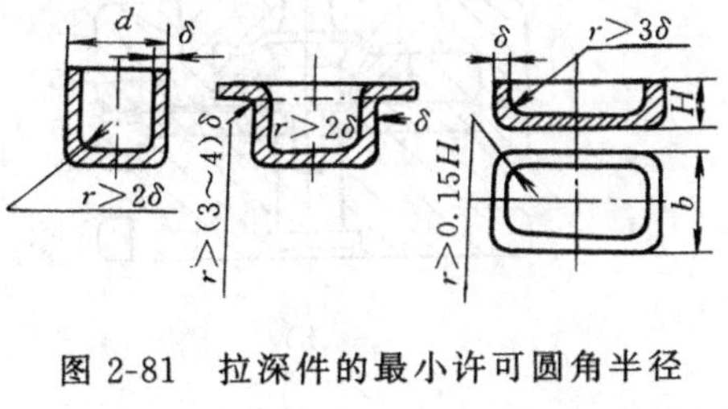

图 2-81 拉深件的最小许可圆角半径

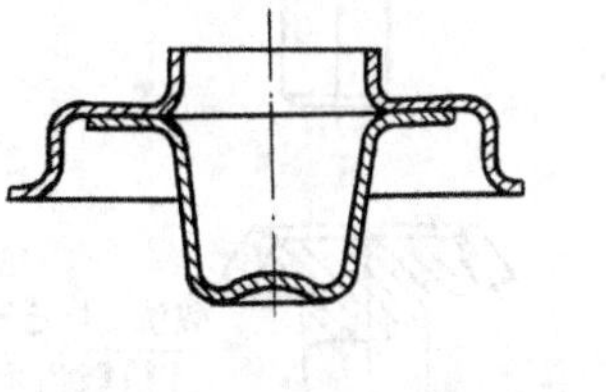

图 2-82 冲—焊结构零件

（2）采用冲口工艺 冲口工艺可代替铆接或焊接结构，以节省材料、简化工艺、降低成本，见图 2-83。

（3）采用加强肋冲压 利用冷变形强化采用加强肋结构以实现薄板代替厚板，见图 2-84。

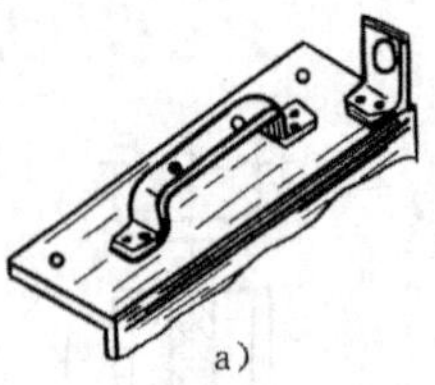

图 2-83　冲口工艺的应用

a）铆接或焊接结构　b）冲口工艺

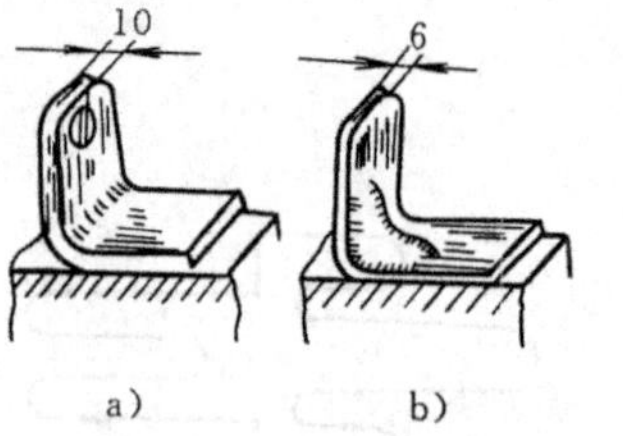

图 2-84　加强肋的应用

a）无加强肋结构　b）有加强肋结构

5. 冲压件的精度要求　对冲压件的精度要求，一般不能超过各冲压工序的经济精度（公差等级）：落料为IT10；冲孔为IT9；弯曲为IT10～IT9；拉深高度为IT10～IT8，经整修工序后可达IT7～IT6；拉深直径尺寸精度为IT9～IT8，厚度为IT10～IT9。

对冲压件表面质量的要求应避免高于原材料的表面质量，否则将增加切削加工等工序。

第五节　少无切削锻压工艺简介

通常，锻压件作为毛坯，经切削加工才能成为零件。近年来采用特种锻造、挤压、轧制等少、无切削锻压加工方法，即可提高锻压件的尺寸精度，又能降低其表面粗糙度值，可以减少或者不进行切削加工即可成为零件，从而节省大量原材料、能源消耗和劳动工时，有利于提高生产率和降低成本。

一、特种锻造

（一）精密模锻

精密模锻一般在刚度大、精度高，如曲柄压力机、摩擦压力机、高速锤或精锻机等模锻设备上进行。模具设计和制造要求精确，采用少、无氧化加热和良好的润滑条件对高质量的坯料进行精锻。锻件公差、余量约为普通锻件的1/3，表面粗糙度值为$R_a3.2\mu m$～$R_a0.8\mu m$，尺寸精度为IT15～IT12公差等级。例如精密模锻锥齿轮，其齿形部分可直接锻出而不必再经切削加工，见图2-85。

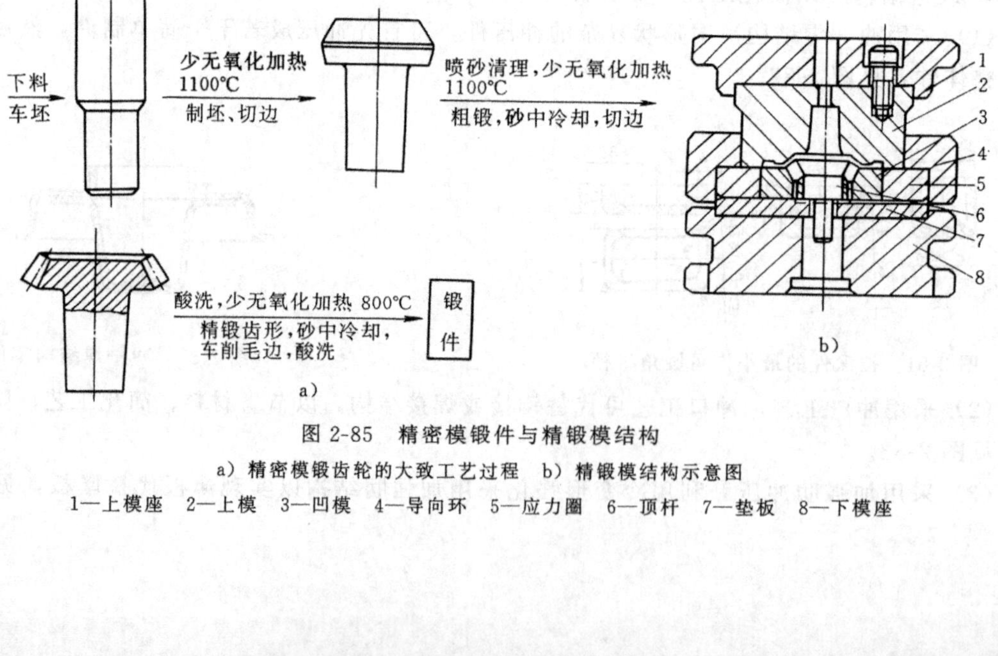

图 2-85　精密模锻件与精锻模结构

a）精密模锻齿轮的大致工艺过程　b）精锻模结构示意图

1—上模座　2—上模　3—凹模　4—导向环　5—应力圈　6—顶杆　7—垫板　8—下模座

精密模锻多用于中小型零件的大批生产。如各类医疗器械、汽车、拖拉机的直齿锥齿轮、飞机操纵杆及发动机涡轮叶片等零件均已采用精密模锻。

（二）高速锤模锻

打击速度为 20m/s 左右的锻锤称为高速锤。多为液压回程，压缩氮气蓄能，利用氮气膨胀时所释放的能量进行打击。因为高速锤为一般模锻锤变形速度（一般模锻锤变形速度为 6m/s～7m/s）的三倍左右，坯料变形时间极短，约为 0.001s～0.002s，因此变形热效应大，金属充满模膛能力强。对形状复杂、高而薄等的锻件、低塑性高强度和难变形的材料均可锻造。一般适用于叶片等锻件。图 2-86 为高速锤结构示意图。

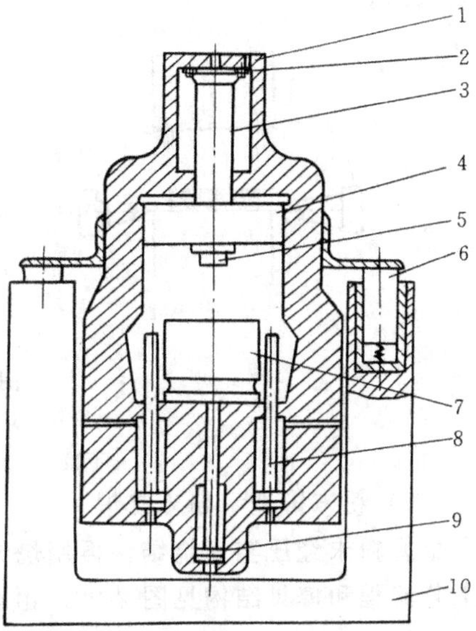

图 2-86 高速锤结构示意图

1—高压缸 2—密封圈 3—锤杆 4—锤头 5—凸模 6—减震器 7—凹模 8—回程缸 9—顶出缸 10—机座

（三）径向锻造（旋转锻造）

对轴向旋转送进的棒料或管料施加径向脉冲打击力，锻成沿轴向具有不同横截面制件或等截面坯料的工艺方法称为径向锻造，见图 2-87。

径向锻造广泛用于机床、汽车、拖拉机、飞机、坦克和其它机械上的实心台阶轴、锥度轴、空心轴和带膛线的枪筒、炮筒及其它内外径有特定形状要求的轴。还可用于各种气瓶、薄壁筒形件的缩口、缩颈等。

（四）摆动辗压

上模的轴线与被辗压工件（放在下模）的轴线倾斜一个角度，模具一面绕轴心旋转，一面对坯料进行压缩（每一瞬时仅压缩坯料横截面的一部分)。这种加工方法称为摆动辗压，见图 2-88。若上模母线是一直线，则辗压的表面为平面；若母线为一曲线，则能辗压出上表面为形状较复杂的曲面锻件。

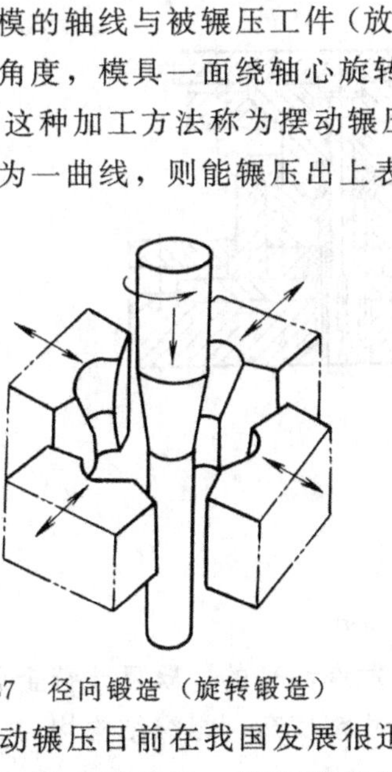

图 2-87 径向锻造（旋转锻造）

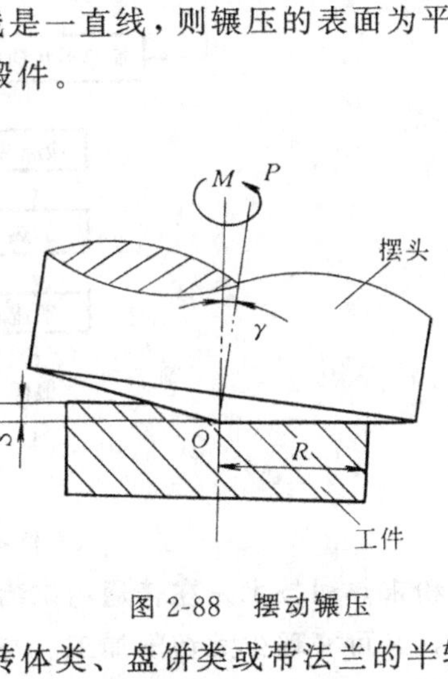

图 2-88 摆动辗压

摆动辗压目前在我国发展很迅速。主要适用于加工回转体类、盘饼类或带法兰的半轴类锻件。如汽车后半轴、扬声器导磁体、止推轴承圈、碟形弹簧、齿轮和铣刀毛坯等。

（五）多向模锻

在多个方向同时进行加载的锻造方法称为多向模锻。它是在具有多个分模面的闭式模膛内进行的。用这种方法模锻阀体等锻件，机械加工量少，流线分布好，见图 2-89。

多向模锻主要采用多向模锻液压机，在普通液压机的基础上增设两个侧向水平工作缸带动水平冲头运动，是 40 年代后期出现的，近年来得到发展和推广。它突破了模锻锤、水压机等模锻的局限性，改变了大型锻件余块大、余量多、公差大等一系列缺点，精化了毛坯、内部质量高。

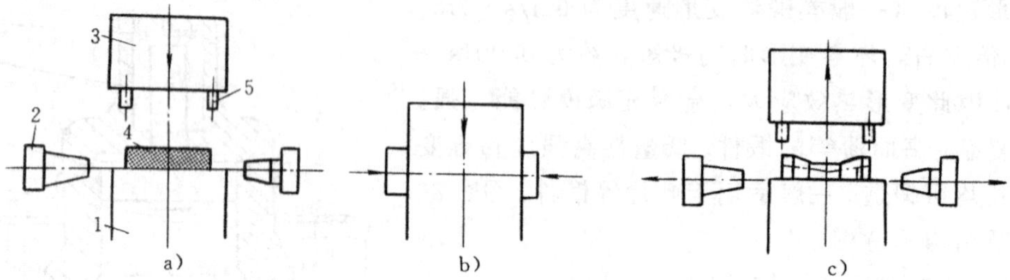

图 2-89 多向模锻过程

a）开始 b）合模 c）锻模分开

1—下模 2—冲头 3—上模 4—毛坯 5—导柱

（六）粉末锻造（粉末热锻）

金属粉末经压实后烧结，再用烧结体作为锻造毛坯的锻造方法称为粉末锻造。粉末锻造的工艺流程和模具结构见图 2-90。由图 a 可知，热锻工艺分两种类型。一类是粉末预成形坯未经预烧结而进行热锻，叫粉末锻造；另一类是粉末预成形坯经过预烧结后进行热锻，叫粉末烧结锻造。

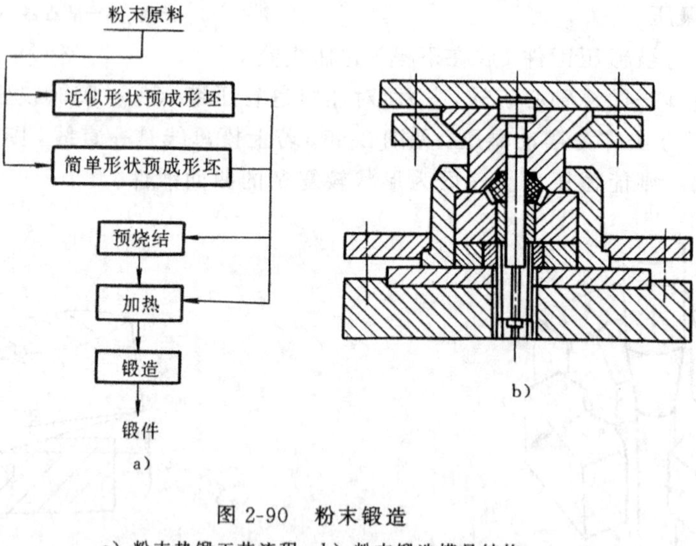

图 2-90 粉末锻造

a）粉末热锻工艺流程 b）粉末锻造模具结构

粉末热锻技术是在普通粉末冶金和精密模锻工艺基础上发展起来的。既可改善金属制件质量，又可实现少无切削加工。与一般锻件相比，其制品尺寸精度高、组织结构均匀、无成分偏析。一般适用于难于锻造成形或难变形的金属或合金。

二、轧制

（一）轧制

金属材料（或非金属材料）在旋转轧辊的压力作用下，产生连续塑性变形，获得要求的截面形状并改变其性能的方法称为轧制。按轧辊的形状、轴线配置等的不同，轧制有多种，如纵轧、斜轧、横轧等，见图 2-91。

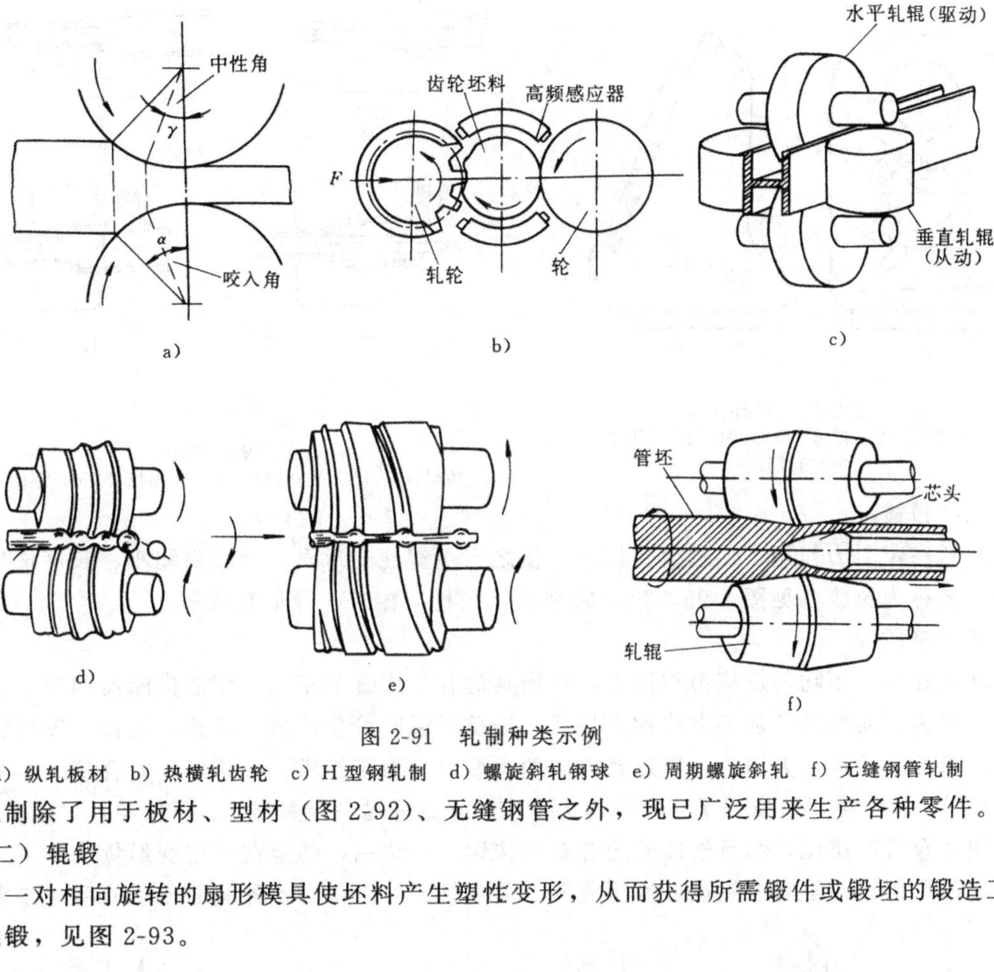

图 2-91 轧制种类示例

a）纵轧板材 b）热横轧齿轮 c）H 型钢轧制 d）螺旋斜轧钢球 e）周期螺旋斜轧 f）无缝钢管轧制

轧制除了用于板材、型材（图 2-92）、无缝钢管之外，现已广泛用来生产各种零件。

（二）辊锻

用一对相向旋转的扇形模具使坯料产生塑性变形，从而获得所需锻件或锻坯的锻造工艺称为辊锻，见图 2-93。

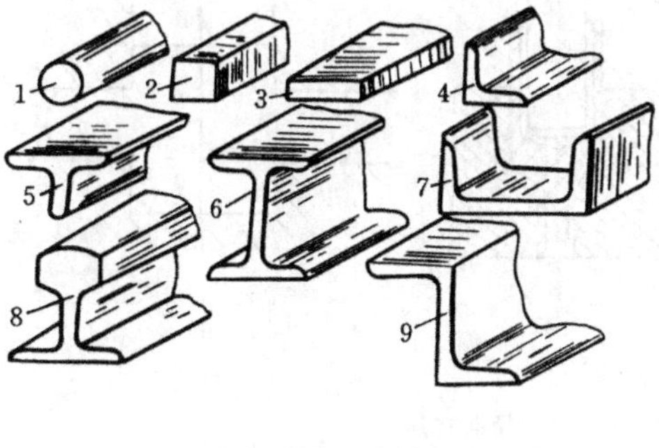

图 2-92 型材

1—圆钢 2—方钢 3—扁钢 4—角钢 5—T 字钢 6—工字钢 7—槽钢 8—钢轨 9—Z 字钢

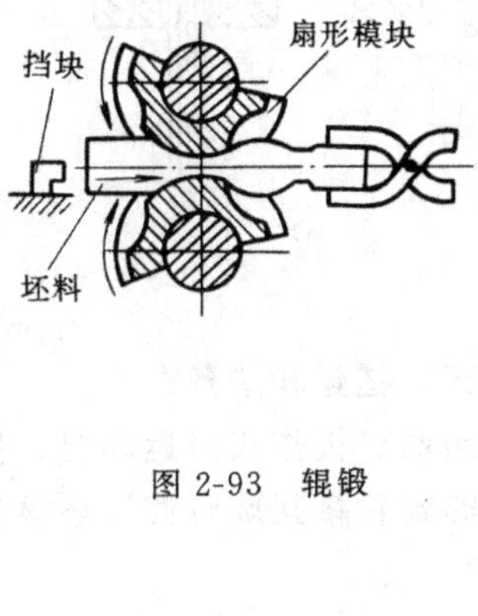

图 2-93 辊锻

（三）辗环

环形毛坯在旋转的轧辊中进行轧制的方法称为辗环，见图 2-94。用这种方法可以生产火车轮箍、轴承座圈、法兰等环形锻件。

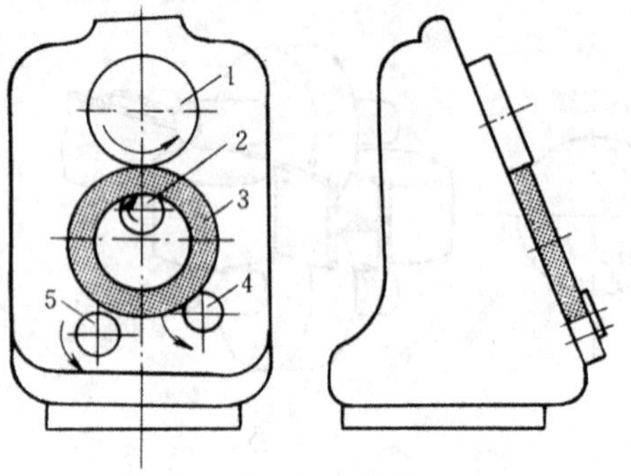

图 2-94 辗环
1—驱动辊 2—芯辊 3—坯料 4—导向辊
5—信号辊

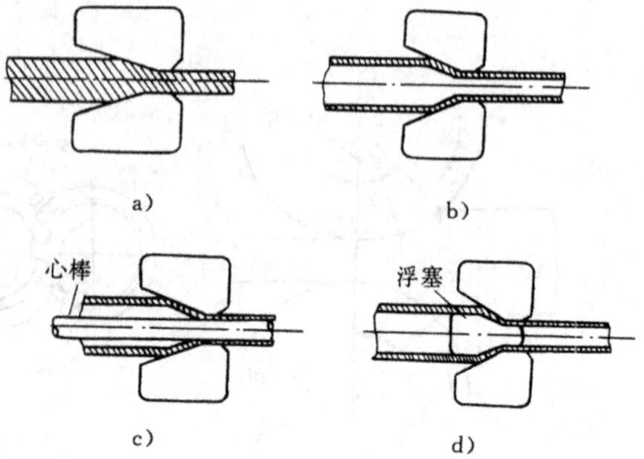

芯

图 2-95 拉拔
a）棒材拉拔 b）管材拉拔 c）心棒拉管 d）浮塞拉管

三、拉拔

坯料在牵引力作用下通过模孔拉出，使之产生塑性变形而得到截面缩小、长度增加的制品的工艺称为拉拔，见图 2-95。拉拔的制品有线材、棒材、异形管材等。

四、挤压

坯料在三向不均匀压应力作用下，从模具的孔口或缝隙挤出，使之横断面积减小、长度增加，成为所需制品的加工方法称为挤压。按挤压温度可分冷挤、温挤、热挤；按坯料从模孔中流出部分的运动方向与凸模运动方向的关系可分为正挤压、反挤压、复合挤压和径向挤压，见图 2-96。由于挤压处于三向压应力状态，可显著提高金属塑性。不仅塑性好的低碳钢，铝、铜合金可以挤压，而且塑性差的合金结构钢、不锈钢，甚至在一定变形量条件下某些高碳钢、轴承钢、以至高速钢也可挤压成形。通过挤压可以得到各种截面形状的型材或零件。

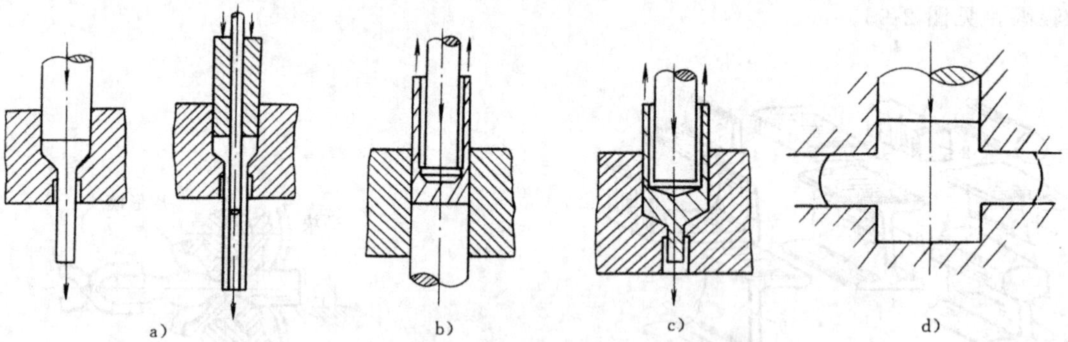

图 2-96 挤压
a）正挤压 b）反挤压 c）复合挤压 d）径向挤压

五、搓丝和滚丝

当两搓板作相对运动时，使其间的坯料轧成螺旋状的沟槽的加工方法，称为搓丝；具有刃口的辊轮藉其旋转使棒坯滚轧成螺旋形的沟槽的加工方法称为滚丝，见图 2-97。

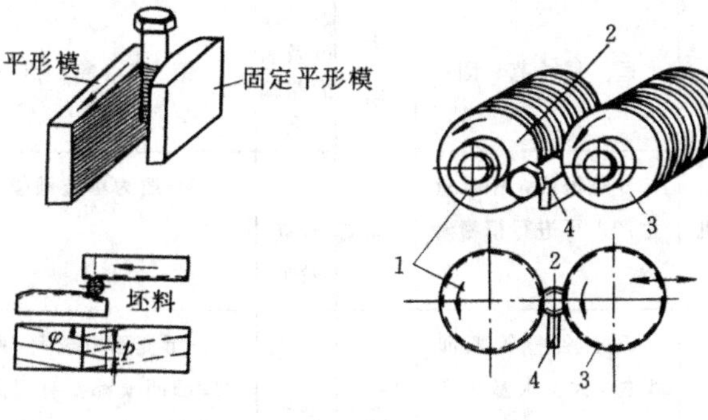

a)　　　　b)

图 2-97　搓丝和滚丝

a) 搓丝　b) 滚丝

1—圆形辊　2—坯料　3—螺纹辊　4—托架

第六节　各种锻压加工方法的比较

每种锻压加工方法均有其不同的工艺特点和适用范围，表 2-16 是各种锻压加工方法的比较。

表 2-16　各种锻压加工方法比较表

加工方法		使用设备	适用范围	生产率	锻件精度及表面粗糙度	模具特点	模具寿命	机械化与自动化	劳动条件	对环境影响
自由锻		空气锤 蒸汽—空气锤 水压机	小型锻件，单件小批生产 中型锻件，单件小批生产 大型锻件，单件小批生产	低	低 高	无模具		难	差	震动和噪声大
胎模锻		空气锤 蒸汽—空气蒸	中小型锻件，中小批量生产	较高	中	模具简单，且不固定在设备上，取换方便	较低	较易	差	震动和噪声大
模锻	锤上模锻	蒸汽—空气锤 无砧座锤	中小型锻件，大批量生产；适合锻造各种类型模锻件	高	中	锻模固定在锤头和砧座上，模膛复杂，造价高	中	较难	差	震动和噪声大
	曲柄压力机上模锻	热模锻 曲柄压力机	中小型锻件，大批量生产；不易进行拔长和滚压工序	很高	高 低	组合模，有导柱导套和顶出装置	较高	易	好	较小
	平锻机上模锻	平锻机	中小型锻件，大批量生产；适合锻造法兰轴和带孔的模锻件	高	较高 较低	三块模组成，有两个分模面，可锻出侧面带凹槽的锻件	较高	较易	较好	较小

（续）

加工方法		使用设备	适用范围	生产率	锻件精度及表面粗糙度	模具特点	模具寿命	机械化与自动化	劳动条件	对环境影响
模锻	摩擦压力机上模锻	摩擦压力机	小型锻件，中批量生产；可进行精密模锻	较高	较高 较低	一般为单膛锻模	中	较易	好	较小
挤压	热挤压	液压挤压机 机械压力机	适合各种等截面型材，大批大量生产	高	较高 较低	由于变形力较大，所以，凸凹模都要有很高的强度、硬度和很低的表面粗糙度值	较高	较易	好	无
挤压	冷挤压	机械压力机	适合钢和有色金属及合金的小型锻件的大批大量生产	高	高 低	变形力很大，凸凹模强度、硬度和表面光洁程度等都要求很高	较高	较易	好	无
轧制	纵轧	辊锻机	适合连杆、板手、叶片等零件的大批大量生产，也可为曲柄压力机模锻制坯	高	高 低	在轧辊上固定有两个半圆弧形的模具	高	易	好	无
轧制	纵轧	扩孔机	适合大小环类件大批大量生产	高	高 低	金属在具有一定孔形的驱动辊和芯辊之间变形	高	易	好	无
轧制	横轧	齿轮轧机	适合各种模数较小齿轮零件的大批大量生产	高	高 低	模具为一模数和零件相同的带齿形轧轮	高	易	好	无
轧制	斜轧	斜轧机	适合钢球、丝杠等零件的大批大量生产，也可为曲柄压力机模锻制坯	高	高 低	两个轧辊即为模具轧辊上带有螺旋型槽	高	易	好	无
冲压		冲床	各种板类件大批大量生产	高	高 低	复合模较复杂，有导柱导套装置，产品质量取决于凸凹模精度和间隙大小	高	易	好	无

复习思考题

1. 塑性变形的机理是什么？提高金属的塑性最常用的措施是什么？
2. 金属材料的流线组织是怎样形成的？它的存在有何利弊？
3. 为什么重要的轴类锻件要安排镦粗工序？
4. 叙述图 2-98 所示零件在绘制自由锻件图时应考虑的因素。并写出自由锻工序的先后顺序。
5. 上题零件的锻件图见图 2-99，请指出

(1) 哪些部分是公差、余量和余块？

(2) 计算出锻件所需钢坯的重量（材料是 45 钢，用一火锻成）。

6. 试分析图 2-100 所示两种砧子形状对圆形坯料拔长时变形的影响？

7. 图 2-101 所示零件是否适于自由锻的工艺要求？如不适合，应如何修改？

8. 锻造比对锻件质量有何影响？锻造比越大，是否锻件质量越好？

9. 用高速钢制造 I 模具锻坯时，为什么要采用反复镦粗与拔长的方法？

10. 改正图 2-102 所示模锻件的不合理处。

11. 图 2-103 所示两零件采用锤上模锻，试选择合适的分模面。

12. 摩擦压力机上模锻有何特点？为什么？

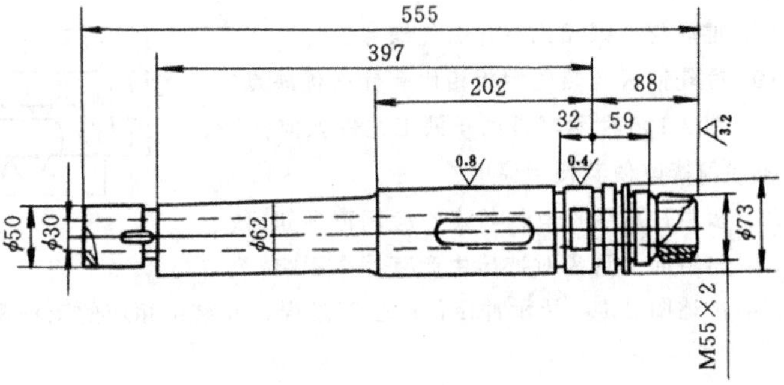

图 2-98

13. 如图 2-104 所示是汽车的半轴零件，大批量生产时，选择什么锻造方法加工？试定性地画出锻件图，并写出锻造顺序。

14. 图 2-105 所示零件若生产批量分别为单件、小批、大批时，应选择哪种锻造方法为宜？试绘制大批生产时的锻件图。

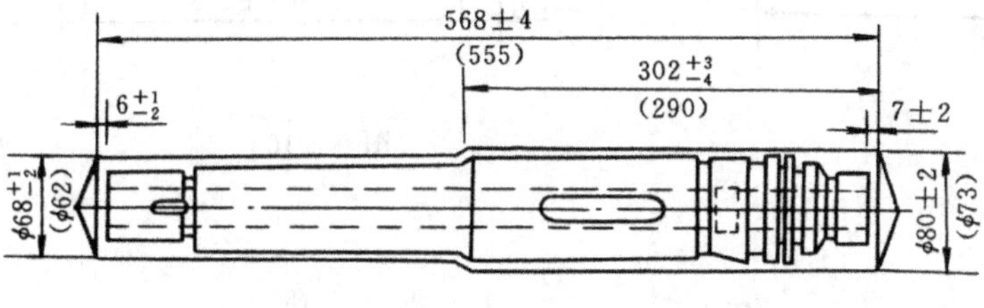

图 2-99

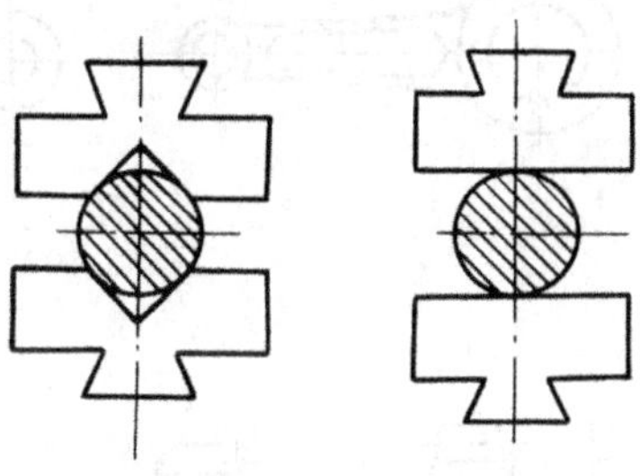

图 2-100

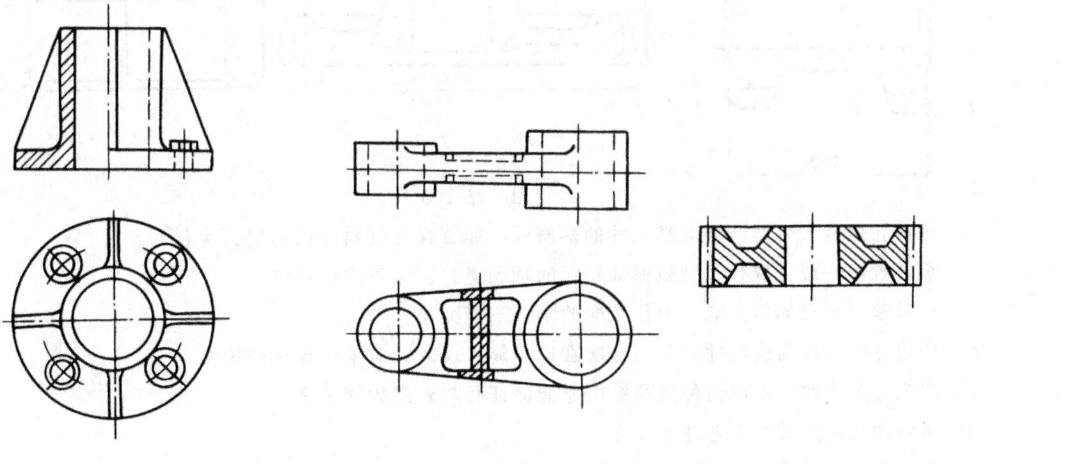

a) b) c)

图 2-101

15. 为什么胎模锻可以锻造出形状复杂的模锻件？

16. 为何材料在拉深时，变形程度不大（低碳钢为30%左右）即断裂，而通过模孔经多次拉拔（不退火）却可获得相当大的变形度（低碳钢为80%以上）？由此可得出什么结论？

17. 为什么在模锻时所用的金属重量比充满模膛所要求的要多一些？

18. 辊锻与模锻相比有什么优缺点？

19. 冷轧钢板与热轧钢板相比有什么优缺点？

20. 图 2-106 所示零件的模锻工艺性如何？为什么？应如何修改使其便于模锻？

21. 板料冲压生产有何特点？应用范围如何？

22. 材料回弹现象对冲压生产有什么影响？

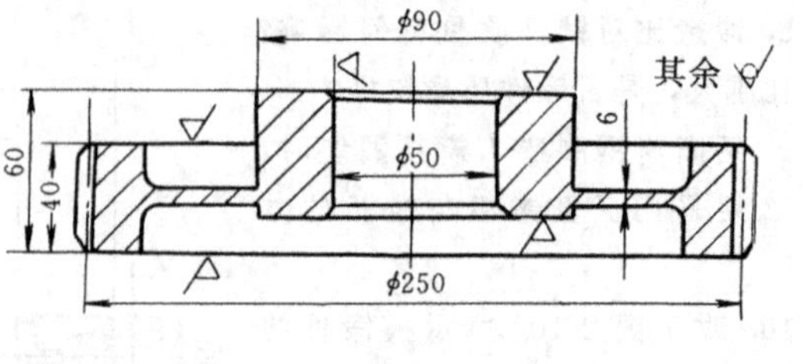

图 2-102

23. 试述图 2-107 所示冲压件的生产过程，并绘出相应的工序简图。

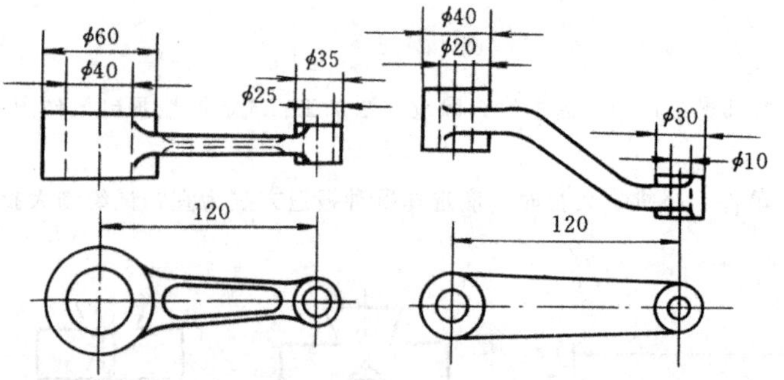

a)　　b)

图 2-103

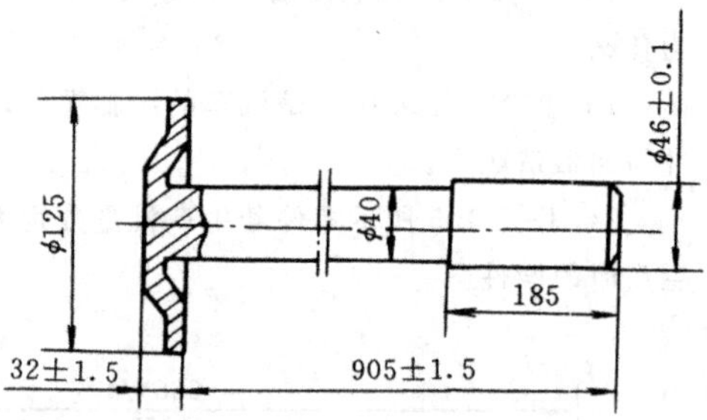

图 2-104

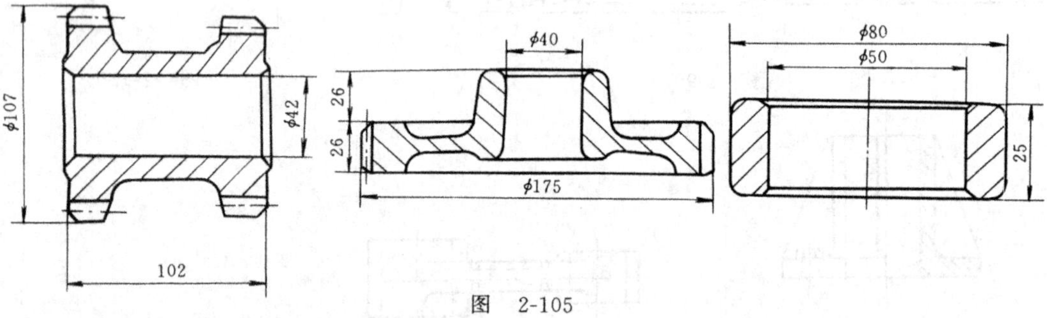

图 2-105

24. 用冲孔模具来生产同样名义尺寸的落料件，能否保证落料件的精度？为什么？

25. 板料拉深一般采取什么措施保证拉深的顺利进行？且不产生缺陷？

26. 一般弯曲半径如何选取，为什么弯曲半径不能太小？

27. 翻边件的凸缘高度尺寸较大而一次翻边不能实现时，应采取什么措施？

28. 成批生产垫圈应采取何种模具结构才能保证孔与外圆的同轴度。

29. 落料冲孔件的结构工艺性是什么？

30. 若材料与坯料的厚度及其它条件相同，图 2-108 所示零件哪个拉深困难，为什么？

31. 试排列出图 2-109 所示零件进行拉深难易程度的顺序。

32. 拉深件常见缺陷是什么？主要造成原因是什么？

33. 弯曲件的弯曲线应与板料的流线保持何种关系？为什么？

34. 挤压零件生产的特点是什么？

35. 精密模锻需采取哪些措施才能保证产品精度？

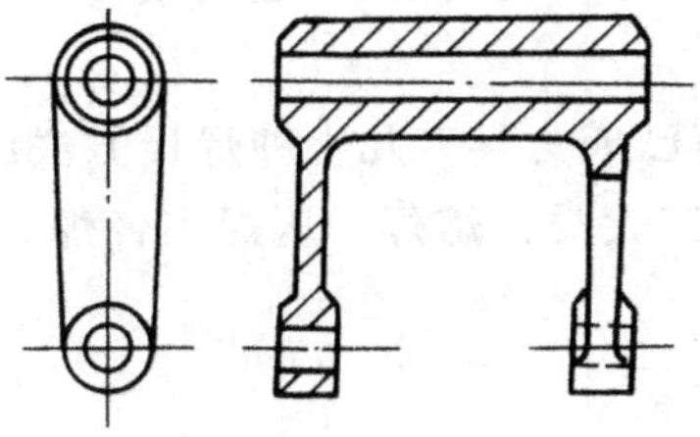

图 2-106

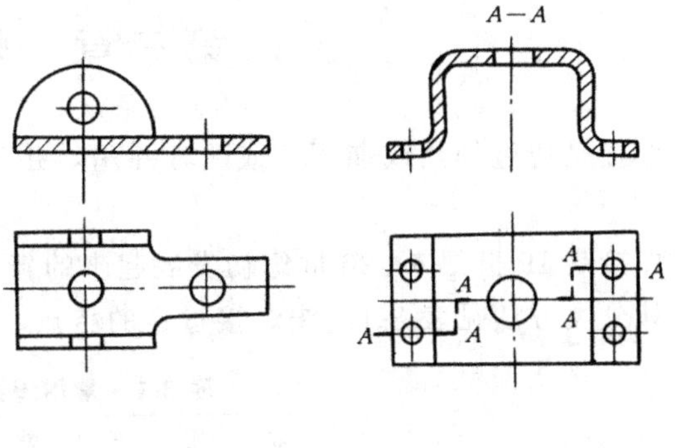

a) b)

图 2-107

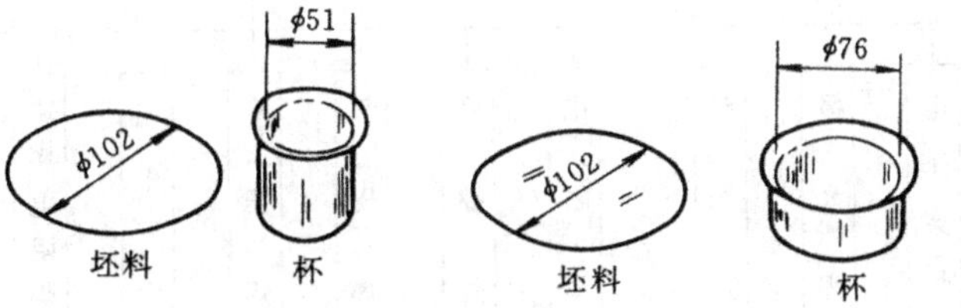

a) b)

图 2-108

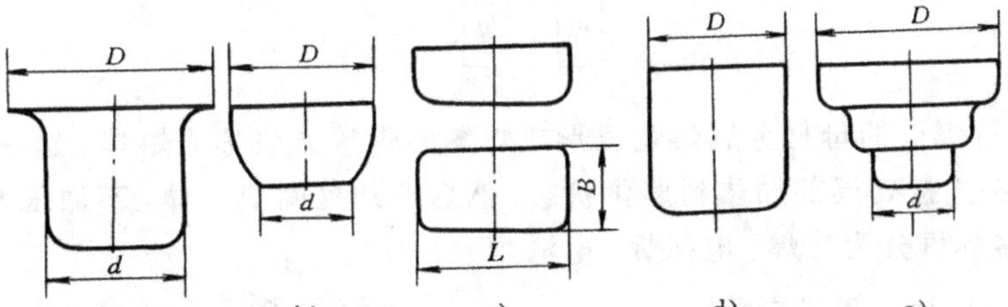

a) b) c) d) e)

图 2-109

第三章　焊　　接

焊接是通过加热或加压，或两者并用，并且用或不用填充材料，使工件达到结合的一种方法。

焊接是19世纪末、20世纪初发展起来的新兴技术，目前已成为具有几十种焊接方法的学科。其分类方法见表3-1。按焊接过程的特点，焊接可分为三大类：熔焊、压焊和钎焊。

表3-1　常用焊接方法的分类

- 常用的焊接方法
  - 熔焊
    - 气焊
    - 电弧焊
      - 焊条电弧焊
      - 埋弧焊
      - 气体保护电弧焊
    - 电渣焊
    - 等离子弧焊
    - 电子束焊
    - 激光焊
    - 热剂焊
  - 压焊
    - 电阻焊
      - 点焊
      - 缝焊
      - 对焊
    - 摩擦焊
    - 气压焊
    - 冷压焊
    - 超声波焊
    - 高频电阻焊
    - 爆炸焊
  - 钎焊
    - 软钎焊
    - 硬钎焊

1. 熔焊　将待焊处的母材金属熔化以形成焊缝的焊接方法称为熔焊。这一类焊接方法的共同特点是将焊件连接处局部加热到熔化状态，然后冷却凝固成一体，不加压力完成焊接。按加热热源不同，熔焊可分为气焊、电弧焊、电渣焊、等离子弧焊、电子束焊、激光焊等。

2. 压焊　焊接过程中，必须对焊件施加压力(加热或不加热)，以完成焊接的方法称为压焊。如电阻焊、摩擦焊等。

3. 钎焊　钎焊是硬钎焊和软钎焊的总称。采用比母材金属熔点低的金属材料作钎料，将焊件和钎料加热到高于钎料熔点、低于母材熔化温度，利用液态钎料润湿母材，填充接头间隙并与母材相互扩散实现连接焊件的方法。

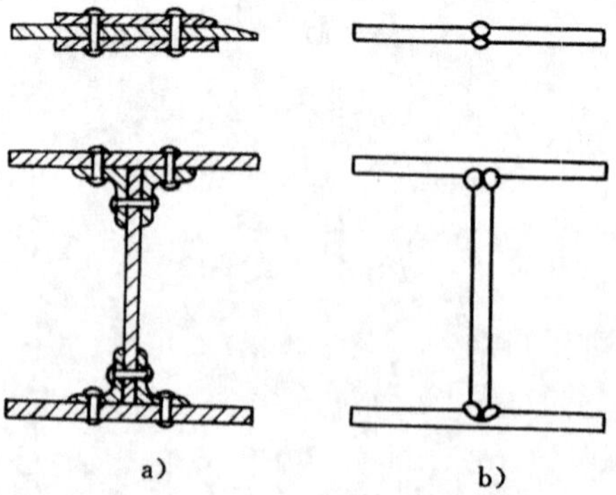

图3-1　焊接与铆接的比较
a) 铆接　b) 焊接

图3-1为焊接与铆接的比较示意图。通过比较可显示出焊接具有减轻结构重量、节省金属材料、

生产周期短、劳动强度低、生产率高，便于以小拼大、化大为小，容器件具有较高的气密度，并且可以制造双金属结构，便于实现机械化、自动化等优点。但焊接接头比铆接接头容易产生缺陷及应力集中。

焊接技术应用领域广泛。目前焊接技术正向高温、高压、高容量、高寿命、高生产率方向发展，并正在解决具有特殊性能材料的焊接问题。如超高强度钢、不锈钢等特种钢及有色金属、异种金属及复合材料的焊接等。此外，焊接的自动化程度也有了较大进展，如电子计算机控制机器人焊接和遥控全方位焊接机的焊接等。

第一节　焊接的基本原理

一、焊接的实质

焊接的实质是使两个分离的物体通过加热或加压，或两者并用，在用或不用填充材料的条件下借助于原子间或分子间的联系与质点的扩散作用形成一个整体的过程。要使两个分离的物体形成永久性结合，首先必须使两个物体相互接近到 0.3nm～0.5nm 的距离，使之达到原子间的力能够互相作用的程度，这对液体来说是很容易的。但对固体则需外部给予很大的能量才会使其接触表面之间达到原子间结合的距离。而实际金属由于固体硬度较高，无论其表面精度多高，实际上也只能是部分点接触，加之其表面还会有各种杂质，如氧化物、油脂、尘土及气体分子的吸附所形成的薄膜等，这些因素都是妨碍两个物体原子结合的因素。焊接技术就是采用加热、加压或两者并用的方法，来克服阻碍原子结合的因素以达到二者永久牢固连接的。图 3-2 为焊接纯铁时所必需的温度和压力。

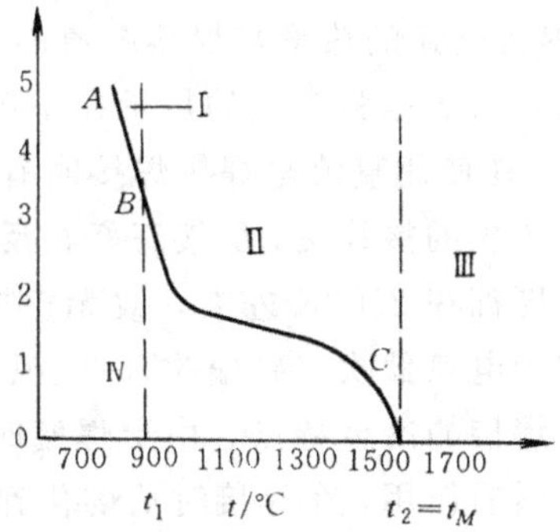

图 3-2　焊接纯铁时所必需的温度和压力

Ⅰ—高压焊接区　Ⅱ—电阻焊接区　Ⅲ—熔焊区　Ⅳ—不能实现焊接的区域

二、焊接冶金过程及其对焊件质量的影响

1. 焊接冶金过程　焊接冶金过程是指熔焊时焊接区内各种物质之间（如液态金属、熔渣和气体间）在高温下相互作用的过程，其实质是金属在焊接条件下的再熔炼过程。它和一般冶炼有相似之处，又有焊接自身的特点和规律。焊接冶金过程包括焊接材料被加热、熔化、经熔滴通过电弧空间向熔池转移的全过程。焊条电弧焊及其冶金反应区见图 3-3。

(1) 焊接电弧　由焊接电源供给、具有一定电压的两极间或电极与母材间，在气体介质中产生的强烈而持久的放电现象称为焊接电弧。电极可以是金属丝、钨极、碳棒或焊条。

1) 电弧引燃后，弧柱中充满了高温电离气体，放出大量的热能和强烈的光。焊接电弧由阴极区、阳极区和弧柱三部分组成。阴极区是电弧紧靠负电极的区域，阴极区很窄，约为 10^{-5}cm～10^{-6}cm，温度约为 2400K。阳极区是指电弧紧靠正电极的区域，阳极区较阴极区宽，约为 10^{-3}cm～10^{-4}cm，温度约为 2600K。电弧阳极区和阴极区之间的部分称为弧柱，弧柱区温度最高，可达 6000K～8000K。焊接电弧两端间（指电极端头和熔池表面间）的最短距离称为弧长。

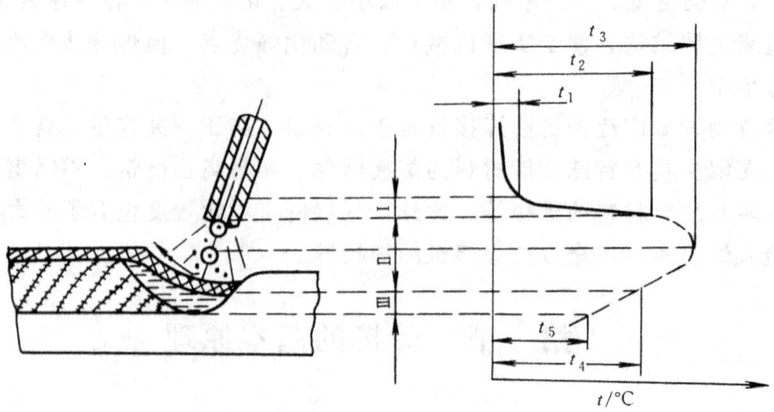

图 3-3　焊条电弧焊时的冶金反应区

Ⅰ—药皮反应区　Ⅱ—熔滴反应区　Ⅲ—熔池反应区

t_1—药皮开始反应温度　t_2—焊条端熔滴温度　t_3—弧柱间熔滴温度

t_4—熔池表面温度　t_5—熔池凝固温度

2）焊接电弧的热量与焊接电流的平方和电压的乘积成正比，电流愈大，电弧产生的总热量就愈大。由于电弧产生的热量在阳极和阴极上有差异，所以根据使用不同的焊条，焊接不同的构件，在使用直流电焊机焊接时有正接和反接两种接线方法。正接是焊件接电源正极，电极接电源负极的接线法；反接正好相反。若使用的是交流电焊机，因电流正负极交替变化，所以两极温度都在 2500K 左右，故无正接反接之分。焊接过程中，电弧受磁力作用而产生偏移的现象称为电弧偏吹（磁偏吹）。电弧偏吹对焊接工艺及焊件质量具有很大影响。

（2）焊接的冶金特点　由于焊接时温度高，熔池小，又是在大气中进行，且焊缝金属受其母材金属的作用，在焊接时从熔化到凝固经历的时间很短，一般只有几秒钟，故熔化金属、熔渣和气体三者之间所发生的冶金反应与一般冶炼过程比较，具有以下特点：

1）熔池中冶金反应不充分，化学成分有较大的不均匀性，常常发生偏析、夹杂等缺陷。

2）在高温电弧作用下，氧、氢、氮等气体分子吸收电弧热量而分解成化学性质十分活泼的原子或离子状态，$O_2 \rightleftharpoons [O]+[O]$；$H_2 \rightleftharpoons [H]+[H]$；$N_2 \rightleftharpoons [N]+[N]$。分解后的氧、氮、氢等原子或离子很容易溶解在液体金属中，另外，$[C]+[O] \longrightarrow CO$；$[N]+[O] \longrightarrow NO$，再以 CO、NO 的形式溶入焊缝中，均会影响溶池的冶金反应状况。

还有，弧焊时熔滴通过电弧空间向熔池转移的过程称为熔滴过渡。熔滴过渡时与气体和熔渣的接触面积远远超过普通炼钢过程，气体容易侵入液态金属，造成气孔、氧化、脆化、和其它缺陷。

分解成原子状态的氧、氮、氢，容易使钢中的铁、锰、硅等元素氧化：$Fe+O \longrightarrow FeO$；$Mn+O \longrightarrow MnO$；$Si+2O \longrightarrow SiO_2$，造成这些元素的烧损。

电弧长度越大，氧、氮、氢等气体侵入机会就越多。氧、氮、氢在焊缝金属中质量分数的增加，会恶化焊缝金属的力学性能，尤其是塑性、韧性，会急剧下降，同时会产生气孔和元素烧损。因此，除了焊接过程中应使用短弧外，通常在焊剂和焊条药皮中还加入造气剂、造渣剂、渗合金剂，如淀粉、石灰石、长石、氟石、花岗石等，以便在焊接时形成保护气氛和熔渣。

3）在熔剂或药皮中加入比铁氧化能力强的硅铁、锰铁等物质，除起到渗入合金作用、补充烧损元素外，亦可起到脱氧作用，即夺取氧化铁中的氧，将铁还原出来，并生成 MnO 和 SiO_2，浮到溶池表面形成熔渣，其反应为：$Fe_2O_3+Mn \longrightarrow MnO+2FeO$；$FeO+Mn \longrightarrow MnO+Fe$；$2FeO+Si \longrightarrow SiO_2+2Fe$。

4）焊缝中硫或磷的质量分数超过 0.04%时，极易产生裂纹。因此，应选用含硫、磷低的焊接原材料，并通过在焊剂或药皮中加石灰石、氟石等脱硫脱磷，以保证焊缝质量。其反应为：$FeS+MnO \longrightarrow MnS+FeO$；$FeS+CaO \longrightarrow CaS+FeO$；$2Fe_3P+5FeO \longrightarrow P_2O_5+11Fe$；$P_2O_5+3CaO \longrightarrow (CaO)_3 \cdot P_2O_5$。生成的 MnS、CaS 和稳定复合物 $(CaO)_3 \cdot P_2O_5$ 不熔于金属，可进入渣中。

三、焊接热过程对焊接接头组织、性能的影响

（一）焊接热循环

焊接时，电弧沿焊件逐渐移动并对焊件进行局部加热。焊件经焊接后所形成的结合部分称为焊缝。焊缝及其邻近区域的总称叫焊缝区。

在焊接过程中，焊缝区金属从常温被加热到最高温度，然后再逐渐冷却到常温。由于焊件上各点所处的位置不同，其被加热的最高温度亦不相同；而热量的传递需要一定的时间，故各点达到其最高温度的时间亦不相同。在焊接热源作用下，焊件上某点的温度随时间变化的过程称为焊接热循环。一般用焊接热循环曲线来表示，见图 3-4。

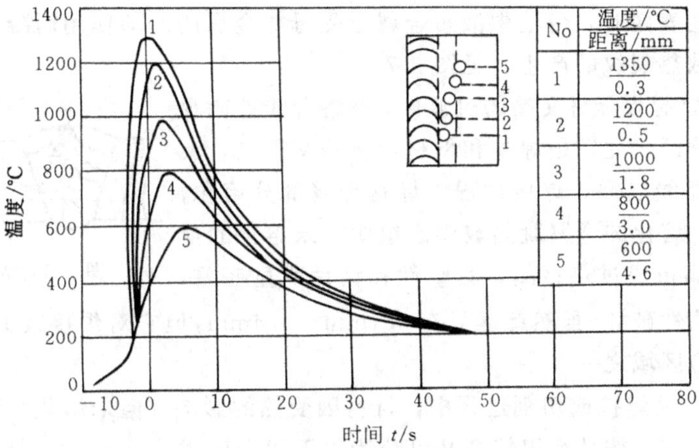

图 3-4　焊件上不同点的焊接热循环

焊件材质为 20Mn 钢，$\delta=20mm$、$v=150mm/min$、$I=170A$，$U=25V$

（二）焊缝区的金属组织与性能

现以冷轧低碳钢为例，用焊接热循环曲线对照铁碳合金状态图来分析焊接区金属组织与性能的变化，见图 3-5。

1. 焊缝金属区　焊缝金属区指在焊接接头横截面上测量的焊缝金属的区域。熔焊时，是指由焊缝表面和熔合线所包围的区域；电阻焊时，是指焊后形成的熔核部分。

焊接加热时，焊缝金属区的温度在液相线以上，母材金属和填充金属熔化后共同形成液态熔池。冷却结晶是以熔池和母材交界处半熔化状态的母材金属晶粒为结晶核心，沿着垂直于散热面的反方向生长，成为柱状晶的铸态组织，见图 3-6。

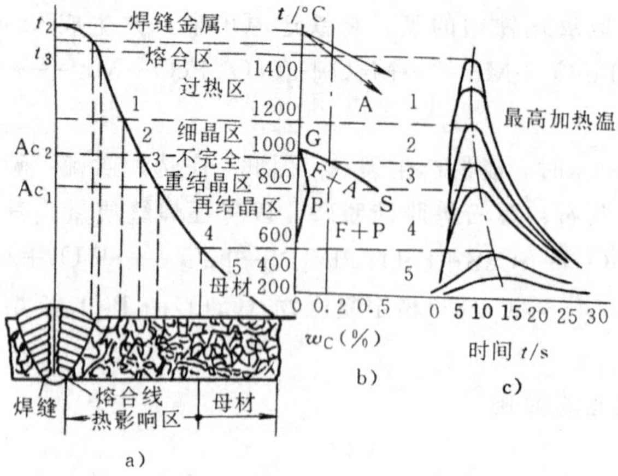

图 3-5　冷轧低碳钢焊接接头温度分布和各区划分

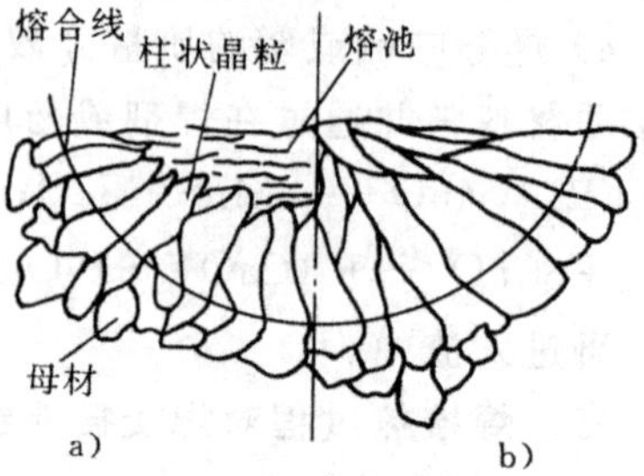

图 3-6　焊缝金属结晶示意图

a）正在结晶　b）结晶结束

焊接时，熔池金属受电弧吹力和保护气体吹动，使熔池底壁的柱状晶体成长受到干扰，故柱状晶体呈倾斜层状，晶粒有所细化。又因焊接材料的渗合金作用，焊缝金属中锰、硅等合金元素的质量分数可能比母材金属高。而低熔点的硫、磷杂质和氧化铁等容易形成偏析或熔渣集中在焊缝中心区，在焊接较宽焊缝时，这些低熔点偏析或熔渣容易飘浮至熔池表面，所以焊缝金属的力学性能不低于母材金属；但在焊接窄焊缝时，这些低熔点偏析或熔渣往往尚未完全飘浮至熔池表面时，熔池中液态金属已受母材金属的冷却作用而凝固，使焊缝金属塑性下降，甚至导致热裂纹的产生，见图 3-7。

2. 熔合区　焊缝与母材交接的过渡区，即熔合线处微观显示的母材半熔化区。此区是焊缝和母材金属的交界区，温度在固相线和液相线之间，焊接过程中母材金属部分熔化，故亦称半熔化区。熔化的金属凝固成铸态组织，未熔化的金属因加热温度过高造成过热粗晶，其塑性和韧性明显变差，容易产生裂纹和脆性破坏。虽然此区只有 0.1mm～0.4mm，但它对焊接接头的性能影响很大，是焊接接头的危险区域之一。

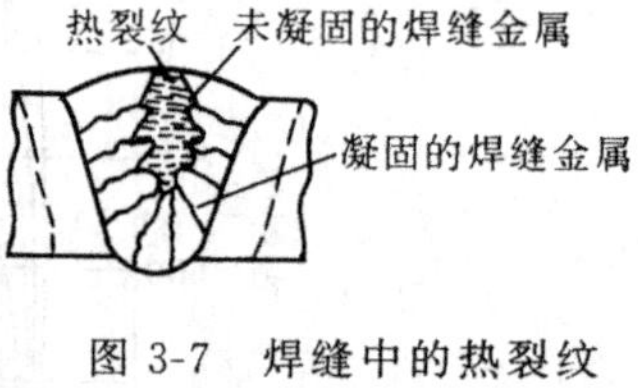

图 3-7　焊缝中的热裂纹

3. 热影响区　是焊接或切割过程中，材料因受热的影响（但未熔化）而发生金相组织和力学性能变化的区域。按其组织特征又可分为以下四个区域：

（1）过热区　指焊接热影响区中，具有过热组织或晶粒显著粗大的区域。此区的温度范围为固相线至 1100℃，因加热温度过高，奥氏体晶粒急剧长大，使其塑性明显下降，尤其是冲击韧度下降 20%～30%，对于易淬火钢，此区脆性更大，是热影响区中性能最差的部位。焊接刚度大的结构件，此区容易产生裂纹。

（2）细晶区　此区温度范围为 Ac_3 以上，而尚未达到过热温度。由于焊后为空冷，相当于热处理后的正火组织，亦称正火区。此区的力学性能优于母材金属。

（3）不完全重结晶区　此区温度范围为 Ac_3 至 Ac_1 之间。在此区间珠光体已转变为奥氏体，部分铁素体溶入奥氏体，尚未溶入奥氏体的铁素体晶粒不断长大。空冷时，奥氏体又析出较细的铁素体，到 Ar_1 线时，残余奥氏体直接转变为共析组织珠光体，未溶入奥氏体的铁素体却将粗大晶粒保持下来，亦称部分相变区。该区金相组织很不均匀，力学性能较差。

(4)再结晶区　此区温度范围在 Ac_1 至 500℃～450℃之间。焊前经过冷变形加工的焊件，由于母材中有晶格畸变及碎晶组织，当加热到该温度时，就会产生回复及再结晶而细化，其力学性能提高。焊前未经冷加工变形的焊件不存在再结晶区。

综上所述，熔合区和热影响区中的过热区对焊缝区的组织与性能影响最为不利，故应尽量减小其宽度。这两个区域的宽度大小及组织性能与母材金属、焊接材料（焊条、焊丝、焊剂）、焊接方法、焊接参数、接头与坡口形式、焊后冷却速度等因素的影响有关。例如，采用不同焊接方法焊接低碳钢时，热影响区的平均尺寸具有很大差别，见表 3-2。

表 3-2　焊接低碳钢时热影响区的平均尺寸　(mm)

焊接方法	各区平均尺寸			热影响区总宽度
	过热区	细晶区	不完全重结晶区	
焊条电弧焊	2.2～3.0	1.5～2.5	2.2～3.0	5.9～8.5
埋弧焊	0.8～1.2	0.8～1.7	0.7～1.0	2.3～3.9
电渣焊	18～20	5.0～7.0	2.0～3.0	25～30
气焊	21	4.0	2.0	27
电子束焊	—	—	—	0.05～0.75

四、焊接应力与变形

焊接时，焊件的不均匀局部加热和冷却是导致焊接应力和变形产生的根本原因。

(一) 焊接应力与变形的产生

图 3-8 是平板对焊时应力和变形的形成过程。焊件的局部加热和冷却，使焊缝区金属加热时的热膨胀量及冷却时的收缩量都大，并受两侧金属所制约。当受热膨胀时不能自由伸长而被塑性压缩，向厚度方向展宽；冷却时同样不能自由缩短，尤其当焊缝区金属温度降至弹性变形阶段以后，由于焊件各部分收缩不一致必然导致焊缝区乃至整个焊件产生应力和变形。这种焊接构件由焊接而产生的内应力称为焊接应力；焊后残留在焊件内的焊接应力称为焊接残余应力。焊件由焊接而产生的变形称为焊接变形；焊后焊件残留的变形称为焊接残余变形。焊缝纵向收缩引起的变形和应力见图 3-9。由于焊接方向的不同，焊缝横向收缩在焊件上引起的横向应力见图 3-10。

(二) 焊接裂纹与焊接变形的形式

焊接时，在任何情况下焊接应力总是存在的。当焊接应力超过该材料相应温度的 σ_s 时，焊件将产生变形；超过材料的 σ_b 时，焊件将会产生裂纹甚至断裂。焊接裂纹的基本种类见图 3-11；焊接变形的基本形式见图 3-12。

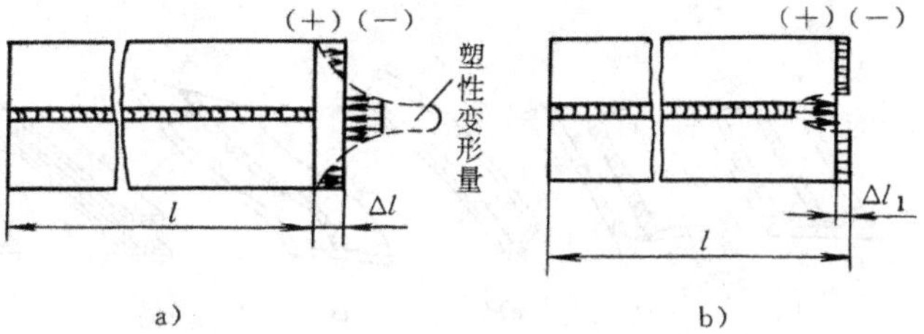

图 3-8　平板对焊时应力和变形的形成原理示意图
a) 加热时的应力和变形　b) 冷却时的应力和变形

(三) 预防和减小焊接应力及焊接变形的措施

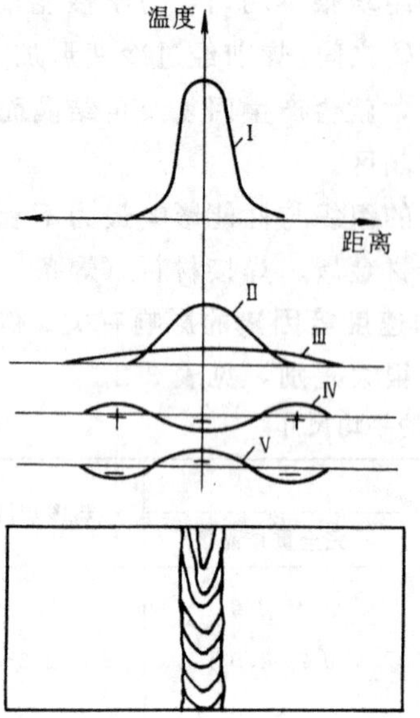

图 3-9 焊缝纵向收缩引起的变形和应力

Ⅰ—温度分布 Ⅱ—正常伸长曲线 Ⅲ—实际伸长曲线 Ⅳ—加热时应力分布曲线 Ⅴ—冷却后应力分布曲线

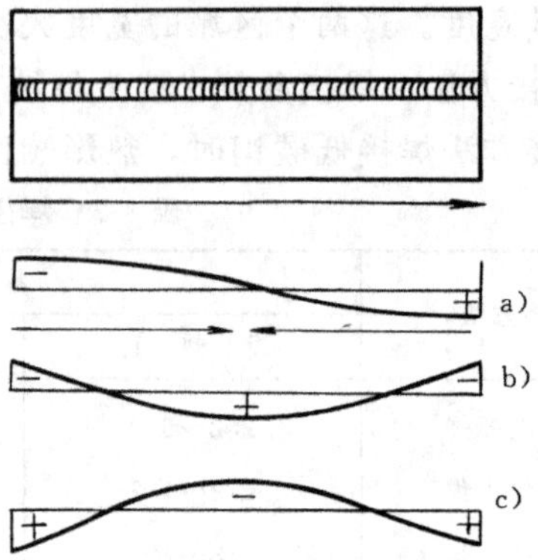

图 3-10 焊缝先后冷却引起的横向应力

a）从一端向另一端直通单向焊 b）从两头向中心施焊 c）从中心向两端施焊

焊接应力与焊接变形的存在将影响焊件的质量和精度，降低构件的承载能力，甚至酿成重大事故。为防止焊接应力与焊接变形，在实际生产中采用的主要工艺措施如下：

1．合理设计焊接结构　尽量减少焊缝及焊缝的长度和截面积，并尽量使结构中的所有焊缝对称，避免交叉焊缝等，详见焊接结构工艺性一节。

2．焊前预热　焊前对焊件预热，可减小焊件各部分的温差，对减小焊接应力与变形较为有效。重要焊件可整体预热，还有局部预热即焊前选择焊件的合理部位局部加热使其伸长，焊后冷却时，加热区与焊缝同时收缩。通常将此法称为加热减应区法，见图 3-13。

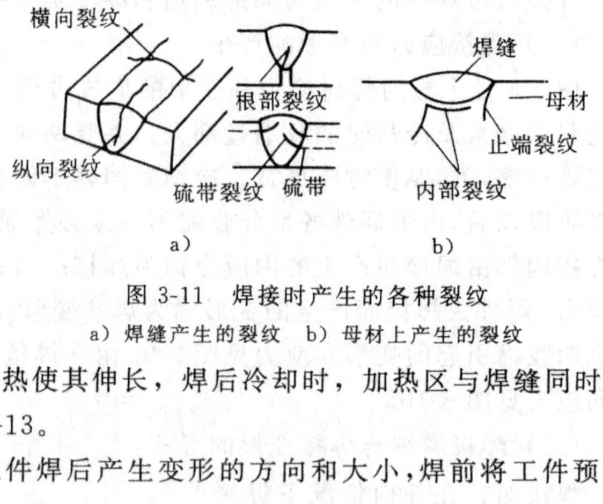

图 3-11 焊接时产生的各种裂纹

a）焊缝产生的裂纹 b）母材上产生的裂纹

3．反变形法　根据实验或计算，确定工件焊后产生变形的方向和大小，焊前将工件预先

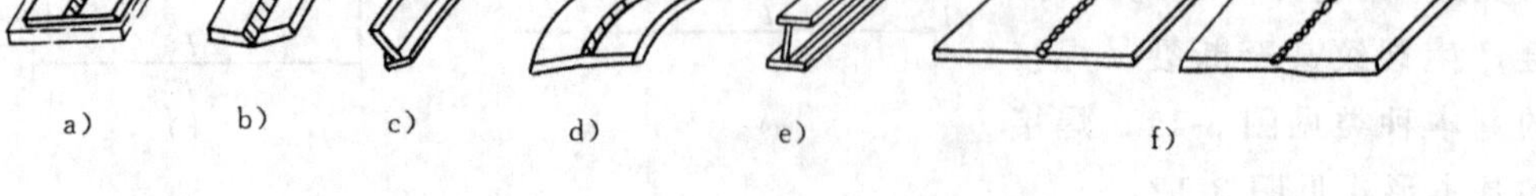

图 3-12 焊接变形的基本形式

a）收缩（纵向、横向）变形 b）角变形 c）弯曲变形 d）波浪变形 e）扭曲变形 f）错边（长度方向、厚度方向）变形

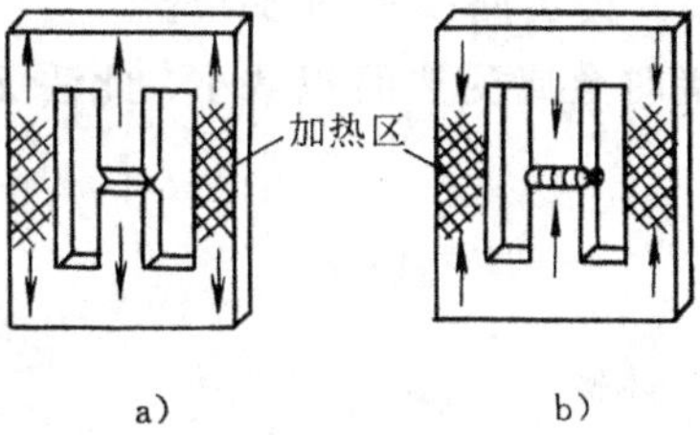

图 3-13　加热减应区法

a）焊前　b）焊后

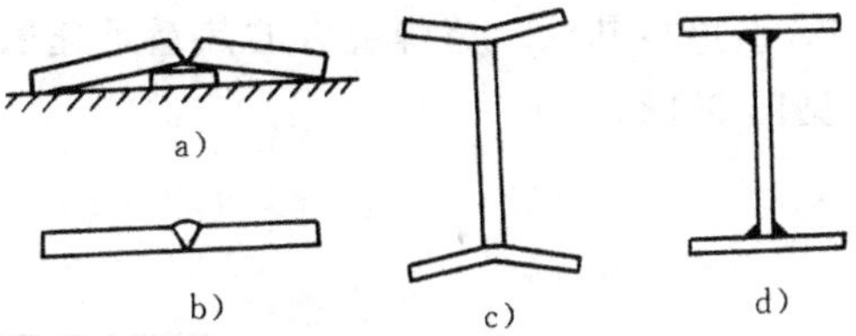

图 3-14　反变形法

a)、c）焊前　b)、d）焊后

斜置或弯曲成等值反向角度，以期达到焊后与所要求的工件角度正好吻合，见图 3-14。

4. 刚性固定法　采用工装夹具或定位焊固定，见图 3-15。此法可显著减小但不能完全消除焊后残余变形，在夹具拆除后仍会有部分变形恢复。但此法焊接残余应力较大，塑性差的材料应当慎用。

5. 选择合理的焊接顺序　焊接顺序见图 3-16。应尽量使焊缝的纵向和横向都能自由收缩，避免交叉焊缝处应力过大产生裂纹（图 3-16a）；采用对称焊接顺序以减小变形（图 3-16b）；长焊缝可采用分段退焊法或跳焊法，这样既可减小焊接应力，又可减小焊接变形（图 3-16c）；焊接工字梁时，由于上、下盖板及腹板等焊缝较多，容易发生角变形，波浪变形、弯曲变形及扭曲变形等，焊前应注意装配方法，焊时应注意焊接顺序，必要时可采取成对焊工双侧同时施焊等方法，见图 3-16d。

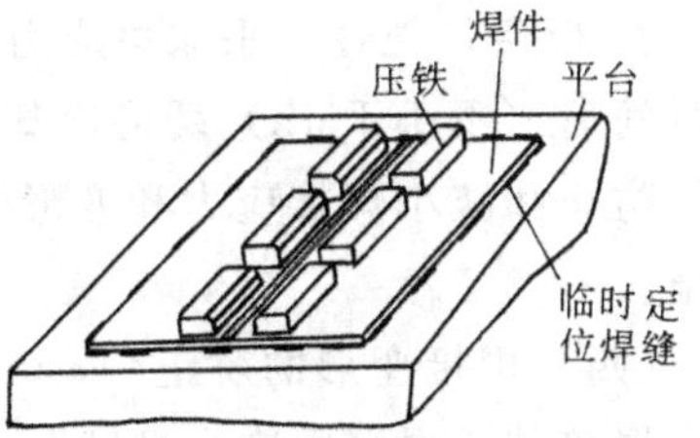

图 3-15　用刚性固定法拼接薄板

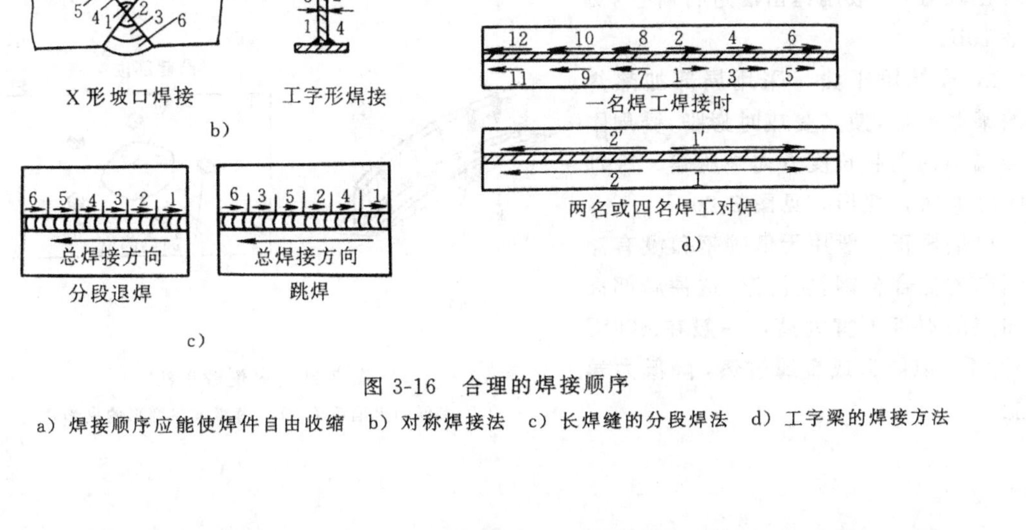

图 3-16　合理的焊接顺序

a）焊接顺序应能使焊件自由收缩　b）对称焊接法　c）长焊缝的分段焊法　d）工字梁的焊接方法

6. 锤击焊缝法　用圆头小锤对焊后红热的焊缝金属进行均匀适度锤击，以延伸变形，补偿其收缩，同时释放出部分能量，减小焊接应力和变形。锤击路线见图 3-17。

7. 强迫冷却法　将焊缝区的热量迅速散掉，使焊接时金属受热面积减小，此法又称散热法，见图 3-18。

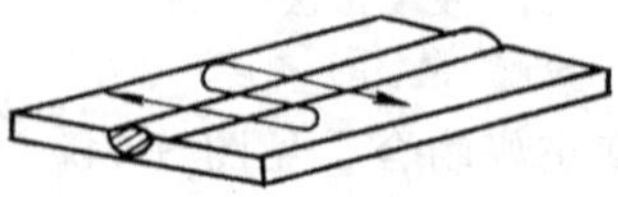

图 3-17　锤击焊缝的路线

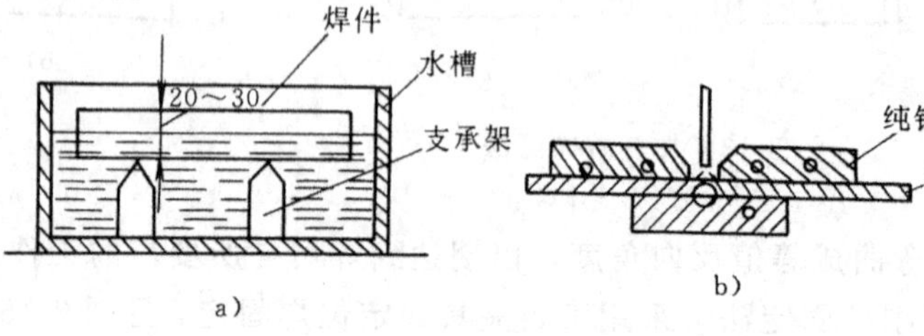

图 3-18　散热法

a）水浸法　b）散热垫法

8. 焊后热处理　采取去应力退火的方法将焊件整体或局部加热到 600℃～650℃，保温一定时间后（不小于 1h）缓慢冷却，这样可消除焊接残余应力 80%～90%。

防止和减小焊接应力和变形的方法多种多样，在实际生产中应根据具体情况采用相应的措施。

（四）焊接变形的矫正

焊接前，焊接中应力求防止与减小焊接变形，但实际焊接时由于是局部加热，往往不可避免地仍会发生变形。一旦焊接变形超过了设计要求，则必须加以矫正。常见的矫正焊接变形的方法有：

1. 机械矫正法　即用机械的方法将变形矫正过来，生产中常用的设备有辊床、压力机、矫直机等，见图 3-19a；薄板焊接最常见的变形为波浪变形，其矫正较难，一般用锤击法进行矫正，见图 3-19b。

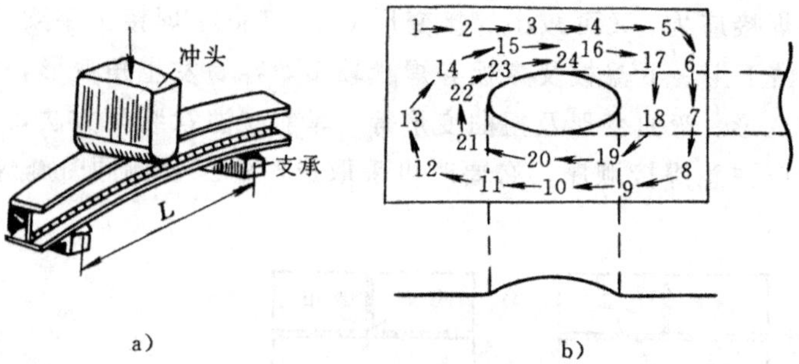

图 3-19　机械矫正法

a）压力矫正　b）锤击矫正变形的步骤

2. 火焰矫正法　采用局部加热焊件的某些部位，使其受热时膨胀，受周围冷金属制约引起长度方向被压缩，冷却时收缩而矫正变形，见图 3-20。

火焰矫正一般用于低碳钢和没有淬硬倾向的低合金钢。应注意，这种局部火焰加热的温度不宜太高，一般在 600℃～800℃，以防造成金属过热，降低力学性能。

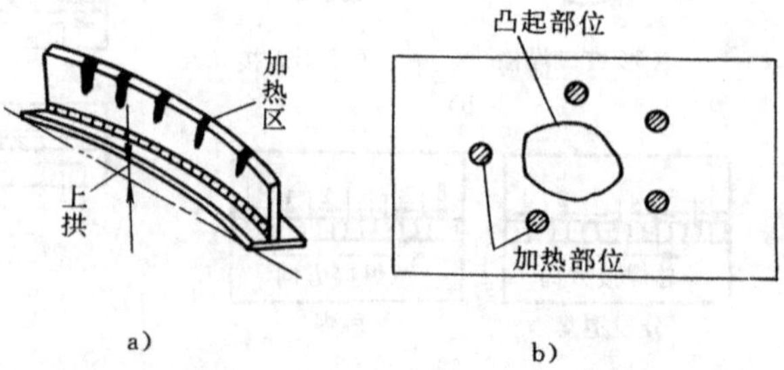

图 3-20　火焰矫正法

a）T 形梁的火焰矫正　b）薄板波浪变形的火焰矫正

第二节 焊条电弧焊

电弧焊是利用电弧作为热源的熔焊方法，简称弧焊。焊条电弧焊是用手工操纵焊条进行焊接的电弧焊方法。焊条电弧焊具有设备简单，操作灵活，成本低等优点，且焊接性好，对焊接接头的装配尺寸无特殊要求，可在各种条件下进行各种位置的焊接，是生产中应用最广的焊接方法。但焊条电弧焊时有强烈弧光和烟尘污染，劳动条件差，生产率低，对工人技术水平要求较高，焊接质量不够稳定。因此，主要应用于单件小批量生产中焊接碳素钢、低合金结构钢、不锈钢、耐热钢和对铸铁的补焊等。适宜板厚为3mm～20mm。

一、焊条电弧焊电源

1. 对焊条电弧焊电源的要求　焊条电弧焊电源应具有适当的空载电压和较高的引弧电压，以利于引弧，保证安全；当电弧稳定燃烧时，焊接电流增大，电弧电压应急剧下降；还应保证焊条与焊件短路时，短路电流不应太大；同时焊接电流应能灵活调节，以适应不同的焊件及焊条的要求。

2. 焊条电弧焊电源种类　焊条电弧焊电源的种类有交流弧焊机和直流弧焊机两类，其型号编制方法（GB10249－88）及含义为：

1	2	3	4	5	6	7
大类名称	小类名称	附注特征	系列序号	基本规格	派生代号	改进序号
A:弧焊发电机(直流)	X:下降特性	J:交流	4:晶体管式	（额定焊接电流）		
B:弧焊变压器(交流)	P:平特性	E:交直流	5:晶闸管式			
Z:弧焊整流器	D:多特性					

（1）交流弧焊机　它是一种特殊的降压变压器，具有结构简单、噪声小、成本低等优点，但电弧稳定性较差。

如型号为BXJ－330的交流弧焊变压器，下降特性，额定焊接电流为330A。该焊机既适于酸性焊条焊接，又适于碱性焊条焊接。

（2）直流弧焊机　直流弧焊机有弧焊发电机（由一台三相感应电动机和一台直流弧焊发电机组成）和焊接整流器（整流式直流弧焊机）两种类型。

弧焊发电机具有电弧稳定，容易引弧，焊接质量较好等优点，但结构复杂、噪声大、成本高，维修困难。如型号为AX－320的弧焊机为下降特性，额定焊接电流为320A；焊接整流器比弧焊发电机结构简单、重量轻、噪声小，制造维修方便，是近年来发展起来的一种弧焊机。如型号为ZX5－300弧焊机为下降特性、硅整流，额定焊接电流为300A。

直流焊机有正接和反接，交流焊机无正、反接之分。

二、焊条

1. 焊条的组成和作用　焊条是涂有药皮的供焊条电弧焊用的熔化电极，由药皮和焊芯两部分组成。

焊芯在焊接过程中既是导电的电极，同时本身又熔化作为填充金属，与熔化的母材共同形成焊缝金属。焊芯的质量直接影响焊缝的质量。焊丝的化学成分按用途、牌号不同由国家标准规定，硫磷等杂质的质量分数很低。常用的焊接用钢丝，见表3-3。

表 3-3 常用焊接用钢丝的牌号和化学成分 (%)

牌号	化学成分 w							用途
	C	Mn	Si	Cr	Ni	S	P	
H08	≤0.10	0.30～0.55	≤0.03	≤0.20	≤0.30	≤0.040	≤0.040	一般焊接结构用焊条的焊芯
H08A	≤0.10	0.30～0.55	≤0.03	≤0.20	≤0.30	≤0.030	≤0.030	重要焊接结构用焊条的焊芯及埋弧焊焊丝
H08E	≤0.10	0.30～0.55	≤0.03	≤0.20	≤0.30	≤0.025	≤0.025	
H08Mn2Si	≤0.11	1.7～2.1	0.65～0.95	≤0.20	≤0.30	≤0.040	≤0.040	二氧化碳气体保护焊焊丝
H08Mn2SiA	≤0.11	1.80～2.10	0.65～0.95	≤0.20	≤0.30	≤0.030	≤0.030	

注：化学成分摘自 GB1300－77《焊接用钢丝》。

药皮是压涂在焊芯表面的涂料层，主要作用是在焊接过程中造气，起保护作用，防止空气进入焊缝；冶金作用如脱氧、脱硫、脱磷和渗合金等；并具有稳弧、脱渣等作用，以保证焊条具有良好的工艺性能，形成美观的焊缝。

2. 焊条的分类

（1）焊条按熔渣的化学性质分为两大类

1）酸性焊条　熔渣呈酸性，药皮中含有大量 SiO_2、TiO_2、MnO 等氧化物。保护气氛主要是 CO 和 H_2。其优点是熔渣呈玻璃状，容易脱渣；焊接时由于保护气氛 CO、H_2 的燃烧使熔池沸腾，能继续除去金属熔池中的气体，所以对焊件上的油、锈、污不敏感，表现为工艺性能较好，电弧稳定，交、直流弧焊机均可使用。其缺点是由于保护气氛中 H_2 质量分数大，约占 50%，焊缝金属中氧、氮的质量分数也比较高，脱硫能力小，所以焊缝的力学性能，尤其是塑性和韧性差，抗裂性低；另外，由于药皮的强氧化性，C、Si、Mn 等元素的烧损较大。故酸性焊条常应用于一般的焊接结构。典型的酸性焊条牌号为 E4303。

2）碱性焊条　熔渣呈碱性，药皮的主要成分为 $CaCO_3$ 和 CaF_2。其优点是在焊接过程中 $CaCO_3 \longrightarrow CaO+CO_2$，其中的 $CaO+S \longrightarrow CaS+O$，CaS 为熔渣被除去，除硫作用强于酸性焊条，保护气氛主要为 CO_2 和 CO，H_2 的质量分数很低（<5%），故又称低氢型焊条。由于这种焊条少硫低氢，所以焊缝金属的塑性、韧性好，抗裂性强；又由于这种焊条药皮中含强氧化物少，故合金元素烧损少。其缺点是药皮中的 CaF_2 化学性质极活泼，对油、锈、污敏感；且氟元素吸收电子成负离子，负离子的质量为电子质量的 180 倍左右，故冲击阳极的速度低，通常称为氟的反电离作用。表现为电弧不稳；熔渣为结晶状，不易脱渣；HF 是一种有毒气体，应注意车间的通风除尘。正因为碱性焊条的抗裂性强，焊缝力学性能好，故需应用于重要结构如压力容器等的焊接。为了更好地发挥碱性焊条的抗裂作用，要求采用直流弧焊机、反接，且尽量采取短弧操作，以免把空气中的有害气体带入焊缝。

（2）焊条按用途可分为十一大类　碳钢焊条、低合金钢焊条、钼和铬钼耐热钢焊条、低温钢焊条、不锈钢焊条、堆焊焊条、铸铁焊条、镍及镍合金焊条、铜及铜合金焊条、铝及铝合金焊条、特殊用途焊条。

（3）焊条型号　由国家标准分别规定各类焊条的型号编制方法。如标准规定碳钢焊条型号为“E××××”，其中，字母“E”表示焊条；前二位数字表示熔敷金属抗拉强度的最小值；

第三位数字表示焊接位置，“0”及“1”表示焊条适用于全位置（平焊、立焊、横焊、仰焊）焊接，“2”为平焊及平角焊，“4”表示焊条适用于向下立焊；第三位和第四位数字组合时表示焊接电流种类及药皮类型。在第四位数字后附加“R”表示耐吸潮焊条；附加“M”表示耐吸潮和力学性能有特殊规定的焊条；附加“－1”表示冲击性能有特殊规定的焊条。

E 43 1 5

- 5 —— 低氢钠型药皮，直流反接使用
- 1 —— 适于全位置焊接
- 43 —— 焊敷金属$\sigma_b \geqslant 420$MPa（43kgf/mm²）
- E —— 焊条

表 3-4 为碳钢焊条国家标准型号、牌号与国外型号对照。

表 3-4 碳钢焊条国家标准型号、牌号与国外型号对照

序　　号	GB5117－1995	药皮类型	国内产品牌号	美国型号 AWS	日本型号 JIS
1	E4300	特殊型	J420G		
2	E4301	钛铁矿型	J423		D4301
3	E4303	钛钙型	J422	E6013	D4303
4	E4310	高纤维素纳型	J425X	E6010	
5	E4311	高纤维素钾型		E6011	D4311
6	E4312	高钛钠型		E6012	
7	E4313	高钛钾型	J421	E6013	D4313
8	E4315	低氢钠型	J427		
9	E4316	低氢钾型	J426		D4316
10	E4320	氧化铁型	J424	E6020	
11	E4322	氧化铁型		E6022	
12	E4323	铁粉钛钙型	J422Fe，J422FeZ		
13	E4324	铁粉钛型	J421Fe		
14	E4327	铁粉氧化铁型		E6027	E4327
15	E4328	铁粉低氢型		E6028	
16	E5001	钛铁矿型	J503		D5001
17	E5003	钛钙型	J502		D5003
18	E5011	高纤维素钾型	J505		
19	E5014	铁粉钛型		E7014	
20	E5015	低氢钠型	J507，J507X，J507Xg	E7015	
21	E5016	低氢钾型	J506，J506X，J506D	E7016	D5016
22	E5018	铁粉低氢型	J506Fe	E7018	D5016
23	E5024	铁粉钛型		E7024	
24	E5027	铁粉氧化铁型		E7027	
25	E5028	铁粉低氢型		E7028	D5026
26	E5048	铁粉低氢型		E7048	

3. 焊条的选用　焊条的种类很多，应根据其性能特点，并考虑焊件的结构特点、工作条件、生产批量、施工条件及经济性等因素合理地选用焊条。

(1) 按强度等级和化学成分选用焊条

1) 焊接一般结构，如低碳钢、低合金钢结构件时，一般选与焊件强度等级相同的焊条，而不考虑化学成分相同或相近。

2) 焊接异种结构钢时，按强度等级低的钢种选用焊条。

3) 焊接特殊性能钢种，如不锈钢、耐热钢时，应选用与焊件化学成分相同或相近的特种焊条。

4) 焊件碳、硫、磷质量分数较大时，应选用碱性焊条。

5) 焊接铸造碳钢或合金钢时，因为碳和合金元素的质量分数较高，而且多数铸件厚度、刚度较大，形状复杂，故一般选用碱性焊条。

(2) 按焊件的工况条件选用焊条

1) 焊接承受动载、交变载荷及冲击载荷的结构件时，应选用碱性焊条。

2) 焊接承受静载的结构件时，应选用酸性焊条。

3) 焊接表面带有油、锈、污等难以清理的结构件时，应选用酸性焊条。

4) 焊接在特殊条件，如在腐蚀介质、高温等条件下工作的结构件时，应选用特殊用途焊条。

(3) 按焊件的形状、刚度及焊接位置选用焊条

1) 厚度、刚度大、形状复杂的结构件，应选用碱性焊条。

2) 厚度、刚度不大，形状一般，尤其是均可采用平焊的结构件，应选用适当的酸性焊条。

3) 除平焊外，立焊、横焊、仰焊等焊接位置的结构件应选用全位置焊条。

此外，还应根据现场条件选用适当的焊条。如需用低氢型焊条，又缺少直流弧焊电源时，应选用加入稳弧剂的低氢型交、直流两用的焊条。

三、焊条电弧焊焊接工艺规范

焊接工艺规范指制造焊件所有有关的加工和实践要求的细则文件，可保证由熟炼工操作时质量的再现性。焊接工艺规范包括焊条型号（牌号）、焊条直径、焊接电流、坡口形式、焊接层数等参数的选择。其中有些已在前面述及，有的将在焊接结构设计中详述。现在仅就焊条直径、焊接电流和焊接层数的选择问题简述如下：

1. 焊条直径的选择　焊条直径主要取决于焊件厚度、接头形式、焊缝位置、焊层（道）数等因素。根据焊件厚度平焊时焊条的选用原则：一般当焊件板厚 $\delta \leqslant 4$mm 时，焊条直径 $d=\delta$；当 $\delta > 4$mm 时，常采用多层焊，焊条直径为 4mm～6mm。碳钢焊条标准直径有 1.6mm、2.0mm、2.5mm、3.2mm、4.0mm、5.0mm、6.0mm 和 8.0mm 等几种。

2. 焊接电流的选择　焊接电流大小根据焊条直径来选择。焊接电流大可提高生产率，但过大容易产生咬边、烧穿等缺陷；焊接电流过小容易产生夹渣、未焊透等缺陷。平焊时，焊接电流与焊条直径的关系见表 3-5。

表 3-5　平焊时焊接电流的选择

焊条直径/mm	2.0	2.5	3.2	4.0	5.0	6.0
焊接电流/A	40～65	50～80	100～130	160～210	200～270	260～300

焊接电流选择亦可用经验公式进行估算，估算公式为

$$I=Kd$$

式中 I——焊接电流（A）；

d——焊条直径（mm）；

K——经验系数，常取 30～40（A/mm）。

立焊、横焊、仰焊时，一般焊接电流比平焊时减小 10%～20%。在焊件厚度大、环境温度低时，焊接电流应大些，选上限；反之选下限。在保证焊接接头质量的前提下应尽量选用较大焊接电流，配合大的焊接速度，以利于提高生产率。

3. 焊层数　厚的焊件常采用开坡口（坡口形式见焊接结构设计）、多层焊，每层焊缝厚度最好不超过 4mm～5mm。当每层焊缝厚度等于焊条直径的 0.8～1.2 倍时，生产率较高。故可用下式计算焊层数

$$n=\frac{\delta}{d}$$

式中 n——焊层数；

d——焊条直径（mm）；

δ——焊件厚度（mm）。

计算值有小数时，则舍去小数取整数。

第三节　其它焊接方法

一、埋弧焊

电弧在焊剂层下燃烧进行焊接的方法称为埋弧焊。

（一）埋弧焊的焊接过程

埋弧焊的焊接过程见图 3-21。

电弧引燃后，焊丝盘中的光焊丝（一般 $d=2$mm～6mm），由机头上的滚轮带动，通过导电嘴不断送入电弧区；电弧则随着焊接小车的前进而匀速地向前移动。焊剂（相当于焊条药皮，透明颗粒状）从漏斗中流出撒在焊缝表面。电弧在焊剂层下的光焊丝和焊件之间燃烧。电弧的热量将焊丝、焊件边缘以及部分焊剂熔化，形成熔池和熔渣。最后得到受焊剂和渣壳保护的焊缝。大部分未熔化的焊剂可回收再用。

（二）埋弧焊的特点和应用

图 3-22 是埋弧焊的纵截面图，电弧燃烧后，焊件被熔化成较大体积的熔池，由于电弧向前移动，熔池金属被电弧气体排挤向后堆积。焊剂覆盖层的厚度约 40mm～60mm，一部分熔化后形成熔渣与液体金属起有利的物理化学作用。电弧被熔渣泡所包围，因此空气不能侵入熔池和焊缝。熔渣泡呈封闭形状，有一定粘度，能承受一定压力。因此使用大电流（超过 1000A）时，也不致引起金属滴向熔渣泡外飞贱，可减少

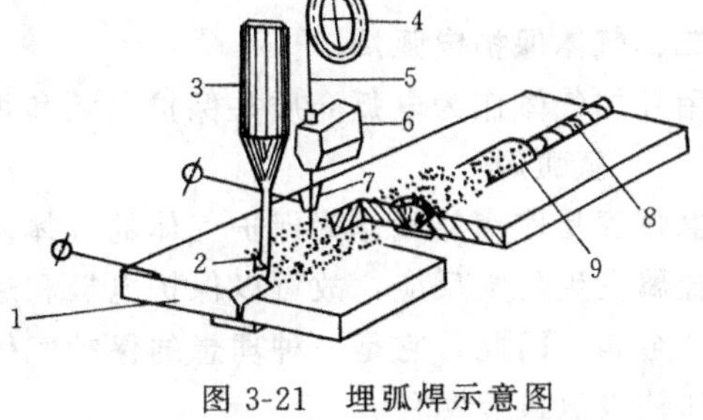

图 3-21　埋弧焊示意图

1—焊件　2—焊剂　3—焊剂漏斗　4—焊丝盘　5—焊丝　6—焊接机头　7—导电嘴　8—焊缝　9—渣壳

电弧热能的损失。另外，焊丝上没有涂料，允许提高电流密度，电弧吹力则随电流密度的增大而增大，因此埋弧焊的熔深比焊条电弧焊大得多。故而埋弧焊与焊条电弧焊相比有如下特点：

1. 生产率高　埋弧焊的焊接电流常用到1000A以上，比焊条电弧焊高6～8倍；又因焊接过程中节省了更换焊条的时间，所以埋弧焊比焊条电弧焊提高生产率5～10倍。

2. 焊接质量高而且稳定　埋弧焊焊剂供给充足，电弧区保护严密，而且焊接规范自动控制调整，焊接质量高而且稳定，焊缝表面成形美观。

3. 节省金属材料　采用埋弧焊焊接时没有焊条头，20mm～25mm以下的焊件埋弧焊时可以开I形坡口，能节省大量焊接材料。

4. 改善了劳动条件　埋弧焊看不到弧光，焊接烟雾也很少，焊接时不必用手操作，劳动条件得到了很大改善。

由于埋弧焊有着如上的特点，所以在焊接生产中已得到广泛应用。常用来焊接厚度6mm～60mm的长直焊缝和较大直径（一般不小于250mm）的环形焊缝。当焊件厚度增加和批量生产时，其优点尤为显著。

但应用埋弧焊时，必须添置价值较贵的焊机，埋弧焊对接头加工与装配要求严格，一般只适于焊接水平位置的长焊缝，亦可焊接环形焊缝，见图3-23。但不能焊接空间焊缝或不规则焊缝。对狭窄位置的焊缝，以及薄板焊接，也受到一定限制。

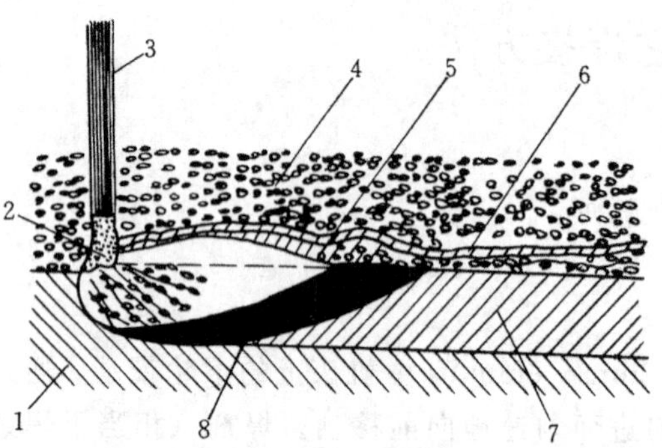

图3-22　埋弧焊的纵截面图

1—母材金属　2—电弧　3—焊丝　4—焊剂　5—熔化了的焊剂　6—渣壳　7—焊缝　8—熔池

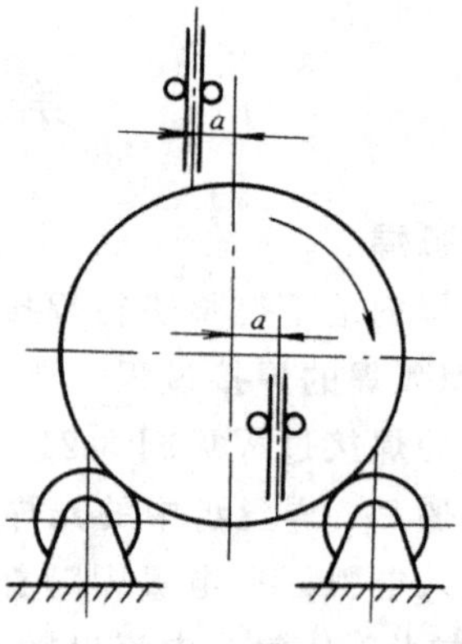

图3-23　环形焊缝埋弧焊示意图

二、气体保护电弧焊

用外加气体作为电弧介质并保护电弧和焊接区的电弧焊，简称气体保护焊。

（一）氩弧焊

氩弧焊是使用氩气作为保护气体的气体保护焊。氩气是一种惰性气体，甚至在高温下也不同金属发生化学反应，故可以保护电极和熔化金属不受空气的有害作用，同时氩气又不溶于液体金属，因此，它是一种理想的保护气体。按所用电极的不同，氩弧焊可分为熔化极氩弧焊和钨极氩弧焊两种。

1. 熔化极氩弧焊（图3-24a）　以连续送进的焊丝作为电极，同时又起填充金属的作用。金属熔滴通常呈很细颗粒，以喷射形式进入熔池，所用的焊接电流比较大，故生产率高。熔化极氩弧焊通常适用于焊接较厚的焊件，如板厚 8mm 以上的铝容器等。为使氩弧焊电弧稳定，一般采用直流反接。

2. 钨极氩弧焊（图 3-24b） 常用高熔点的钨或钨合金作为电极，焊接时需加填充金属。填充金属可以是焊丝，也可以是在焊接接头中附加填充金属条或采用卷边接头等。填充金属可采用和母材相同的材质，亦可根据需要增加一些合金元素，在熔池中对焊缝进行合金化处理。

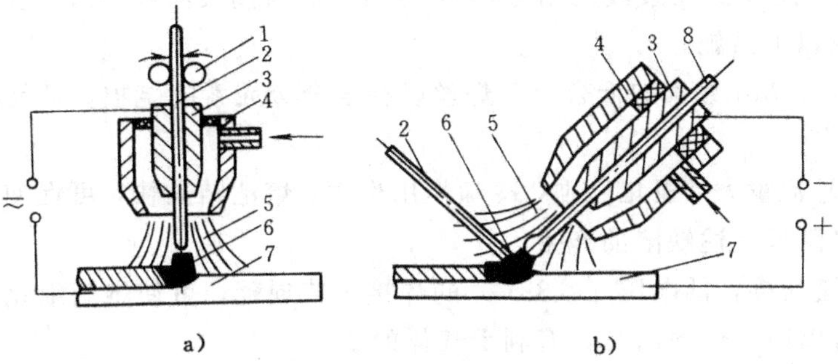

图 3-24 氩弧焊示意图

a）熔化极氩弧焊 b）钨极氩弧焊

1—送丝滚轮 2—焊丝 3—导电嘴 4—喷嘴 5—保护气体 6—电弧及熔滴 7—母材 8—钨极

氩弧焊的特点：

1）由于用惰性气体氩对熔池及焊缝进行保护，故最适于焊接易氧化的有色金属、合金钢及锆、钽、钼等稀有金属。

2）电弧和熔池区是气流保护，明弧可见，便于操作，而且容易实现全位置自动化焊接。

3）电弧在气流压缩下燃烧，热量集中，焊接热影响区小，焊件焊后焊接应力和变形小。

4）氩弧焊电弧稳定，飞溅小，焊缝致密，表面无熔渣，成形美观。

由于上述特点，氩弧焊几乎可以焊接所有的金属和合金，但氩气较贵，焊接成本高。故目前氩弧焊主要用于焊接易氧化的有色金属和合金钢，如铝、镁、钛及其合金、耐热钢、不锈钢等。为了防止保护气流破坏，氩弧焊只能在室内进行。

（二）二氧化碳气体保护焊

利用 CO_2 作为保护气体的气体保护焊，简称 CO_2 焊，它用焊丝作电极，送丝机构自动送丝，电源采用直流弧焊机，其装置见图 3-25。

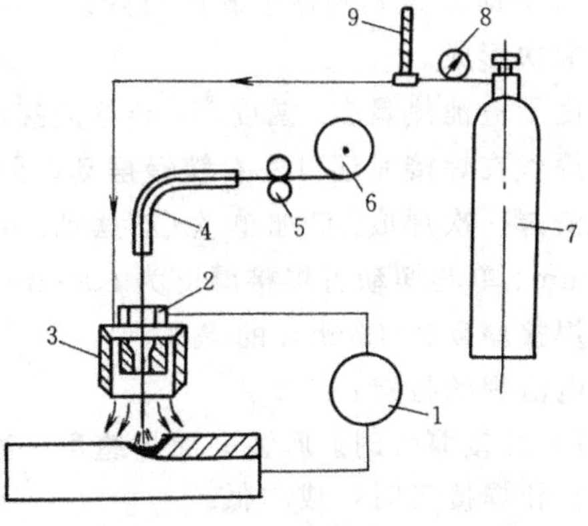

图 3-25 CO_2 气体保护焊示意图

1—直流弧焊机 2—导电嘴 3—焊炬喷嘴 4—送丝软管 5—送丝机构 6—焊丝盘 7—CO_2 气瓶 8—减压器 9—流量计

CO_2 焊的特点：

1）电流密度大、熔深大、焊速快，焊后无需清渣，故生产率比焊条电弧焊提高 1～4 倍。

2）由于保护气体的压缩作用，电弧热量集中，焊接热影响区较小，加上 CO_2 气流的冷却作用，产生变形和裂纹的倾向小。故特别适合薄板焊接。

3）焊缝氢的质量分数低，接头抗裂性好。

另外，由于明弧焊接，便于观察和操作，可适于各种位置的焊接，而且CO_2价格低廉，故CO_2焊成本只有焊条电弧焊和埋弧焊的40%左右。目前，CO_2焊已在全国广泛普及，大有在短时间内取代焊条电弧焊的发展势头。

但CO_2气体的保护作用不如氩和氦好，在高温下$CO_2 \longrightarrow CO+[O]$，使熔滴和熔池中的合金元素氧化烧损，碳元素被氧化为CO，容易引起熔滴飞溅和焊缝产生气孔。为解决上述缺点，一般采取以下措施。

1）采用含Si、Mn元素的低合金钢焊丝以补偿合金元素的烧损，且具有脱硫并减少碳的氧化作用。

2）因为CO_2流量大，氧化性强，冷却作用也大，熔池结晶快，可促使气孔的形成，适当减小气体流量可降低上述缺陷的产生。

3）采用直流反接，低电压（<35V）的焊接工艺规范，可使熔滴细化，减小飞溅；适当降低焊接速度可以减慢熔池结晶，有利于气体的析出。

三、电渣焊

电渣焊是利用电流通过液体熔渣所产生的电阻热进行焊接的方法。根据使用的电极形状，电渣焊可分为丝极电渣焊、板极电渣焊、熔嘴电渣焊等。一般总是将两个焊件垂直放置进行焊接，见图3-26。

两个焊件1位于垂直位置，相距25mm～35mm，焊件待焊焊缝两侧，装有冷却铜滑块3使液态熔渣和金属不会外流，冷却水从其内部通过，迫使熔池冷却并凝固成为焊缝。固态焊剂熔化以后形成的渣池5具有较大的电阻，当电流通过时产生大量电阻热，使渣池温度保持在1700℃～2000℃。焊丝6和焊件1被渣池加热熔化而形成熔池4。焊接过程中，焊丝不断送进并被熔化，熔池及渣池逐渐上升（冷却滑块也同时上升），下面的金属则逐渐凝固成焊缝2），从而使立焊缝由下向上顺次形成。

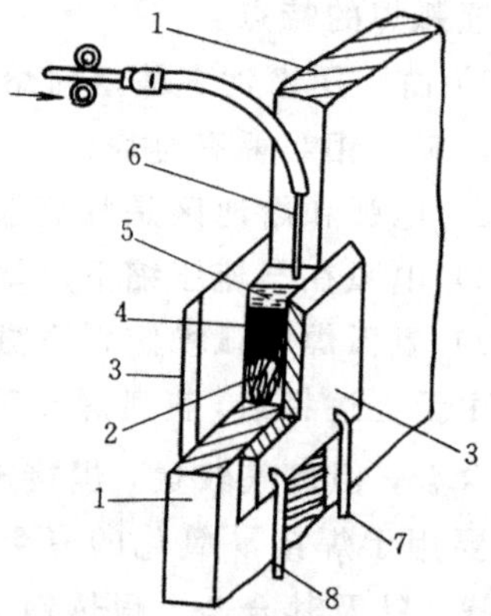

图3-26 电渣焊示意图

1—焊件 2—焊缝 3—冷却铜滑块 4—熔池 5—渣池 6—焊丝 7、8—冷却水进、出口

由于渣池热量多，温度高，与熔渣接触的金属都被熔化，而且焊丝在焊接时还可左右缓慢摆动，因此很厚的焊件也可用电渣焊一次焊成。例如单丝（不摆动）可焊接厚度为40mm～60mm、单丝摆动可焊接厚度为60mm～150mm，而三丝摆动可焊接厚度达450mm的焊件。

电渣焊的特点：

1）焊接厚件时，厚大截面焊缝可一次焊成，生产率高；同时可节省开坡口工时，节省焊接材料和焊接工时，成本低。

2）焊缝金属比较纯净。这是由于渣池机械保护好，空气不易侵入；熔池存在时间长，低熔点夹杂物和气体容易排出。

3）电渣焊接头组织粗大，焊后需要进行正火处理。

电渣焊适用于板厚40mm以上结构的焊接。一般用于直缝焊接，也可用于环缝焊接。目前，电渣焊已在我国水轮机、水压机、轧钢机、重型机械等大型设备制造中得到广泛应用。

四、等离子弧焊

前面所介绍的焊条电弧焊、埋弧焊以及气体保护焊的焊接电弧，都没有受到约束，是自由电弧。如果利用某些装置使自由电弧的弧柱受到压缩，这样就会使弧柱气体几乎完全电离成正离子和电子电荷相等的等离子体。这种等离子弧与一般的自由电弧相比，具有温度高、能量密度大，焰流可控等优点。因此，它能迅速熔化金属材料，可以用来堆焊、喷涂及切割。

（一）等离子弧发生装置

等离子弧发生装置见图 3-27。该装置由直流电源供电，利用高频振荡引弧（或短路引弧）的方法，使钨极与喷嘴或钨极与焊件之间引燃电弧。同时使电弧受到以下三个压缩作用，形成等离子弧：

1. 机械收缩效应　电弧在被迫通过喷嘴通道喷出时，电弧截面受到了约束，通道对电弧产生压缩作用，这种电弧的约束作用叫机械收缩效应。喷嘴通道的直径和长度对机械收缩效应影响很大。

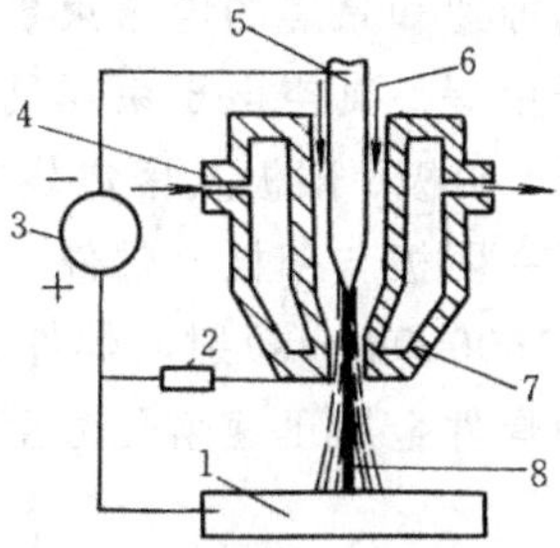

图 3-27　等离子弧发生装置示意图

1—焊件　2—电阻　3—直流电源
4—冷却水　5—钨极　6—离子气
7—喷嘴　8—等离子弧

2. 热收缩效应　当通入一定压力和流量的离子气（如氩气）时，由于喷嘴的水冷作用，使靠近喷嘴通道壁的气体受到强烈冷却，在弧柱四周产生一层电离度趋于零的冷气膜。这层中性高速气流，迫使电弧在中心高温区通过，将弧柱截面再次压缩。这种对电弧的压缩作用叫热收缩效应。一般说来，高速等离子气的流量越大，压力越大，则热收缩效应越强烈。

3. 电磁收缩效应　定向运动的电子、离子流可看成是无数根相互平行的载流导体，在弧柱电流本身产生的磁场作用下，产生的电磁力使弧柱进一步收缩，这种作用称电磁收缩效应。

电弧经三种收缩效应压缩后，成为弧柱直径很细、气体高度电离、能量非常密集的等离子弧，以很高的速度从喷嘴喷出，具有很大的动能和冲击力，当到达金属表面时，可以释放出大量的热能，加热和熔化金属，并能将熔化的金属吹除。

（二）等离子弧焊

借助水冷喷嘴对电弧的拘束作用，获得较高能量密度的等离子弧进行焊接的方法称为等离子弧焊。等离子弧焊可分为微束等离子弧焊和大电流等离子弧焊。

微束等离子弧焊时，焊接电流一般为 0.1A～30A，等离子弧喷射速度小，能量密度小，温度较低，等离子弧比较温和，可用于焊接 0.025mm～2.5mm 的箔材和薄板。

当焊接厚度 2.5mm 以上的焊件时，常使用大电流，此时气体流量大，等离子弧挺直度大，温度高，当规范选择合适时，等离子弧能够穿透整个焊件，焊后的焊缝宽度和高度均匀一致，双面成形良好，焊缝表面光洁。

等离子弧焊除具有氩弧焊的优点外，还具有以下优点：

1）等离子弧能量密度大，弧柱温度高，穿透力强，所以 10mm～12mm 厚的焊件开 I 形坡口，能一次焊透双面成形，焊接速度快，生产率高，应力变形小。

2）当焊接电流小到 0.1A 时，电弧仍能稳定燃烧，并保持良好的挺直度和方向性，所以可焊接很薄的箔材。

等离子弧焊接已日益广泛应用于生产中，特别是国防工业和尖端技术所用的铜合金、合金钢、钨、钼、钴、钛等金属的焊接。如钛合金的导弹壳体、波纹管及膜盒、微型继电器、电容器的外壳封接以及飞机上一些薄壁容器等均可用等离子弧焊。

但等离子弧焊接的设备比较复杂，气体消耗量大，只宜于室内焊接。

五、电子束焊

随着科学技术的最新发展，尤其是原子能和导弹技术的发展，大量应用锆、钛、钽、钼、铌、铂、镍及其合金。焊接这些金属用一般的气体保护焊常不能得到满意的结果。电子束焊的研制成功，顺利地解决了上述稀有和难熔金属的焊接问题。电子束焊分真空电子束焊和非真空电子束焊两种。

利用加速和聚焦的电子束轰击置于真空或非真空中的焊件所产生的热能进行焊接的方法称为电子束焊。真空电子束焊见图 3-28。电子枪、焊件及夹具全部装在真空室内。电子枪由加热灯丝、阴极、阳极及聚焦装置等组成。当阴极被灯丝加热到 2600K 时，能发出大量电子。这些电子在阴极与阳极（焊件）间的高电压作用下，经电磁透镜聚焦成电子流束，以极大的速度(达 160000km/s)射向焊件表面，电子的动能转化为热能，能量密度比普通电弧可大 5000 倍，它使焊件金属迅速熔化甚至气化。根据焊件的熔化程度，逐渐移动焊件，即能得到要求的接头。

聚焦电磁透镜由单独的直流电源供电。为调节电子束的相对位置，还另设有偏转装置。

真空室一般用低碳钢制造，内壁抛光。真空室有门可以取放焊件，还装有观察窗以观察焊接过程。焊接时，真空室内的真空度一般设计为 666×10^{-4}Pa。

电子束能量密度可根据焊件厚度调节，能量密度小时，电子束能量基本处于材料表面，焊接过程与一般电弧焊相似。电子束能量密度大时，能使材料在瞬间内熔化并蒸发，强烈的金属蒸气流将部分液相金属排出电子束作用区，形成深细的被液相围成的空腔，电子束在其内部再聚焦继续深入焊件下部，熔深甚至可达 200mm。

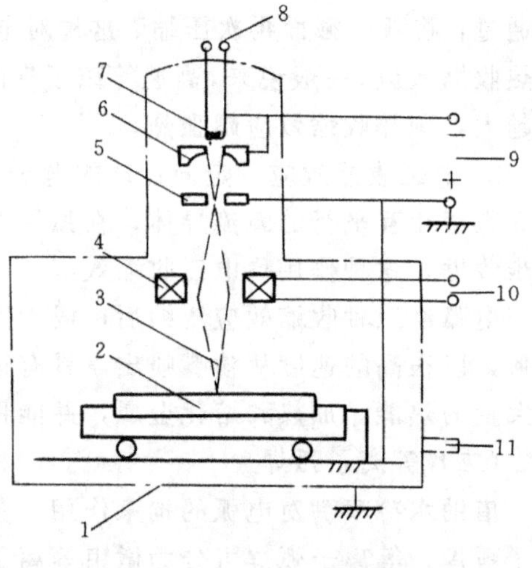

图 3-28　真空电子束焊示意图

1—真空室　2—焊件　3—电子束　4—聚焦透镜　5—阳极　6—阴极　7—灯丝　8—交流电源　9—直流高压电源　10—直流电源　11—排气装置

非真空电子束焊亦称大气压电子束焊。它是将真空条件下形成的电子束流经过充氦的气室，然后与氦气一起进到大气的环境中施焊。非真空电子束焊摆脱了真空工作室的限制，扩大了电子束焊接的范围。

真空电子束焊的特点：

1）在真空中进行焊接，金属不会氧化渗氮，且无金属电极沾污，所以能保证焊缝金属的高纯度。焊缝表面平滑洁净，没有弧坑或其它表面缺陷，焊缝内部熔合的好，无气孔、夹渣。

2）热源能量密度大、熔深大、焊速快、焊缝深而窄，能单道焊厚件。焊接热影响区很小，基本上不产生焊接变形。可防止难熔金属焊接时易产生的裂纹和泄漏。

3）焊接时一般不加填充金属。因而接头要加工得平整清洁、装配紧密，不留间隙，任何厚度的焊件都开I形坡口。

4）电子束参数可在较宽范围内调节，控制灵活、精度高，适应性强。

由于电子束焊有以上的优点，所以应用范围日益扩大，从微型电子线路组件、真空膜盒、钼箔蜂窝结构、原子燃料器件到大型的导弹外壳都可以采用电子束焊接。此外，熔点、导热性、溶解度相差很大的异种金属，在真空中使用的器件和内部要求真空的密封器件等，用真空电子束焊接也能得到良好接头。

真空电子束焊接的缺点是设备复杂、造价高，使用、维护技术要求高，焊件尺寸受真空室限制，抽真空需要一定的时间，对焊件清整装配质量要求严格，因而其应用受到一定限制。近年来，正大力研制非真空电子束焊，它的设备较简单，生产率高，成本低，已用于焊接普通钢件。

六、激光焊

激光技术是20世纪60年代科学研究的新成果，目前，在国防、工农业生产和科学实验等方面都有着广泛的用途。

利用原子受激辐射原理，使物质受激而产生波长均一、方向一致和强度非常高的光束称为激光。以聚焦的激光束作为能源轰击焊件所产生的热量进行焊接的方法称为激光焊。产生激光的器件称为激光器。激光与普通光不同，它具有单色性好、方向性好以及能量密度高等优点，所以被成功地用于金属和非金属材料的焊接、穿孔和切割。

图3-29为激光焊示意图，目前有固体及气体介质两种激光器，固体激光器常用的激光材料是红宝石或钕玻璃；气体激光器则使用二氧化碳气。

激光焊的基本原理是：利用激光器受激产生的激光束，通过聚焦系统聚焦到十分微小的焦点，其能量密度可达$10^5 W/cm^2 \sim 10^{13} W/cm^2$，当调焦到焊件接头处时，光能转换为热能，从而使金属熔化形成接头。

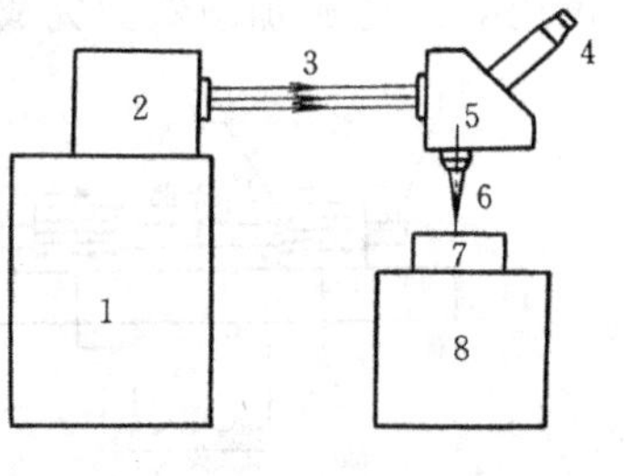

图3-29　激光焊示意图

1—电源　2—激光器　3—聚焦光束　4—瞄准镜　5—聚焦系统　6—激光束　7—焊件　8—工作台

激光焊的特点：

1）能量密度大，热量集中，作用时间短，故焊接热影响区和变形极小。特别适于热敏感材料的焊接。

2）激光辐射放出的能量极迅速，焊件不易被氧化。因此不需真空环境或气体保护，可在大气中施焊。

3）激光束能用反射镜将其在任何方向上弯曲或聚焦，焊接时激光装置与焊件之间无机械接触，因此可以焊接难于接近的接头。

激光焊比较容易实现异种金属和异种材料的焊接，如钢与铝、铜和铝、不锈钢与铜等。目前已广泛用于电子工业和仪表工业中微型件的焊接，如集成电路内外引线、微型继电器以及仪表游丝等。

但激光焊设备的有效系数低，功率小，因此焊接的厚度受到一定限制，而且对某些材料如钨、钼等的焊接还比较困难。

第四节　压焊与钎焊

焊接过程中，必须对焊件施加压力（加热或不加热），以完成焊接的方法称为压焊。

一、电阻焊

工件组合后通过电极施加压力，利用电流通过接头的接触面及邻近区域产生的电阻热进行焊接的方法称为电阻焊。

电阻焊使用低电压（2V～10V）、大电流（几千安～几万安），故焊接时间极短，一般只有 0.1s 至几十秒。与其它焊接方法相比，电阻焊生产率高，焊件变形小，无需填充金属，操作简单，劳动条件较好，易于实现机械化和自动化。但设备较复杂、耗电量大，对焊件厚度和截面形状有一定限制，一般适于成批大量生产。

电阻焊分为对焊、点焊和缝焊

（一）对焊

对焊是使用两个被焊工件沿整个接触面焊合的电阻焊工艺。按工艺不同可分为电阻对焊和闪光对焊。

1. 电阻对焊　电阻对焊是将工件装配成对接接头，使其端面紧密接触，利用电阻热加热至塑性状态，然后迅速施加顶锻力完成焊接的方法，见图 3-30。

电阻对焊操作简单，接头外形较圆滑。但焊前对焊件表面清理要求严格，否则会降低接头质量。适用于直径 20mm 以下的棒料和管材的焊接。截面形状规格相同的矩形及异形截面材料也可以应用电阻对焊工艺。

2. 闪光对焊　工件装配成对接接头，接通电源，并使其端面逐渐移近达到局部接触，利用电阻热加热这些接触点（产生闪光），使端面金属熔化，直至端部在一定深度范围内达到预定温度时，迅速施加顶锻力完成焊接的方法，称为闪光对焊，见图 3-31。

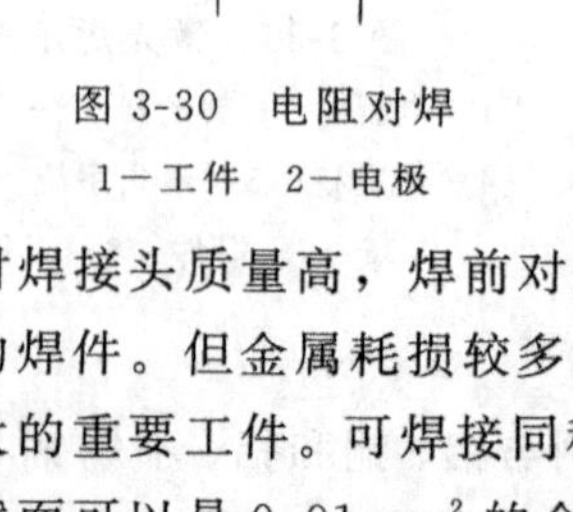

图 3-30　电阻对焊

1—工件　2—电极

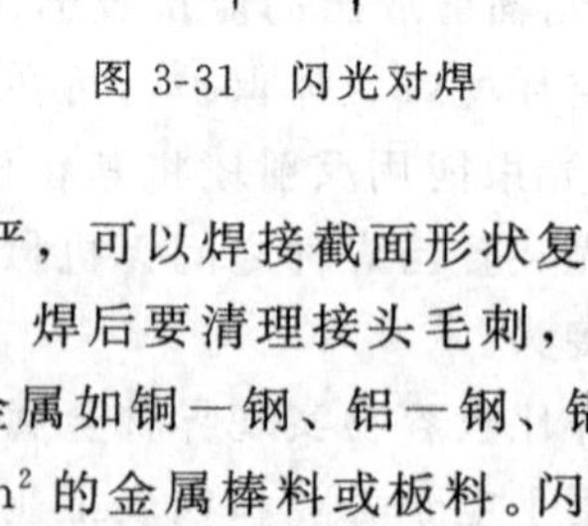

图 3-31　闪光对焊

闪光对焊接头质量高，焊前对焊件端面的清理要求不严，可以焊接截面形状复杂或具有不同截面的焊件。但金属耗损较多，焊件需留出较大余量，焊后要清理接头毛刺，常用于焊接受力较大的重要工件。可焊接同种金属，亦可焊接异种金属如铜—钢、铝—钢、铝—铜等。被焊工件截面可以是 0.01mm² 的金属丝，也可以是 2000mm² 的金属棒料或板料。闪光对焊广泛应用于建筑、机械制造、电气工程等部门，如钢筋、钢管、汽车轮缘、自行车轮圈、切削刀具，以及铝铜电缆过渡接头的焊接等。

（二）电阻点焊

电阻点焊是焊件装配成搭接接头，并压紧在两电极之间，利用电阻热熔化母材金属，形成焊点的电阻焊方法，见图 3-32。

电阻点焊的电极是用具有良好导电、导热性能的铜合金制成的柱状电极，且中间通冷却水，故电极上与焊件接触处的热量被电极传走，升温有限，不会焊合。焊接时，先加压然后通电，被紧密压合的两焊件柱状电极接触处，由于电阻热温度急速升高被熔化形成熔核，周围金属材料亦呈塑性状态。断电后，继续保持或稍加大压力，封闭在塑性材料中间的熔核在压力下凝固结晶，获得组织致密的焊点。焊第二点时，部分电流会流经已焊好的焊点这种现象称为分流现象。分流会使焊接处电流变小，影响焊点质量，故两焊点间应有一定距离，其大小与焊件材料及厚度有关，导电性越强，厚度越大，分流越严重，点距应该越大。一般最小点距见表 3-6。

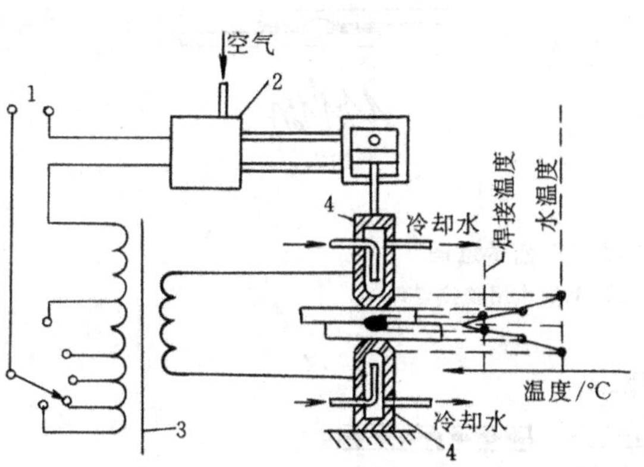

图 3-32　电阻点焊的原理与温度分布

1—电源　2—控制箱　3—变压器　4—电极

表 3-6　电阻点焊的最小点距

(mm)

工件厚度 δ	点距		
	结构钢	耐热钢	铝合金
0.5	10	8	15
1	12	10	18
2	16	14	25
3	20	18	30

电阻点焊一般为搭接接头，其接头形式见图 3-33。电阻点焊直径的大小决定电阻点焊接头强度。一般取电阻点焊直径 $d=2\delta+3\text{mm}$（δ 为板厚）。电阻点焊质量的好坏与焊接电流、通电时间、电极压力及焊件表面清理质量等有关。

电阻点焊主要适用于各种薄板、板料冲压结构及钢筋构件，广泛应用于飞机、汽车、拖拉机、农机、轻工、电子器件、仪表和日常生活用品的生产中。

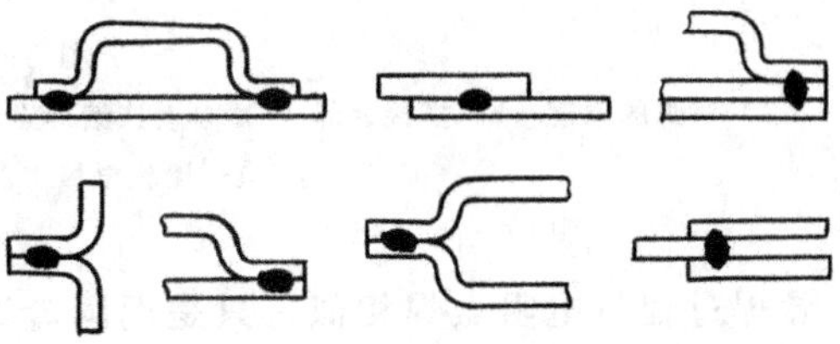

图 3-33　电阻点焊的接头形式

（三）胶接点焊

胶接点焊是以胶接加强电阻点焊强度的连接方法。它是近年来发展起来的新工艺，见图 3-34。

与电阻点焊相比，胶接点焊接头的搭接抗剪强度可提高 3 倍，疲劳强度可提高 9 倍，成本亦不太高。

（四）缝焊

工件装配成搭接或对接接头并置于两滚轮电极之间，滚轮加压工件并转动，连续或断续送电，形成一条连续焊缝的电阻焊方法称为缝焊，见图 3-35。

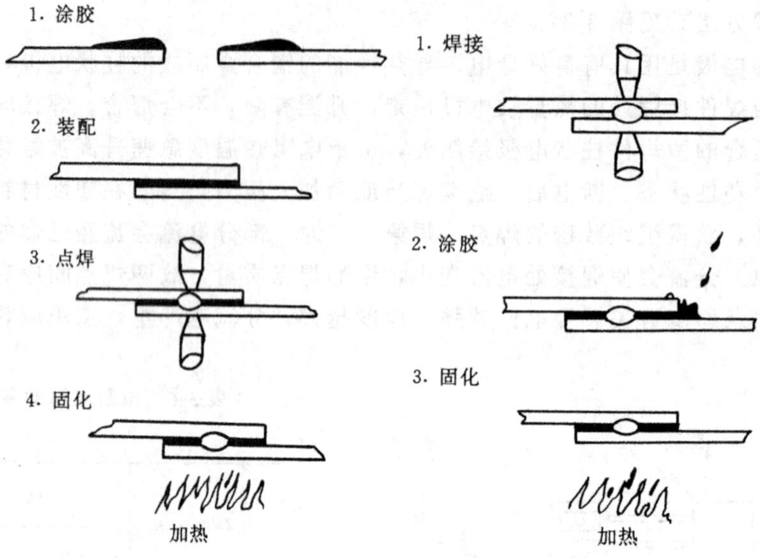

图 3-34　胶接点焊工艺示意图

a）透胶胶接点焊　b）毛细作用胶接点焊

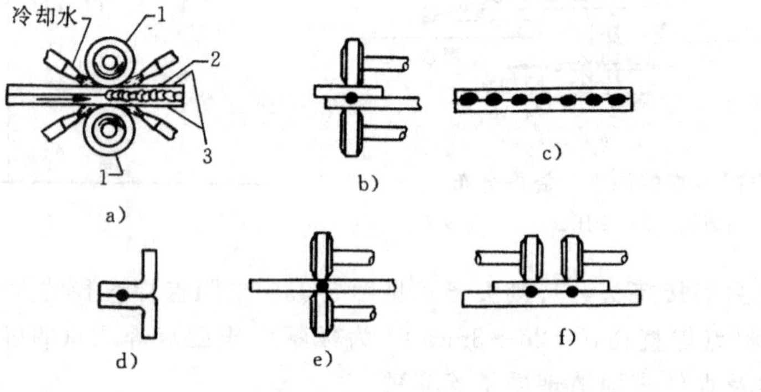

图 3-35　缝焊

a）缝焊的原理　b）搭接缝焊　c）自动连续焊点缝焊　d）卷边缝焊　e）对接缝焊　f）双道接头缝焊

1—滚轮电极　2—焊接部　3—焊件

缝焊过程与电阻点焊相似，只是用圆盘滚轮电极代替了柱状电极。焊接时，滚轮电极压紧焊件并滚动，同时带动焊件向前移动，配合连续或断续送电，形成连续焊缝或均匀断续焊点。

缝焊分流现象严重，焊接相同厚度的焊件，焊接电流约为电阻点焊的 1.5～2.0 倍，所加压力约为电阻点焊的 1.2～1.6 倍，因此要求使用大功率焊机。

缝焊主要用于焊缝较规则，有密封要求的 3mm 以下的薄壁结构，如消声器、油箱、小型容器等。

二、摩擦焊

摩擦焊是利用焊件表面相互摩擦所产生的热，使端面达到热塑性状态，然后迅速顶锻，完成焊接的一种压焊方法。摩擦焊的接头形式见图 3-36。

摩擦焊的特点是：焊接表面不易氧化，接头质量稳定，不易产生夹渣、气孔等缺陷，废品率低，无需焊条、焊剂及填充金属，操作简单、成本低、生产率高，易于实现机械化、自动化。同种金属及异种金属均可施焊。摩擦焊适用于圆形截面的棒材或管材，亦可将管材焊在平板上。实心焊件截面直径为 2mm～100mm，空心焊件最大外径可达几百毫米。

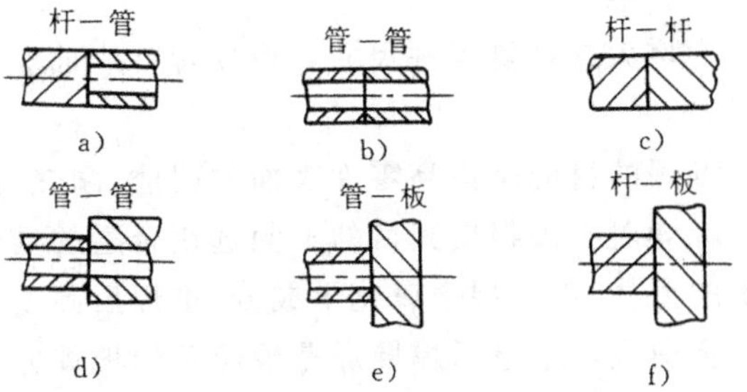

图 3-36 摩擦焊的接头形式

a）杆-管 b）、d）管-管 c）杆-杆 e）管-板 f）杆-板

由于摩擦焊耗电量仅为闪光对焊的 1/10～1/15，节省材料，焊接精度高（焊后长度公差为±0.1mm，偏心小于 0.2mm），可作为机械加工以后的精密装配焊，在棒材或管材工件的对焊上有逐步取代闪光对焊的趋势。

三、钎焊

钎焊是硬钎焊和软钎焊的总称。采用比母材熔点低的金属材料作钎料，将焊件和钎料加热到高于钎料熔点、低于母材熔化温度，利用液态钎料润湿母材，填充接头间隙并与母材相互扩散实现连接焊件的方法。钎焊常用的接头形式见图 3-37。

钎焊时，为消除焊件表面的氧化膜及其它杂质，改善液态钎料的润湿能力，保护钎料和接头不被氧化，常使用钎剂。

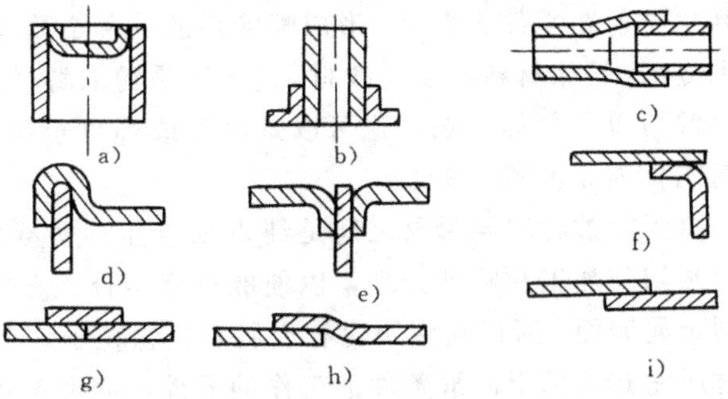

图 3-37 钎焊接头形式

（一）钎焊种类

根据钎料的熔点不同，钎焊分为以下两类。

1. 硬钎焊 使用硬钎料（熔点高于 450℃）进行的钎焊称为硬钎焊。常用的钎料有铜基、银基、铝基、镍基等合金。钎剂常用硼砂、硼酸、氯化物、氟化物等。加热方法有火焰加热、盐浴加热、炉内加热、电阻加热、高频感应加热等。硬钎焊接头强度较高，可达 490MPa，适用于受力较大及工作温度较高的焊件，如自行车车架、切削刀具等。

2. 软钎焊 使用软钎料（熔点低于 450℃）进行的钎焊称为软钎焊。常用的钎料为锡、铅钎料。焊剂为松香、松香酒精溶液、氯化锌溶液等。多用烙铁加热，接头强度较低，在 40MPa～140MPa 之间，用于受力不大或工作温度较低的工件，如电子器件、仪器、仪表等。

钎焊的特点是：加热温度低，焊件本身不熔化，故接头组织与性能变化小，焊件的应力和变形也小，易保证焊件尺寸，接头光滑平整，外形美观，同种、异种金属均可焊接，设备简单、易于实现自动化。但接头强度低，耐热温度不高，焊前对焊件清理要求较严，不适于大型构件。

第五节 堆焊与热喷涂

一、堆焊

为增大或恢复焊件尺寸，或使焊件表面获得具有特殊性能的熔敷金属而进行的焊接称为堆焊。

堆焊的目的是提高零件表面的耐磨、耐热、耐蚀等性能或修复已磨损的零件使其恢复原尺寸。堆焊时必须根据其目的不同选用合适的堆焊焊条，国家标准 GB984－85 对各种不同堆焊焊条的型号、堆焊层金属化学成分、堆焊后硬度等指标都作出了详细规定。需要时可进行查阅。

金属极焊条电弧焊堆焊是最简单的堆焊方法，堆焊时采用小电流、短电弧。为了防止焊件变形和减小焊接应力，堆焊时应尽量缩小热影响区。为了使热量分散，焊道间可采用间跳堆焊，纵向对称堆焊或螺旋形堆焊，见图 3-38。若需多层堆焊时，层与层之间的堆焊方向可互成 90°。

此外，还有电渣堆焊、气体火焰堆焊、等离子弧堆焊、保护气体堆焊等。

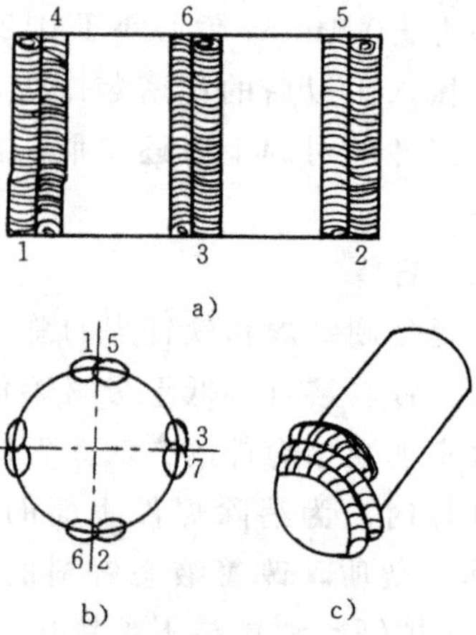

图 3-38 堆焊焊道形式

a) 间跳堆焊 b) 对称堆焊 c) 螺旋堆焊

二、热喷涂

热喷涂是将熔融状态的喷涂材料，通过高速气流使其雾化喷射在零件表面上，形成喷涂层的一种金属表面加工方法。喷涂材料可以是线材，也可以是粉末材料。喷枪热源可以是气体火焰，也可以是电弧或等离子弧等。金属线材喷涂见图 3-39。

由于涂敷材料与母材之间是纯机械结合，故要求母材表面必须清洁而无油污，喷涂前要进行预切削加工和喷砂处理，以便能良好结合。金属喷涂时，由于熔融金属被雾化后高速喷射到金属表面，所以喷涂层含有金属氧化物粒子，比轧制材料更硬、更脆、且具有多孔性。这种材质尤其适用于润滑条件下工作的零件，润滑剂可储存于多孔质的喷涂层内，这样有利于接触面的润滑。

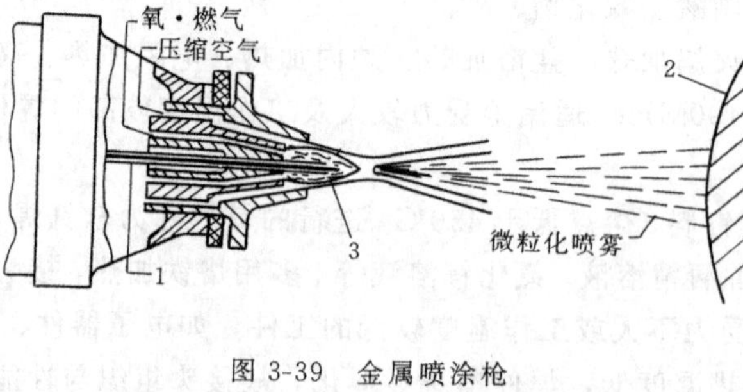

图 3-39 金属喷涂枪

1—喷涂金属丝 2—工件 3—熔融金属丝

除各种金属线材的喷涂之外，还可以喷涂制成粉末材料的陶瓷、玻璃、塑料等非金属材料，以满足各种零件表面性质的使用要求。

第六节　常用金属材料的焊接

一、金属材料的焊接性

金属材料的焊接性是指材料在限定的施工条件下，焊接成按规定设计要求的构件，并满足预定服役要求的能力。焊接性受材料、焊接方法、构件类型及使用要求四个因素的影响。即金属材料在一定的焊接工艺条件下表现出“好焊”和“不好焊”的差异。

金属材料的焊接性是一个相对的概念，不是一成不变的。同一种材料，采用不同的焊接方法、焊接材料、焊接工艺及焊后热处理，其焊接性有很大差异。另外，随着科学技术的发展，新的焊接方法的出现，原来认为不好焊，甚至不可焊的材料可能会变得比较容易焊接。曾被认为焊接性很不好的钛及钛合金，自成功地应用了氩弧焊以后，钛及钛合金的焊接构件在航空领域获得了广泛地应用。而新能源的不断涌现又促进了新的焊接方法的相继诞生，如等离子弧焊、真空电子束焊、激光焊等方法的出现，使钨、钼、钽、铌、锆等高熔点金属及其合金的焊接均成为可能。

焊接性的好坏主要从两个方面来衡量。一是焊接工艺性的优劣，如焊接接头产生的缺陷，尤其是出现各种裂纹倾向的大小；二是焊接接头在使用过程中的可靠性，如焊接接头的力学性能、耐蚀、耐热、导电、导磁等方面性能的持久性，对于铁路、机械、化工、桥梁、航空、电器、仪表、建筑等各个领域均具有不可忽视的影响。

常用金属材料相对于各种不同焊接方法的焊接性见表 3-7。

表 3-7　常用金属材料相对于不同焊接方法的焊接性

焊接方法 / 金属材料	气焊	焊条弧焊	埋弧焊	CO_2保护焊	氩弧焊	电子束焊	电渣焊	点焊、缝焊	对焊	摩擦焊	钎焊
低碳钢	A	A	A	A	A	A	A	A	A	A	A
中碳钢	A	A	B	B	A	A	A	B	A	A	A
低合金钢	B	A	A	A	A	A	A	A	A	A	A
不锈钢	A	A	B	B	A	A	B	A	A	A	A
耐热钢	B	A	B	C	A	A	D	B	C	D	A
铸钢	A	A	A	A	A	A	A	(一)	B	B	B
铸铁	B	B	C	C	B	(一)	B	(一)	D	D	B
铜及其合金	B	B	C	C	A	B	D	D	D	A	A
铝及其合金	B	C	C	D	A	A	D	A	A	B	C
钛及其合金	D	D	D	D	A	A	D	B~C	C	D	B

注：A——焊接性良好；B——焊接性较好；C——焊接性较差；D——焊接性不好。(一)——很少采用。

（一）影响金属材料焊接性的主要因素

1．材料因素　包括构件材料和焊接材料在焊接过程中均参与了熔池金属及熔合区金属的物理、化学、冶金反应，二者对焊缝区金属的化学成分及性能影响均不可忽视。而对热影响区性能的影响母材金属则是主要方面。

2. 工艺因素　焊接工艺指制造焊件有关的加工方法和实施要求，包括焊接准备、材料选用、焊接方法选定、焊接参数、操作要求等。同一种母材金属，由于选择的焊接方法或工艺措施不同，其焊接性表现出很大的差异。焊接方法主要从两个方面影响焊接性，一是热源的特点，即电流密度、加热温度、功率大小等，它可以直接改变焊接热循环的各项参数，二是对熔池和接头附近区域的保护方式。在各种工艺措施中，常用的是焊前定位、预热及焊后热处理。这些措施对减小焊接变形，降低焊接残余应力，防止热影响区淬硬，脆化，防止焊缝区热裂和冷裂均起到一定的作用。此外，严格烘干焊条、焊剂，清洗焊丝，合理地开坡口和安排焊接顺序，精密安排装配尺寸等对降低焊接缺陷具有积极作用。

3. 结构因素　焊接结构设计时结构受力状态及接头处的刚度、应力集中等方面对焊接性影响甚大。

4. 工作环境　载荷的性质、工作温度、工作介质等都属于工作环境。工作环境的不同对焊接构件的焊接性，尤其是能否长期持久地在其所处环境下可靠地工作，需要认真考虑。国际国内由于焊接造成的桥梁断裂、飞机坠毁、锅炉爆炸等事故给焊接构件可靠性研究留下了重大课题。

（二）焊接性的评定

根据目前的焊接技术水平，工业上应用的绝大多数金属材料都具有焊接性，只是焊接的难易程度有别。当采用某种新材料（指本单位以前未曾焊接过的材料）制造焊接构件时，了解及评定其焊接性是产品设计、施工准备及正确制订焊接工艺规范的重要依据。

金属的焊接性可以通过估算或试验的方法来评定。

1. 用碳当量法估算钢材焊接性　碳当量是把钢中合金元素（包括碳）的含量按其作用换算成碳的相当含量。在实际焊接构件中所用的金属材料大多是钢材，影响钢材焊接性最大的化学成分是碳，因此常将其它元素对焊接性的影响折合成碳的影响来估算被焊材料的焊接性，它可作为评定钢材焊接性的一种参考指标。

国际焊接学会推荐的碳素钢及低合金钢的碳当量计算公式为

$$CE=\left(C+\frac{Mn}{6}+\frac{Cr+Mo+V}{5}+\frac{Ni+Cu}{15}\right)\times 100\%$$

式中各元素的含量均取其成分范围的上限。

经验证明，CE越高，钢材的焊接性越差。当$w_{CE}<0.4\%$时，热影响区淬硬及冷裂倾向不大，焊接性优良，焊前一般不需预热；当$w_{CE}=0.4\%\sim0.6\%$时，热影响区的淬硬及冷裂倾向逐渐增大，焊接性较差，需采取适当的焊前预热、焊后缓冷等工艺措施；当$w_{CE}>0.6\%$时，热影响区的淬硬及冷裂倾向严重，焊接性很差，需遵守严格的焊前、焊后及焊接过程中的焊接工艺规范才能保证焊接质量。

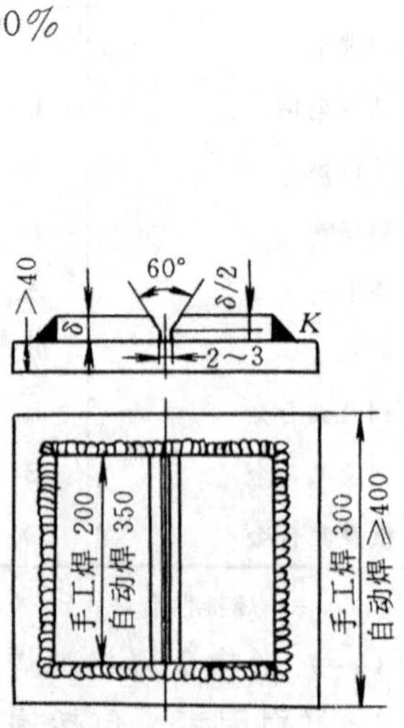

图 3-40　刚性固定对接抗裂试验简图

2. 焊接性试验　指评定母材金属焊接性的试验。例如焊接裂纹试验、接头力学性能试验、接头腐蚀性试验等。现以刚性固定对接抗裂试验为例加以说明，见图 3-40。

首先切制一个厚度大于40mm的方形刚性底板，刚性底板的边长在手工焊时取300mm、自动焊时大于400mm；再将待试验材料按原厚度及图示尺寸切割成两块长方形试板，按规定开坡口，除坡口面外，其它面均不加工。然后将试件周围固定在刚性底板上，固定焊缝的焊脚 K 值按试板厚度 δ 的大小而定，当 $\delta \leqslant 12$mm 时，取 $K=\delta$；当 $\delta > 12$mm 时，取 $K=12$mm，待固定焊缝冷却至常温以后，依照实际的焊接工艺规范焊接待试焊缝，具体用单层焊或多层焊应与实际吻合。焊完后，将试件置于室温下 24h，先检查焊缝表面及热影响区表面有无裂纹，最后垂直于焊缝方向切取两块横向磨片，检查有无裂纹，来判断该试件材料的焊接性。根据试验结果制订或调整焊接工艺规范。

二、碳素钢的焊接

1. 低碳钢的焊接　低碳钢塑性好，一般没有淬硬倾向，对焊接热过程不敏感，具有良好的焊接性。焊接时一般不需要采取特殊的工艺措施即可获得优质接头。但对于厚度大于 50mm 的构件，需用多层焊，焊后应进行消除应力退火；在低温条件下焊接刚度大的构件时，由于温差大而变形又受到限制，会导致较大的焊接应力，应进行焊前预热，重要构件常进行焊后去应力退火或正火。

低碳钢可以用各种方法进行焊接，常用的是焊条电弧焊、埋弧焊、电阻焊、电渣焊和气体保护焊。一般结构常使用酸性焊条，如 E4303、E4320、E4301、E4310 等；对于承受重载或低温下工作的重要构件，以及厚度大、刚度大的构件可采用低氢型焊条，如 E5015、E5016、E4316 等。埋弧焊一般采用 H08A 或 H08MnA 焊丝，配以 HJ431 焊剂进行焊接。

2. 中、高碳钢的焊接　中、高碳钢属于淬火钢，随着碳的质量分数的增加，其淬硬倾向渐趋严重，焊接性明显变差。易淬火钢在母材金属近缝区易形成淬火组织，见图 3-41。尤其焊接厚度较大的钢板需采用多层焊时，第一层焊缝的熔合比一般在 30%左右，故在焊缝金属中碳的质量分数比较高，易产生热裂纹；当熔池脱氧不充分时，易生成 CO_2 气孔。

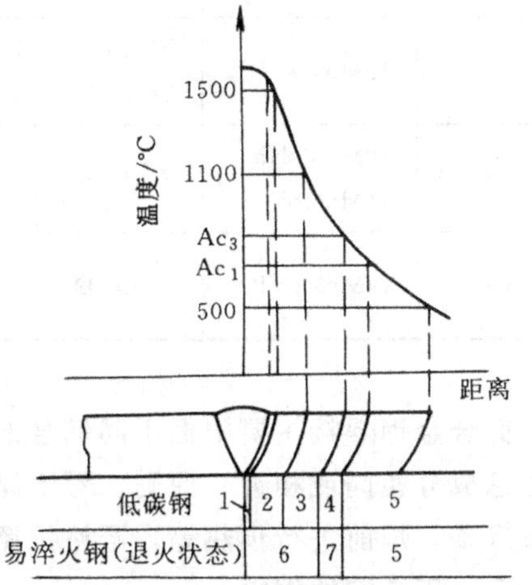

图 3-41　易淬火钢与低碳钢热影响区组织比较

1—熔合区　2—过热区　3—细晶区　4—不完全重结晶区　5—未受影响母材　6—淬火区　7—部分淬火区

通常焊接中碳钢的铸件或锻件，焊接时一般从两方面着手：一是选用适当的焊条，如抗裂性好的低氢型焊条或奥氏体不锈钢焊条等；二是采用一定的焊接工艺措施，如焊前预热工件，采用细焊条、小电流、开坡口、多层焊，防止母材金属过多地熔入焊缝，以防止产生热裂纹，并采用焊后缓冷以防止产生冷裂纹等。

高碳钢工件则只用于补焊而很少用于构件的焊接。

三、低合金钢的焊接

1. 低合金钢焊接经常出现的问题

(1) 热裂纹　热裂纹指焊接过程中，焊缝和热影响区金属冷却到固相线附近的高温区产生的焊接裂纹。其原因在于低合金钢的焊接过程中铜、硼、氮等元素成为形成裂纹的敏感元素。同时，工件的刚度越大，在凝固结晶时产生应力状态越复杂，产生裂纹的倾向也越大。

(2)冷裂纹　焊接接头冷却到较低温度下（对于钢来说在Ms温度以下）时产生的焊接裂纹称为冷裂纹。冷裂纹常发生在高强度钢的厚板结构中。其原因是接头的刚度大，造成的局部应力大，或在冷却过程中氢析出后聚集造成局部应力超过了钢的强度极限。

(3) 白点　在焊缝金属拉断面上，出现的如鱼目状的一种白色圆形斑点称为白点。其产生原因是焊接过程中吸收了过量的氢，故又称氢白点。氢白点会显著降低焊缝金属的塑性。

2. 低合金钢的焊接工艺特点　我国广泛使用的低碳低合金钢，按屈服点可分为300MPa、350MPa、400MPa、450MPa、500MPa五个等级。其钢号、常用的焊接方法及焊接材料，见表3-8。

表 3-8　低合金钢常用的焊接方法及焊接材料

屈服点/MPa	钢号示例	焊条电弧焊 焊条牌号		埋弧焊		预热温度/°C
				焊丝牌号	焊剂牌号	
300	$09Mn_2$ $09Mn_2Si$	E4303 E4316	E4301 E4315	H08 H08MnA	HJ431	一般不预热
350	16Mn	E5003 E5016	E5015 E5015	H08A，H08MnA H10Mn2，H10MnSi	HJ431	
400	15MnV 15MnTi	E5016 E5516-G	E5015 E5515-G	H08MnA，$H08Mn_2Si$ H10Mn2，H10MnSi	HJ431	≥100
450	15MnVN	E5516-G E6016D1	E5515-G E6015D1	H08MnMoA	HJ431 HJ350	
500	18MnMoNb 14MnMoV	E7015D2		H08Mn2MoA H08Mn2MoVA	HJ250 HJ350	≥150
550	14MnMoVB	E7015D2		H08Mn2MoVA	HJ250 HJ350	

低合金钢焊接主要根据不同钢号的屈服点等级选择焊接材料，应遵守等强度（某些钢号应考虑成分相同或相近）原则。对于厚度大、刚度大的构件或在低温下焊接时应考虑使用低氢型焊条，焊前进行预热等，严格按照焊接工艺规范施焊。

四、不锈钢的焊接

不锈钢中应用最广泛的是奥氏体不锈钢，如18-8型铬镍奥氏体不锈钢，其焊接性良好。常采用焊条电弧焊和钨极氩弧焊，也可用埋弧焊。焊条电弧焊时，应选用与母材化学成分相同的焊条；氩弧焊和埋弧焊时，选用的焊丝应保证焊缝化学成分与母材相同。

焊接奥氏体不锈钢的主要问题是晶界腐蚀和热裂纹。由于不锈钢在500℃～800℃范围内长时间停留，晶界处将析出碳化铬，引起晶界贫铬区，使接头丧失耐蚀性能。因此，应选择适当的焊接材料及采用小电流、快速焊、强制冷却等措施以防止晶界腐蚀。热裂纹是由于晶界处易形成低熔点硫、磷等共晶，且此类钢本身热导率较小，仅为低碳钢的1/3左右，而线膨帐系数大，约比低碳钢大50%，故在焊接时易形成较大拉应力。应严格控制硫、磷等杂质的含量。

五、铸铁的补焊

为修补工件（铸件、锻件、机械加工件或焊接结构件）的缺陷而进行的焊接称为补焊。铸铁是铁碳含量很高的铁碳合金，在焊接过程中极易形成白口组织和裂纹。因此，在补焊时必须引起高度重视。

1. 避免白口和裂纹的措施　白口组织出现的主要原因是碳含量高。如果能使焊缝金属缓慢冷却、调整热循环，使碳元素可以自由地游离出来，就可以降低白口组织的形成；若能进一步调节焊缝金属的化学成分则会达到更好的效果。硅、铝等是促进石墨化元素，其含量的提高可促进碳以石墨形态析出；而硫、铬等则是反石墨化元素。在焊接材料中应增大促进石墨化元素的含量，降低反石墨化元素的含量，以防止或降低白口的形成倾向。同时，在焊接过程中应采取种种措施，减小焊接应力，防止裂纹的产生。

2. 铸铁的补焊方法及补焊材料

（1）铸铁的补焊方法　补焊方法有热焊法，即焊前将工件全部或局部预热到 500℃～700℃，焊后在炉中缓慢冷却；半热焊法，即焊前将工件预热到 400°C 然后进行补焊；冷焊法，即焊前工件不预热或预热温度在 400°C 以下进行补焊的方法。

（2）铸铁补焊材料　一般采用铸铁焊条。常用的铸铁焊条有两类：一类为焊缝金属是铸铁组织的焊条，如 EZC、EZCQ；另一类是焊缝组织为非铸铁组织的焊条，如 EZNiCu-1、EZFe1、EZV 等。

六、有色金属的焊接

（一）铜及铜合金的焊接

铜及铜合金按所含元素的不同，可分为纯铜、黄铜、青铜和白铜。

1. 铜及铜合金的焊接特点

1）导热性强（纯铜的热导率约为低碳钢的 8 倍），因此要求强热源，否则容易产生焊不透等缺陷。对于厚而大工件焊前需预热。

2）膨胀系数大，液固转变时的收缩也大。因此焊接时易产生较大的焊接应力，变形和裂纹倾向大。

3）液态时易氧化生成 Cu_2O，结晶时和铜形成低熔点的共晶体，也是产生裂纹的原因之一。合金中的其它元素氧化倾向比铜还强，易形成夹杂，尤其是黄铜中的锌，其沸点仅 906℃，在高温下蒸发，生成的 ZnO 呈白色烟雾，不仅降低接头的力学性能，而且有毒。

4）液态时吸气性强，特别容易吸收氢，若凝固时析出不充分容易生成气孔。

5）铜的电阻极小，故不适于采用电阻焊。

2. 铜及铜合金的焊接工艺

（1）气焊　气焊时一般依工件厚度不同，开 I 形、V 形、X 形坡口。焊前要把焊件坡口及其两侧的污物清理干净。焊接时一般不用定位焊缝（指焊前为装配和固定构件接缝的位置而焊接的短焊缝），只有在组装件时才用定位焊缝定位。焊接火焰采用中性焰，且应选较大的火焰功率。焊后应进行退火处理。

（2）焊条电弧焊　焊条电弧焊应先开坡口并清理污物。一般采用低氢型焊条，如 TCu 直流反接。焊接电流与工件的厚度或焊条直径有关。

（3）手工氩弧焊　氩弧焊是铜及铜合金焊接的首选方案。可有效地保护熔池不被氧化和熔入气体，得到优良的焊接接头，工件变形小，若板厚小于 3mm，可开 I 形坡口；板厚在 3mm

～10mm 时开 V 形坡口；板厚大于 10mm 时开 X 形坡口。焊前应清理除去焊件坡口边缘及焊丝表面的氧化膜。焊接时要合理地选择焊接工艺规范，焊接速度要高；焊接电流选择与板厚、工件结构、预热温度等因素有关。焊后要进行热处理。

纯铜常采用 HSCu 焊丝；黄铜用 HSCuZn 系列焊丝；白铜用 HSCuZnNi 和 HSCuNi 焊丝；青铜用 HSCuSi、HSCuSn、HSCuAl 焊丝。手工氩弧焊操作方法见图 3-42。

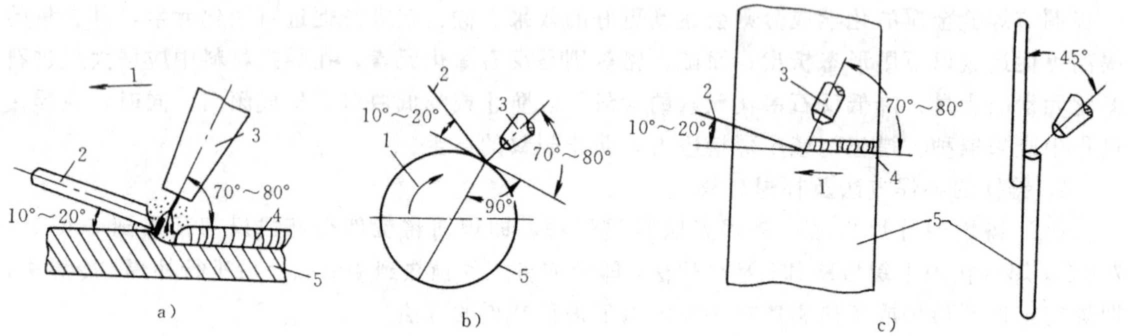

图 3-42 手工氩弧焊操作示意图

a）平焊操作 b）环缝焊操作 c）搭接横焊操作

1—焊接方向 2—焊丝 3—焊嘴 4—焊缝 5—焊件

（二）铝及铝合金的焊接

1. 铝及铝合金的焊接特点

1）铝的热导率大，比热容大，膨胀系数也大，焊接时易产生焊接应力与变形并导致裂纹的产生。因而需要强而集中的热源。

2）铝的氧化性强，且形成的 Al_2O_3 不易浮出熔池表面。同时铝液能吸收大量的氢，而固态时又几乎不溶解氢气。因此在焊接条件下很容易形成夹渣和气孔。

3）铝的熔点低，由固态至液态无颜色变化，故难于掌握加热温度，易烧穿。且在高温下强度和塑性很低，焊接时常由于不能支持熔池金属而引起塌陷，故常需用垫板。

2. 铝及铝合金的焊接工艺 目前铝及铝合金常用的焊接方法有氩弧焊、气焊、点焊、缝焊和钎焊。熔化焊所用的焊丝有：对于纯铝用 SAl 系列焊丝；对于铝镁合金用 SAlMg 系列焊丝；对于铝铜合金用 SAlCu 焊丝；对于铝硅合金用 SAlSi 系列焊丝。

(1) 气焊 气焊适用于薄壁小件。由于其热量分散，焊接质量和生产率较低。常见的薄铝板接头形式见图 3-43。

焊嘴的大小一般根据板厚来选择。薄铝板极易烧穿，所以要选比焊同等厚度钢材时小的焊嘴；较厚而大的铝件由于散热快，应选用比焊同等板厚钢板时大一些的焊嘴。

(2) 手工氩弧焊 氩弧焊是焊接铝及铝合金较为理想的焊接方法。氩弧焊保护效果好，采用反接极性对熔池表面氧化膜产生“阴极破碎”作用，既

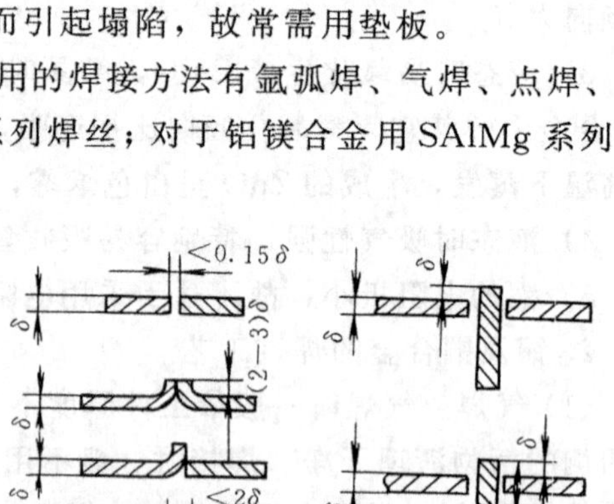

图 3-43 薄铝板的接头形式

破坏了氧化膜又保护了焊缝，使接头力学性能提高，成形美观，变形小。但焊前清理要求严格。薄板焊接多用钨极氩弧焊，熔化极氩弧焊主要用于板厚大于 3mm 的构件。

氩气纯度要求控制在 φ_{Ar}99.9%以上，氮气不能超过 φ_{N_2}0.05%，否则会造成熔池的流动变坏，焊缝表面成形不良。

第七节　焊接结构设计

焊接结构的设计不仅仅要考虑结构的使用性能、环境要求和国家的技术标准与规范，而且应当充分考虑焊接结构的焊接工艺性和现场的实际情况，采用即经济又合理的设计方案，才能保证切实可行、优质高效。

一、焊接结构材料的选择

在满足结构使用要求的条件下，尽量选择焊接性能较好的材料。一般碳的质量分数小于 0.25%的碳素钢和碳的质量分数小于 0.20%的低合金钢都具有良好的焊接性，应尽量采用。碳的质量分数大于 0.50%的碳素钢和碳的质量分数大于 0.40%的合金钢焊接性不好，尽量避免采用。同一构件焊接时尽量选用同种金属材料。异种金属材料焊接时，往往由于两者的物理、化学及热性能等的不同，其焊接性具有很大差异，焊接难度较大，甚至难于用熔焊的方法进行焊接。然而，由于某些零件结构整体与局部的使用要求存在着很大性能区别，所以异种材料结构的熔焊是很有前途的研究课题。

二、焊接方法的选择

焊接方法选择的主要依据是材料的焊接性、工件的结构形式、厚度和各种焊接方法的适用范围、生产率等。目前常用焊接方法的特点见表 3-9。

表 3-9　常用焊接方法比较

焊接方法	焊接热源	主要接头形式	焊接位置	钢板厚度 δ/mm	被焊材料	生产率	应用范围
焊条电弧焊	电弧热	对接、搭接、T 形接、卷边接	全位焊	3～20	碳素钢、低合金钢、铸铁、铜及铜合金	中等偏高	要求在静止、冲击或振动载荷下工作的机件，补焊铸铁件缺陷和损坏的机件
气焊	氧－乙炔火焰热	对接、卷边接	全位焊	0.5～3	碳素钢、低合金钢、铸铁、铜及铜合金、耐热钢、铝及铝合金	低	要求耐热性、致密性、静载荷、受力不大的薄板结构，补焊铸铁件及损坏的机件
埋弧焊	电弧热	对接、搭接、T 形接	平焊	6～60	碳素钢、低合金钢、铜及铜合金等	高	在各种载荷下工作，成批生产、中厚板长直焊缝和较大直径环缝
氩弧焊	电弧热	对接、搭接、T 形接	全位焊	0.5～25	铝、铜、镁、钛及钛合金、耐热钢、不锈钢	中等偏高	要求致密、耐蚀、耐热的焊件

（续）

焊接方法	焊接热源	主要接头形式	焊接位置	钢板厚度 δ/mm	被焊材料	生产率	应用范围
二氧化碳气体保护焊	电弧热	对接、搭接、T形接	全位焊	0.8～25	碳素钢、低合金钢、不锈钢	很高	要求致密、耐蚀、耐热的焊件
电渣焊	熔渣电阻热	对接	立焊	40～450	碳素钢、低合金钢、不锈钢，铸铁	很高	一般用来焊接大厚度铸、锻件
等离子弧焊	压缩电弧热	对接	全位焊	0.025～12	不锈钢、耐热钢、铜，镍、钛及钛合金	中等偏高	用一般焊接方法难以焊接的金属及合金
对焊	电阻热	对接	平焊	≤20	碳素钢、低合金钢、不锈钢、铝及铝合金	很高	焊接杆状零件
点焊	电阻热	搭接	全位焊	0.5～3	碳素钢、低合金钢、不锈钢、铝及铝合金	很高	焊接薄板壳板
缝焊	电阻热	搭接	平焊	<3	碳素钢、低合金钢、不锈钢、铝及铝合金	很高	焊接薄壁容器和管道
钎焊	各种热源	搭接、套接	平焊	—	碳素钢，合金钢、铸铁、铜及铜合金	高	用其它焊接方法难于焊接的焊件，以及对强度要求不高的焊件

三、焊接接头设计

（一）焊接结构应尽量选用型材或冲压件

设计焊接结构时应尽量采用工字钢、槽钢、角钢和钢管等成形材料以减少焊缝、简化工艺。同时也降低了焊接应力，使变形和裂纹的倾向减小，增加构件的强度和刚度。对于形状较复杂的部分可考虑用锻件、冲压件或铸钢件进行焊接。图 3-44 是合理选材以减少焊缝的实例。

（二）合理布置焊缝

焊缝位置的布置是结构设计的关键之一。

1）焊缝布置应尽量分散，且不宜过长。焊缝之间的距离应大于板厚的 3 倍，且不小于 100mm。焊缝过于密集或交叉会使接头严重过热，焊接应力、变形及裂纹的倾向增加，见图 3-45。

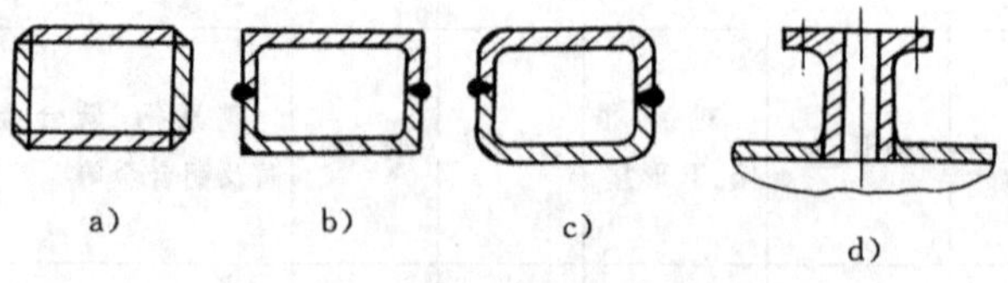

图 3-44　合理选材与减少焊缝

a）用四块钢板焊成　b）用两根槽钢焊成　c）用两块钢板弯曲后焊成　d）容器上的铸钢件法兰

2）焊缝的位置应尽量对称布置，否则会由于焊缝不在中心引起弯曲变形，见图 3-46。

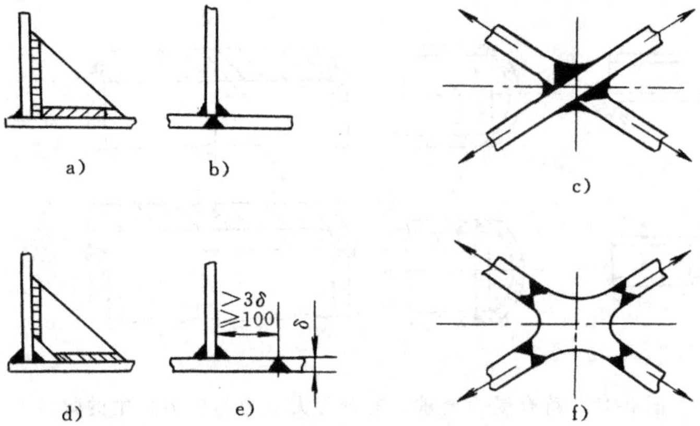

图 3-45 焊缝分散布置的设计

a)、b)、c) 不合理 d)、e)、f) 合理

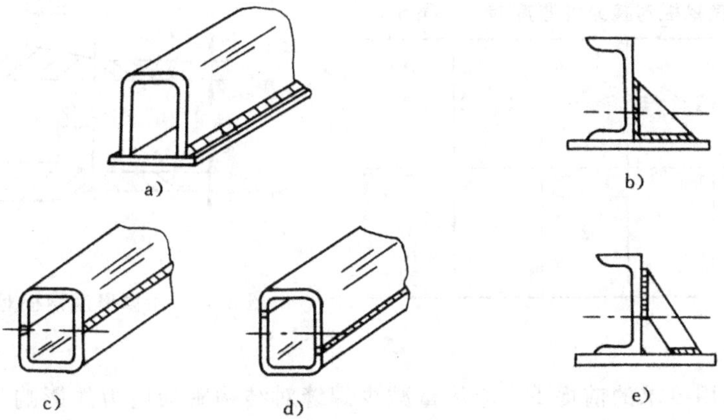

图 3-46 焊缝对称布置的设计

a)、b) 不合理 c)、d)、e) 合理

3) 应尽量减少构件或焊接接头部位的应力集中，避免尖角焊缝，见图 3-47。

4) 焊缝应避开最大应力和应力集中的部位，见图 3-48。

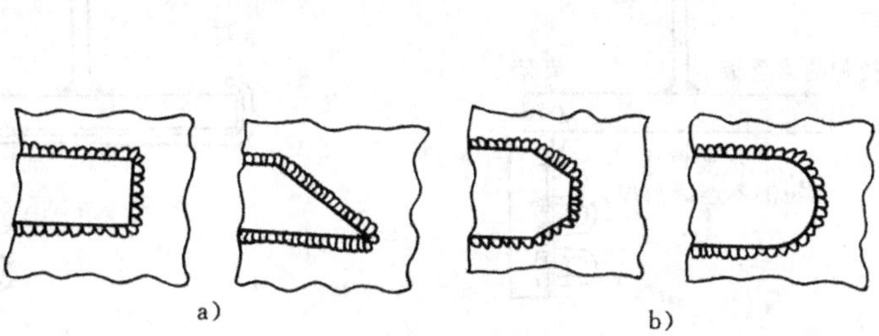

图 3-47 避免尖角焊缝

a) 不合理 b) 合理

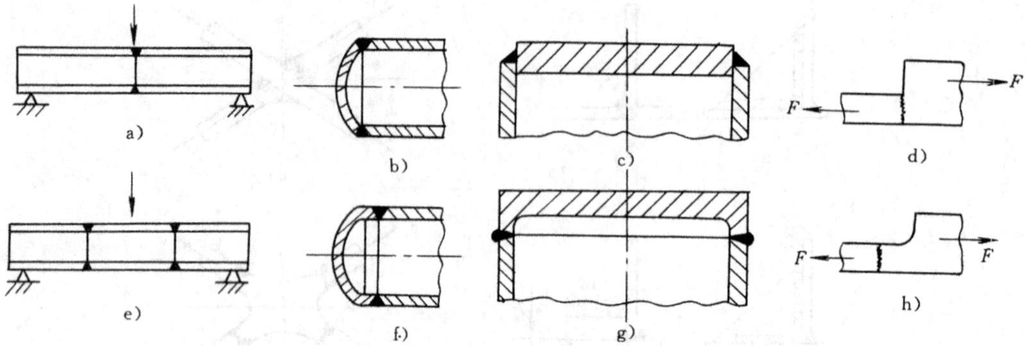

图 3-48　符合受力要求，避开最大应力与应力集中的焊缝

a)、b)、c)、d) 不合理　e)、f)、g)、h) 合理

5）对于不同厚度钢板的受力对接接头，若两板的厚度差（$\delta-\delta_1$）不超过表 3-10 规定数字时，接头的基本形式和尺寸按厚板选取；超过规定数字时，厚板上应单面或双面削薄，其削薄长度 $L\geqslant3$（$\delta-\delta_1$）。削薄方法，见图 3-49。

表 3-10　不同厚度钢板对接允许厚度差　（mm）

较薄板的厚度 δ_1	$\geqslant2\sim5$	$\geqslant5\sim9$	$\geqslant9\sim12$	$\geqslant12$
允许厚度差（$\delta-\delta_1$）	1	2	3	4

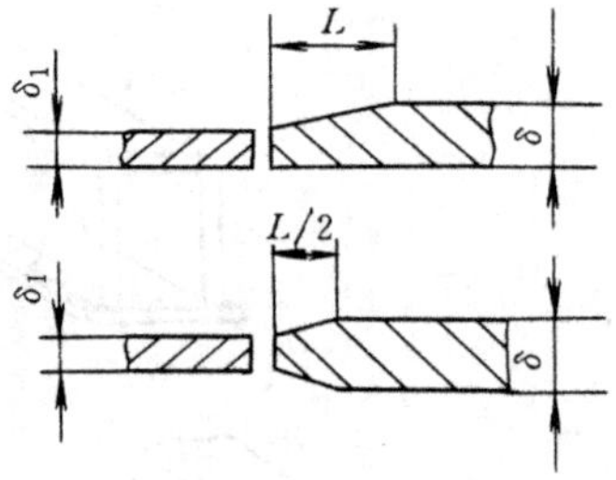

图 3-49　不同厚度钢板对接的削薄方法

6）在满足使用要求的前提下，应尽量减少焊缝对结构附加应力的影响。如果附加构件的焊缝对主要受力构件影响过大，甚至可能引起裂纹时，可用附加元件代替次要焊缝，见图 3-50。

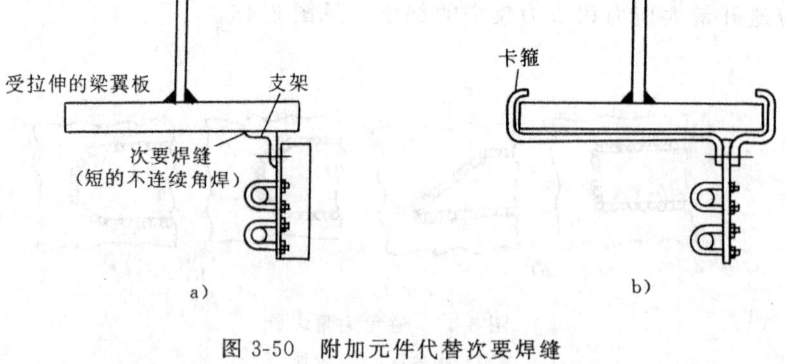

图 3-50　附加元件代替次要焊缝

a）次要焊缝影响主要受力构件　b）附加元件（卡箍）代替次要焊缝

（三）焊接结构的工艺性

焊接结构的设计不仅会影响焊接的难易程度，同时对焊接接头质量、生产率等具有重大影响。

1）焊接位置：熔焊时，焊件接缝所处的空间位置按其焊缝倾角及转角的不同，可分为平焊、横焊、立焊和仰焊位置，见图 3-51。

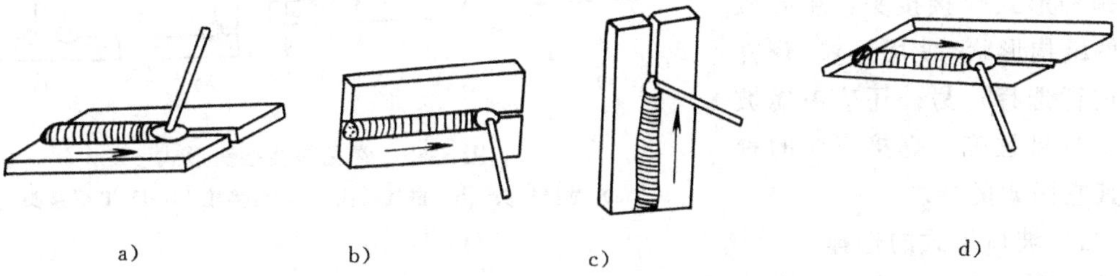

图 3-51　焊接位置

a）平焊　b）横焊　c）立焊　d）仰焊

2）某些焊接结构，如果在机械加工后进行焊接时，为避免加工精度受到影响，焊缝设计应远离加工表面，见图 3-52。

3）焊缝布置应考虑到操作空间，以满足焊接时运条角度的需要，见图 3-53。

4）点焊或缝焊的焊缝位置必须符合柱状电极或滚轮电极的焊接特点，见图 3-54。

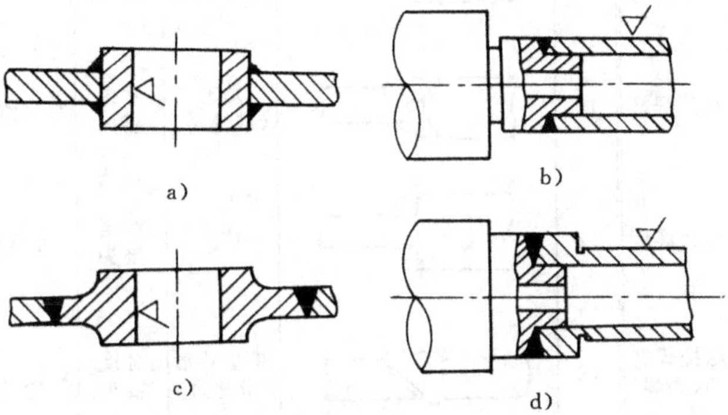

图 3-52　焊缝应避开加工表面

a）、b）不合理　c）、d）合理

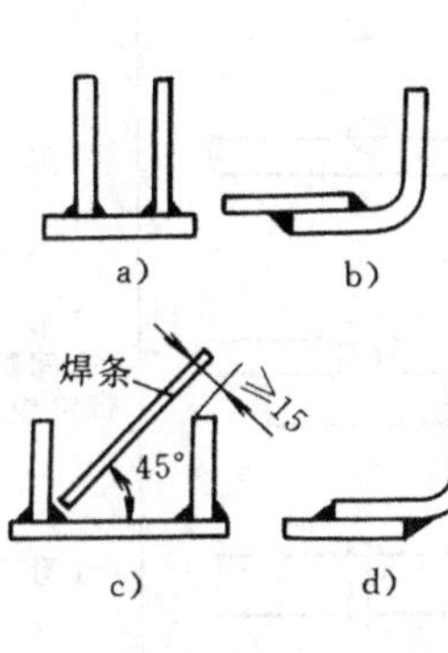

图 3-53　焊条电弧焊的焊缝布置

a）、b）不合理　c）、d）合理

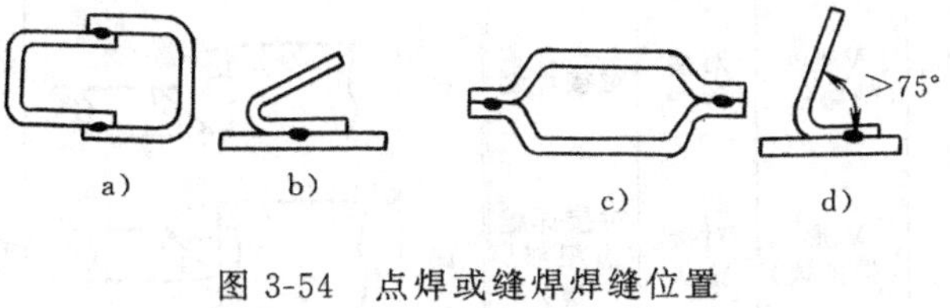

图 3-54　点焊或缝焊焊缝位置

a）、b）不合理　c）、d）合理

四、焊接接头的形式与坡口

（一）焊接接头形式的选择

常见的焊接接头形式有对接、搭接、角接和 T 形接头，见图 3-55。这四种接头形式中，对接接头节省材料，容易保证质量，应力分布均匀，应用最为广泛，但焊前准备及装配质量要求较高；搭接接头两焊件不在同一平面上，浪费金属且受力时将产生附加应力，适于薄板焊件的焊接；角接接头在构成直角连接时采用，一般只起连接作用而不承受工作载荷；T形接头是结构非直线连接中应用最广泛的连接形式。在结构焊接时具体采用哪种形式焊接接头，主要根据焊件结构形状、使用要求、焊件厚度进行选择；另外还应考虑坡口加工难易程度，焊接方法的种类等其它因素的要求。

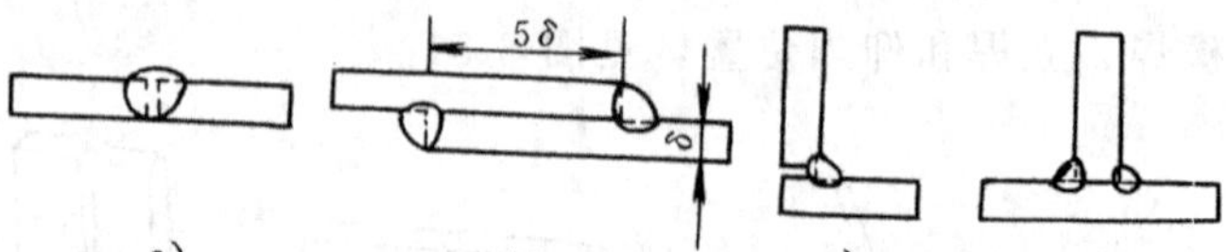

a)　b)　c)　d)

图 3-55　常见焊接接头形式

a）对接接头　b）搭接接头　c）角接接头　d）T形接头

（二）坡口形式的选择

根据设计或工艺需要，在焊件的待焊部位加工并装配成一定几何形状的沟槽称为坡口。各种坡口形式见表 3-11。

表 3-11　各种坡口形式（摘自 GB/T3375－94）

序号	简　图	坡口形式	接头形式	焊缝形式	序号	简　图	坡口形式	接头形式	焊缝形式
1		I形	对接接头	对接焊缝	9	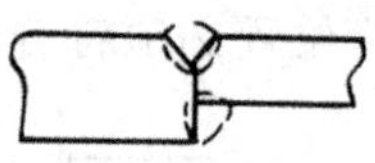	V形（带钝边）	对接接头	对接焊缝和角焊缝
2		I形	对接接头	对接焊缝	10	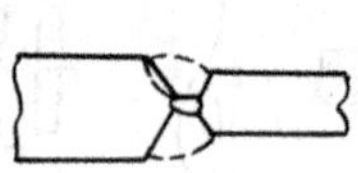	X形（带钝边）	对接接头	对接焊缝
3	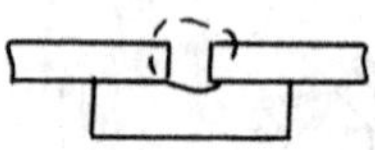	I形（有间隙带垫板）	对接接头	对接焊缝	11	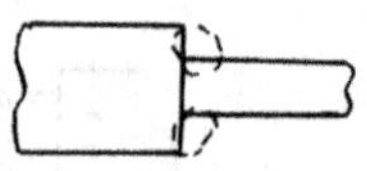	I形	对接接头	角焊缝
4		I形	对接接头	对接焊缝（双面焊）	12		单边V形（带钝边）	对接接头	对接焊缝
5	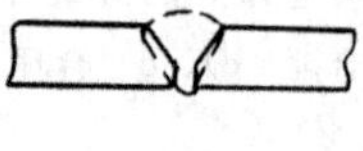	V形（带钝边）	对接接头	对接焊缝	13	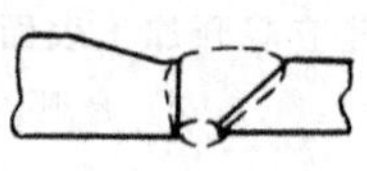	单边V形（带钝边、厚板削薄）	对接接头	对接焊缝
6	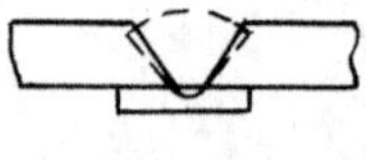	V形（带垫板）	对接接头	对接焊缝	14	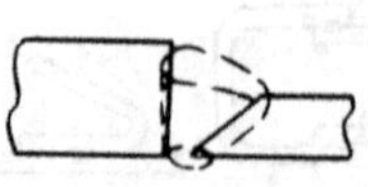	单边V形（带钝边）	对接接头	对接和角接的组合焊缝
7	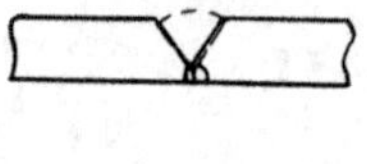	V形（带钝边）	对接接头	对接焊缝（有根部焊道）	15	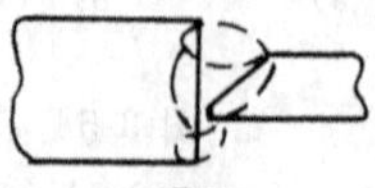	单边V形（带钝边）	对接接头	对接和角接的组合焊缝
8	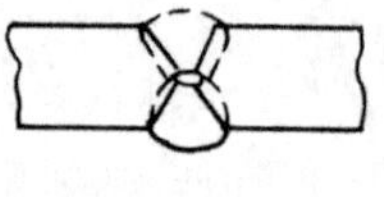	X形（带钝边）	对接接头	对接焊缝	16	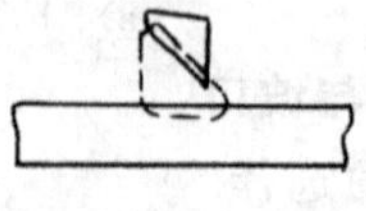	单边V形	T形接头	对接焊缝

（续）

序号	简　图	坡口形式	接头形式	焊缝形式	序号	简　图	坡口形式	接头形式	焊缝形式
17		I形	T形接头	角焊缝	29	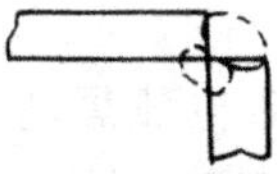	—	角接接头	角焊缝
18		K形	T形接头	对接焊缝	30	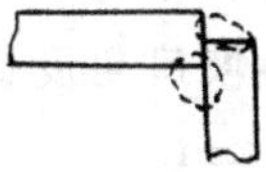	—	角接接头	角接焊缝
19		K形	T形接头	对接和角接的组合焊缝	31	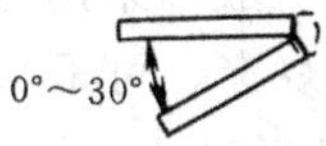	—	端接接头	端接焊缝
20		K形（带钝边）	T形接头	对接焊缝	32	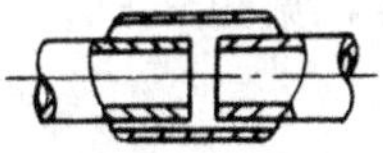	—	套管接头	角焊缝
21	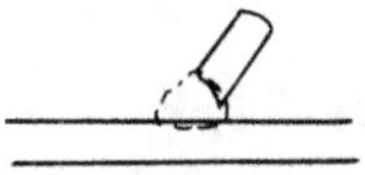	单边V形	T形接头	对接焊缝	33	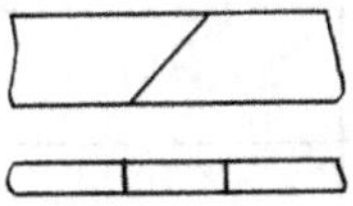	—	斜对接接头	对接焊缝
22	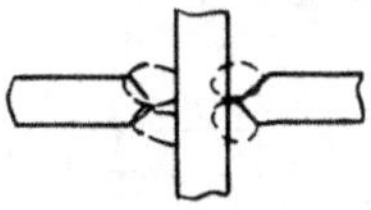	K形	十字接头	对接焊缝	34		—	卷边接头	对接焊
23	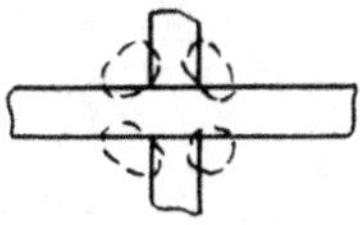	I	十字接头	角焊缝	35		U形（带钝边）	对接接头	对接焊缝
24	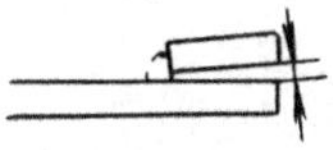	I形	搭接接头	角焊缝	36	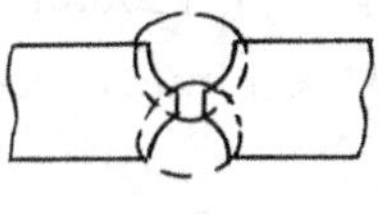	双U形（带钝边）	对接接头	对接焊缝
25	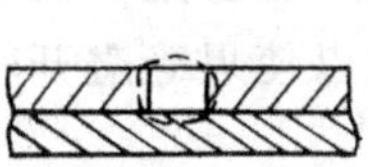	—	塞焊搭接接头	塞焊缝	37	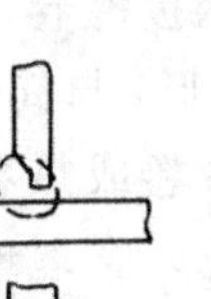	J形（带钝边）	T形接头(A)对接接头(B)	对接焊缝
26	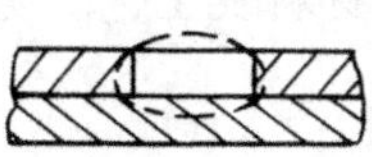	—	槽焊接头	槽焊缝	38	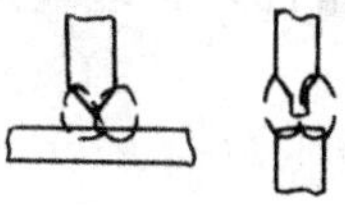	双J形	T形接头(A)对接接头(B)	对接焊缝
27	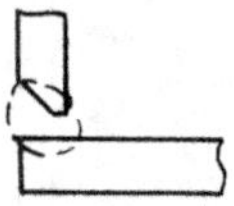	单边V形（带钝边）	角接接头	对接焊缝	39			锁底接头	对接焊缝
28	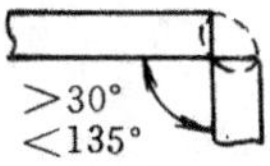	—	角接接头	角焊缝	40	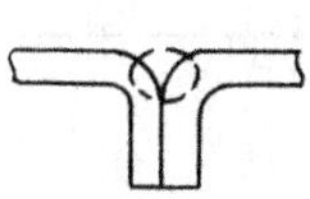	喇叭形		

用焊条电弧焊焊板厚在 6mm 以下的对接焊缝时，一般可用 I 形坡口直接焊接，但重要构件当板厚大于 3mm 时需开坡口；板厚在 6mm～26mm 时，常开单面坡口；板厚在 12mm～60mm 时，常开双面坡口。单面坡口的可焊到性较好，但焊条消耗量大些，且焊后易产生角变形；双面坡口受热均匀、变形较小。焊条消耗也少，但必须两面施焊，有时受构件结构限制难以实现。

埋弧焊的接头形式与焊条电弧焊基本相同，但由于埋弧焊选用的电流大、熔深大，所以板厚小于 12mm 时可直接采用 I 形坡口单面施焊，板厚小于 24mm 时可采用 I 形坡口双面施焊，焊更厚构件需开坡口，但坡口角度比焊条电弧焊小些，一般为 45°～60°，钝边应比焊条电弧焊大些，一般取 7mm～10mm。

气焊由于火焰温度低，一般多采用对接接头和角接接头，很少采用搭接接头和 T 形接头。板厚小于 2mm 时，为避免烧穿，可采用卷边接头。

五、焊接结构工艺设计举例

结构名称：中压容器，见图 3-56。

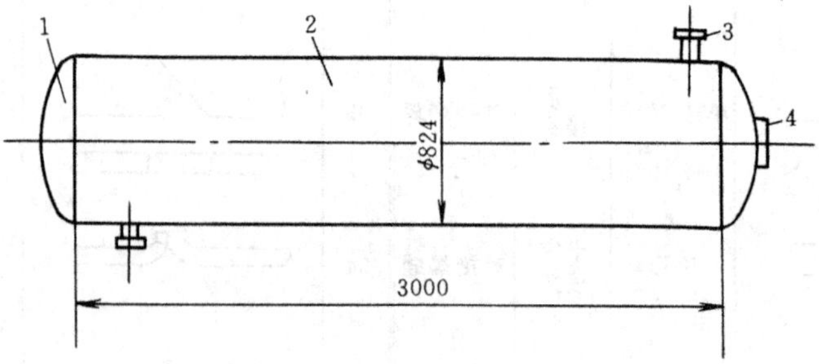

图 3-56 中压容器外形图

1—封头 2—筒身 3—管接头 4—人孔

材料：16Mng（原材料尺寸 1200mm×5000mm）

件厚：筒身 12mm，封头 14mm，入孔圈 20mm，管接头 7mm。

生产量：小批生产。

工艺设计要点：筒身用钢板冷卷，按实际尺寸可分为三节。为避免焊缝密集，筒身纵焊缝相互交错 180°。封头热压成形，与筒身连接处有 30mm～50mm 的直段以使焊缝避开转角处的应力集中位置。入孔圈可冷卷或热卷。工艺图见图 3-57。

根据各个焊缝的具体情况，合理地选用焊接方法、接头形式、焊接材料及工艺，见表 3-12。

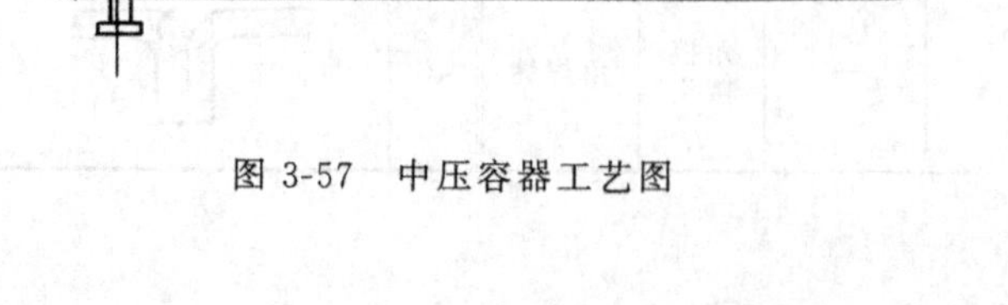

图 3-57 中压容器工艺图

表 3-12　中压容器焊接工艺设计

序号	焊缝名称	焊接方法选择与焊接工艺	接头形式	焊接材料
1	筒身纵缝 1、2、3	因容器质量要求高，又小批生产，采用埋弧焊双面焊，先内后外。因材料为16Mng，应在室内焊接（下同）		焊丝：H08MnA 焊剂：HJ401-H08MnA 定位焊焊条：E5015
2	筒身环缝 4、5、6、7	采用埋弧焊，顺次焊4、5、6焊缝，先内后外。7装配后先在内部用焊条电弧焊封底，再用埋弧焊焊外环缝		焊丝：H08MnA 焊剂：HJ401-H08MnA 焊条：E5015
3	管接头焊接	管壁为7mm，角焊缝插入式装配，采用焊条电弧焊，双面焊	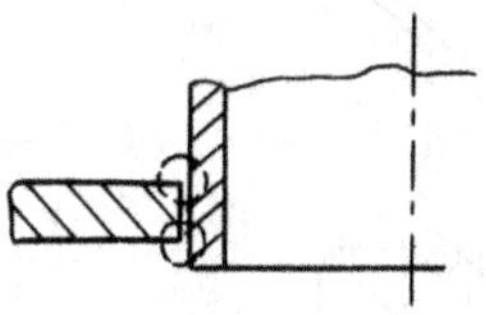	焊条：E5015
4	人孔圈纵缝	板厚20mm，焊缝短(100mm)，选用焊条电弧焊，平焊位置，V形坡口	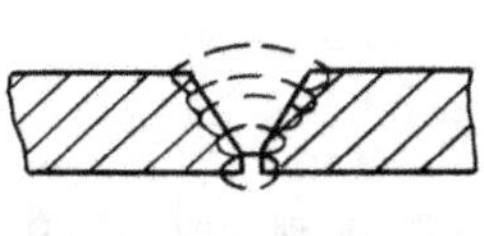	焊条：E5015
5	人孔圈焊接	处于立焊位置的圆周角焊缝，采用焊条电弧焊，单面坡口双面焊，焊透	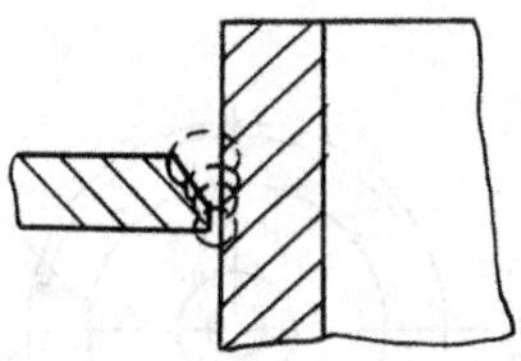	焊条：E5015

复习思考题

1. 焊接的实质是什么？如何认识焊接在工农业、现代科学研究及军事领域的意义？
2. 焊接技术对焊接环境有什么样的要求、依条件不同，焊接又分出哪些分支？
3. 焊接电弧是怎样一种现象？
4. 电弧由哪些区域组成，各区域的特性是什么？
5. 交流电弧引燃的特点是什么？
6. 焊接的设备有哪些？各适用于什么场合？

7. 焊接冶金过程的特点是什么？焊条的药皮和焊剂在反应过程中起什么作用？

8. 焊条电弧焊的特点是什么？

9. 焊接熔池结晶过程的特点是什么？在结晶过程中会产生哪些焊接缺陷，如何防止焊接缺陷？磷和硫在焊接中会带来哪些问题？

10. 焊接裂纹产生的机理是什么？如何防止裂纹的产生？

11. 分析热影响区的组织和性能。

12. 分析焊接应力产生的原因及应力的类型。

13. 焊接变形有哪几种，如何防止与矫正焊接变形？

14. CO_2 气体保护焊的特点是什么？如何对黑色金属的各种焊道进行施焊？

15. 试分析图 3-58 所示焊接结构将产生怎样变形？防止或减少变形的措施是什么？

16. 试分析图 3-59a、b 所示焊接结构引起变形的原因？如何矫正？

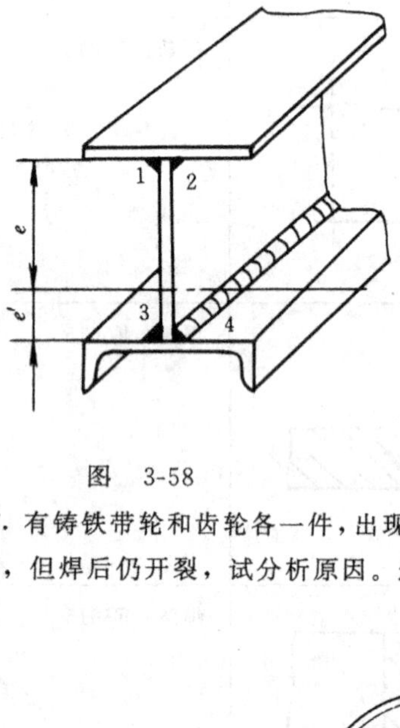

图 3-58

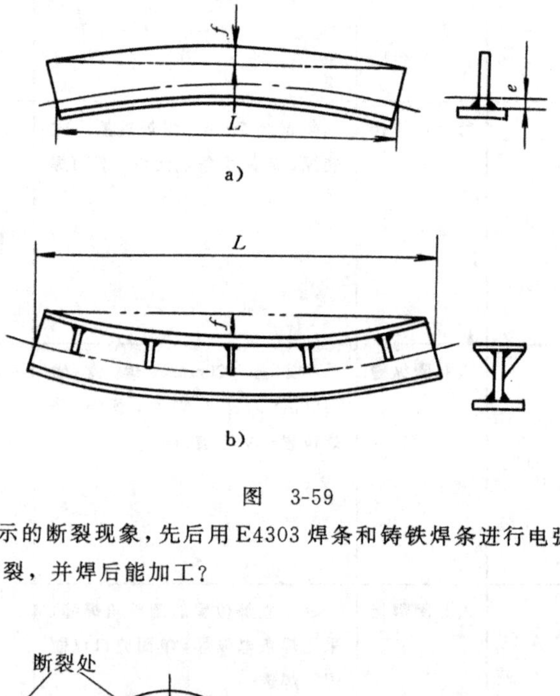

图 3-59

17. 有铸铁带轮和齿轮各一件，出现如图 3-60 所示的断裂现象，先后用 E4303 焊条和铸铁焊条进行电弧焊补焊，但焊后仍开裂，试分析原因。怎样补焊不开裂，并焊后能加工？

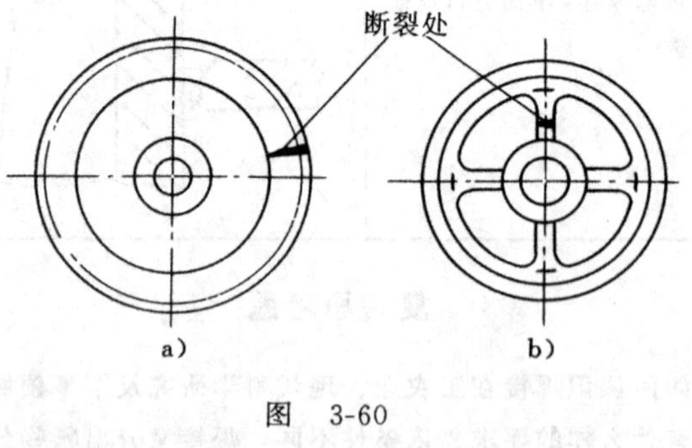

图 3-60

18. 分析图 3-61 所示三种焊件的焊缝合理性，若不合理如何改正？

19. 比较图 3-62 所示各种焊接结构的工艺性。

20. 焊接梁的材料为 15 钢，现有钢板最大长度为 2500mm。要求：决定腹板与上下翼板的焊缝位置，选择焊接方法，画出各条焊缝的焊接次序，见图 3-63。

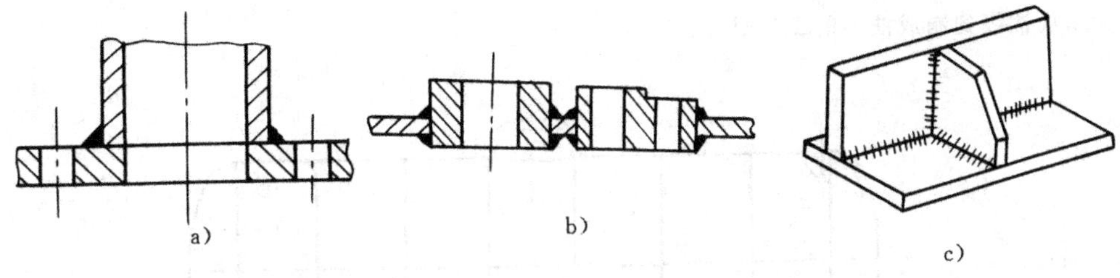

图 3-61

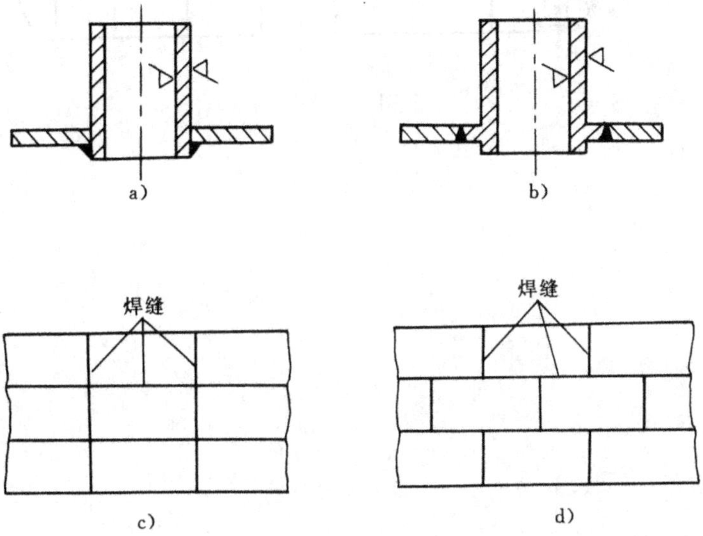

图 3-62

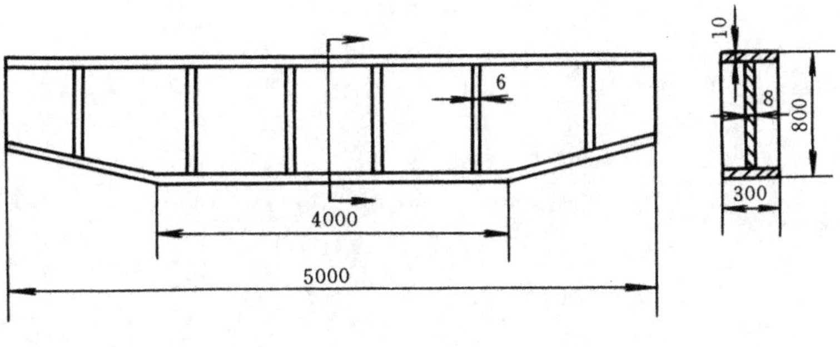

图 3-63

21. 用下列板制造容器时，各应采取何种焊接方法和焊接材料？

（1）Q235（厚 20mm）　　（2）20（厚 1mm）

（3）45（厚 5mm）　　（4）16Mn（厚 20mm）

（5）纯铜（厚 5mm）　　（6）铝合金（厚 20mm）

（7）不锈钢（厚 10mm）

22. 图 3-64 所示火车油罐，由低碳钢板焊成。钢板厚度：上部罐体为 8mm，下部罐体为 10mm，封头厚 10mm。试问：

（1）焊缝布置是否合理？

（2）说明各焊缝的焊接方法和接头形式。

（3）说明所用的焊接材料。

（4）试述从钢板到制成油罐的工艺过程。

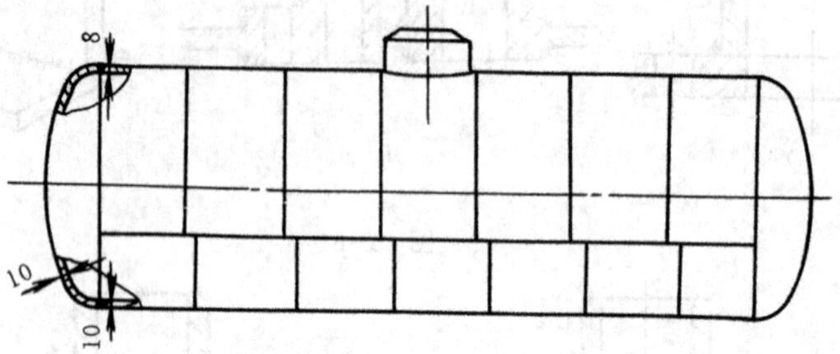

图　3-64

第四章　毛坯的选择与质量检验

每个零件在机器中承担的任务不同，其大小、形状、质量要求不同，所用的材料及制造工艺也不一样。但多数零件是由毛坯经切削加工制成的。如何正确地选择毛坯，不仅直接影响零件的力学性能、尺寸精度及表面质量，而且会涉及到其工艺过程、生产周期，乃至整部机器的使用性能、制造成本及市场竞争能力。因此，在设计和制订零件的工艺规程时，必须重视零件毛坯的材料及制造方法的选择。

第一节　毛坯选择应考虑的问题

一、零件的使用功能及质量要求

1. 零件使用功能的要求　选择毛坯时应考虑零件功能，不同的机械零件在机器中所起的作用不同。如轴类零件传递扭矩，齿轮传递运动，螺栓用于联接，而机身、底座等则以承受压力为主，要求有较好的刚性和减振性，工作台及导轨还应具有耐磨性能。另外，各种不同结构形状、尺寸及其接触介质、工作温度条件，对毛坯的物理、化学、力学等性能的要求差异很大。毛坯的选择在选材和制造方法上首先必须满足其使用功能的要求。

2. 零件质量的要求　零件质量高相应要求毛坯的质量也高，可选用不同的毛坯制造方法来获得不同质量的毛坯，以满足零件质量的要求。如用精密模锻、压力铸造和冷冲压方法制造高质量的毛坯。

二、毛坯制造方法与零件的使用性能和工艺适应性

机器零件的毛坯主要有四种：型材、铸件、锻压件、焊接件。毛坯的制造方法不同，能够满足零件的形状、尺寸及其对物理、化学、力学性能的要求也不一样。

1. 型材　选用与零件的形状和尺寸相近的型材，可直接进行切削加工，即节约材料，又降低工时。轧制型材组织致密、力学性能好。

2. 锻件　锻造可改变型材的流线组织方向，使零件受力合理。用于受重载、动载及复杂载荷的重要零件。但要求原材料塑性好、变形抗力小，一般采用低、中碳钢和合金结构钢。

3. 铸件　铸造能满足形状复杂的大中型零件毛坯的成形要求，但铸件晶粒粗大，组织疏松，成分不匀，有内应力，力学性能差，但铸件减振性能、耐磨性好，可用于受力不大或以承受压应力为主的零件。

4. 焊接件　焊接借助金属原子间的扩散和结合可连接各种结构件，尺寸、形状不受太大限制。另外，铸—焊、锻—焊、冲压—焊结合可以弥补相应毛坯制造方法的不足。

5. 冲压件　在机械零件中，冲压件所占的成分有增大的趋势，很多薄壁零件大都是用冲压方法制造出来的。冲压毛坯尺寸偏差为 0.05mm～0.5mm，表面粗糙度可达 $R_a3.2\mu m$，可以不再进行机械加工或只进行精加工，精度较高，生产率也很高。适于加工形状复杂、批量较大的板料零件。

6. 冷挤压件　冷挤压零件的精度可达 IT7～IT6 公差等级，表面粗造度可达 $R_a3.2\mu m$～

$R_a0.4\mu m$，许多零件不需再经切削加工便可使用，适用于批量大、形状简单、尺寸小的零件或半成品。

7. 粉末冶金制件　粉末冶金是以金属粉末为原料，用压制成形和高温烧结而成。尺寸精度可达IT6级，表面粗糙度为$R_a0.4\mu m$～$R_a0.2\mu m$，零件成形后无需切削，节省材料，工艺设备较简单，适用于大批大量生产。但对结构复杂及薄壁、锐角等零件成形困难。

除上述各类毛坯外，非金属毛坯也日益增多。

现代机械工业要求毛坯精化，力求实现少、无切削加工，应采用效率高、质量好、用料省、成本低的新工艺来制造毛坯。如1）以精铸件代替模锻件；2）以粉末冶金精锻件代替模锻件，其优点是可以利用废料、工序简单、生产率高，可生产异形零件和多孔耐磨零件。目前轴套、离合器摩擦片、机油泵齿轮等多采用此种毛坯。但因粉末冶金件强度较低，为提高力学性能，粉末冶金预制件再进行精锻，已成功地用于制造行星齿轮和连杆等零件；3）以球墨铸铁代替锻钢件；4）以工程塑料代替金属件。工程塑料具有良好的耐磨、耐腐蚀、润滑、电气绝缘性能、易加工成形、力学性能好等优点。如播种机排种轮、汽车里程表齿轮、汽车球头钢碗等均已改用工程塑料制品。

三、技术经济效益

毛坯的制造成本是机器成本的组成部分。选择毛坯时，在满足使用要求的前提下，对几个方案应从经济上分析比较，选择成本低廉的方案。

单件小批生产时，应选常用廉价材料、通用设备和工具、低生产率的毛坯成形方法。尽管这样消耗的材料和工时多，但节约了生产准备时间和工艺装备的设计制造费用。总的成本较低。所以，铸件应选灰铸铁材料和手工造型砂型铸造的方法；其它件选碳素结构钢型材或自由锻造方法、用焊条电弧焊法制造毛坯等。

大批量生产时，应选专用工艺设备和工具以保证毛坯成型的高精度和高生产率。虽然增加了设计制造专用工装的费用，但进一步加工工作量大量降低，节约工时，使总成本较低。所以，铸件应选机器造型砂型铸造或金属型压铸，相应的材料；锻件选模型锻造方法；焊接结构应选易焊材料和自动焊；薄壁件则可考虑选生产率高、精度高的冲压方法、压铸方法等制造毛坯。

第二节　常用机械零件毛坯的成形方法

常用机械零件按形状和用途不同，可分为轴杆、饼块、机架等类型。毛坯成形方法的特点和应用见表4-1。

表4-1　常用毛坯成形方法的特点和应用

比较内容 \ 制造方法	铸造	锻造	冲压	焊接	型材
成形特点	液态成形	固态下塑性变形		借助金属原子间的扩散和结合	固态下切削
对原材料工艺性能要求	流动性好，收缩率小	塑性好，变形抗力小		强度好，塑性好，液态下化学稳定性好	

（续）

比较内容 \ 制造方法	铸　造	锻　造	冲　压	焊　接	型　材
适用材料	铸铁、铸钢、有色金属	中碳钢、合金结构钢	低碳钢和有色金属薄板	低碳钢和低合金结构钢	碳钢、合金钢，有色金属
适宜的形状	形状不受限，可相当复杂，尤其是内腔形状	自由锻件简单，模锻件可较复杂	可较复杂	形状不受限制	简单，一般为圆形或平面
适宜的尺寸与重量	砂型铸造不受限制	自由锻不受限制，模锻<150kg	不受限制	不受限制	中、小型
毛坯的组织和性能	砂型铸造件晶粒粗大，疏松、缺陷多、杂质排列无方向性。铸铁件力学性能差，耐磨性和减振性好；铸钢件力学性能较好	晶粒细小、较均匀、致密，可利用流线改善性能，力学性能好	组织细密，可产生纤维组织。利用加工强化，可提高强度和硬度，结构刚性好	焊缝区为铸态组织，熔合区及过热区有粗大晶粒，内应力大；接头力学性能达到或接近母材	取决于型材的原始组织和性能
毛坯精度和表面质量	砂型铸造件精度低，表面粗糙（特种铸造较高）	自由锻件精度较低，表面较粗糙；模锻件精度中等，表面质量较好	精度高，表面质量好	精度较低，接头处表面粗糙	取决于切削方法
材料利用率	高	自由锻件低，模锻件中等	较高	较高	较高
生产成本	低	自由锻件较高，模锻件较低	低	中	较低
生产周期	砂型铸造较短	自由锻短，模锻长	长	短	短
生产率	砂型铸造低	自由锻低，模锻较高	高	中、低	中、低
适宜的生产批量	单件、成批（砂型铸造）	自由锻单件小批，模锻成批、大量	大批量	单件、成批	单件、成批
适用范围	铸铁件用于受力不大，或承压为主的零件，或要求减振、耐磨的零件；铸钢件用于承受重载而形状复杂的零件，如床身、立柱、箱体、支架和阀体等	用于承受重载、动载或复杂载荷的重要零件，如主轴、传动轴、杠杆和曲轴等	用于板料成形的零件	用于制造金属结构件，或组合件和零件的修补	一般中、小型简单件

一、轴杆类

常见的轴杆类零件有光轴、阶梯轴、空心轴、曲轴和杆件等。按承载类型不同，轴又可分为转轴——工作时既承受弯矩且又传递转矩的轴，如车床主轴，带轮的轴等；传动轴——主要传动转矩而不承受或承受很小弯矩的轴；心轴——仅承受弯矩而不传递转矩的轴，如自行车、汽车的前轴等。

轴杆类零件一般均为重要的受力和传动用零件。中等载荷的轴主要选用调质钢，承受重载及冲击载荷、要求耐磨的轴主要选用合金调质钢，毛坯成形均为锻造；某些异形断面或弯曲轴，如凸轮轴、曲轴等，亦可采用球墨铸铁铸造成形。某些情况下，毛坯也选用锻—焊、铸—焊结合的方法。如汽车排气阀零件，可将合金耐热钢的阀帽与普通碳素钢的阀杆焊成一体，以节约耐热钢材。又如我国设计制造的万吨水压机立柱长18m，直径1m，壁厚300mm，重80t，采用ZG270—500分六段铸造，再焊接成整体毛坯。

二、饼块类（盘套类）

常见该类零件有齿轮、飞轮、手轮、法兰、套环、垫圈等盘套类零件。这类零件在机械中的功能要求、力学性能要求具有很大差异。其材料的选择及成形方法也各不相同。

以齿轮为例，运转过程中主要受力部分是轮齿，齿根承受弯曲应力，齿面承受接触应力和摩擦力，有时还有冲击力，因此，要求齿轮表面具有足够的强度和硬度，齿轮本体要有一定的强度和韧性。所以，中小齿轮一般选用锻件以使其流线组织适应受力要求，材料一般为中碳结构钢，重要齿轮应选合金渗碳钢。结构复杂的大型齿轮可用铸钢或球墨铸铁为毛坯。单件生产也可用焊接方法制造大型齿轮。速度低受力小的齿轮，也可用灰铸铁为毛坯。要求传动精确、结构小巧的仪表齿轮，用板材冲压成形。高速轻载的小齿轮，为减小噪声亦可用尼龙等非金属材料制造。有些齿轮也可用压力铸造、粉末冶金等方法制成。

带轮、手轮、飞轮、垫铁和刀架等受力不大或承压为主的饼块零件毛坯，一般采用铸铁件，单件生产时，亦可采用低碳钢焊接件。

法兰、气缸套、导向套、轴承等零件毛坯一般为钢、铸铁、铜合金等材料制成。成形方法可用砂型铸造、离心铸造或锻造；亦可采用无缝管材。大批量时亦采用冷挤压及粉末冶金等方法，小孔径时也用轧制或锻造的实心棒材作毛坯。

垫圈类零件一般采用低碳钢板冲压件。

三、机架、箱体类

常见的此类零件包括各种机械的机身、机座、工作台、轴承座及齿轮箱、阀体、泵体等。这类零件结构复杂，具有不规则的外形和内腔。受力条件不太复杂，以承受压力为主，要求有较好的刚度和减振性，有的则要求耐磨性或密封性等。

根据这类零件的结构特点和使用要求，常采用铸铁毛坯铸造成形。受力复杂的零件毛坯可采用铸钢。有时可采用焊接件制造毛坯，但焊接结构减振性不如铸铁。

第三节　毛坯选择举例

以台虎钳为例，见图4-1，其主要零件的毛坯选用见表4-2。

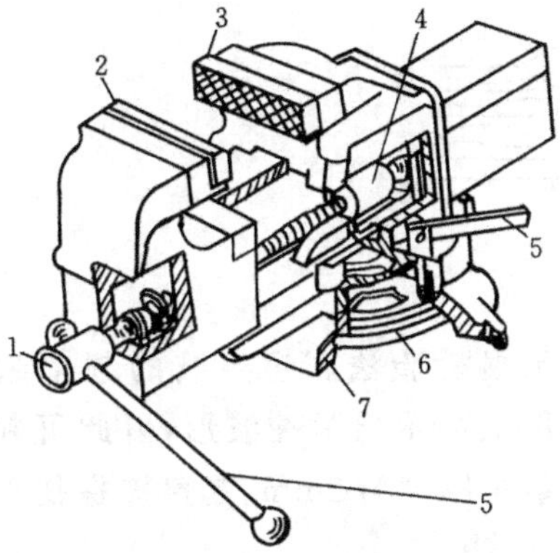

图 4-1 台虎钳
1—丝杠 2—活动钳口 3—固定钳口 4—螺母
5—夹紧手柄 6—夹紧盘 7—转盘座

表 4-2 台虎钳主要零件毛坯的选用

零件	承受力状况、结构特点	毛坯材料及成形方法
夹紧盘	压应力、形状复杂	灰铸铁 铸造
钳口铁	较大应力、摩擦力	高碳钢 锻造
丝杠	弯曲应力和摩擦力、轴线方向有拉、压应力	中碳钢 锻造
螺母	受力与丝杠相似、要求保护丝杠、形状较复杂	铸青铜 铸造
夹紧手柄	弯曲应力	结构钢 型材
转盘	压应力、形状复杂	灰铸铁 铸造

第四节 毛坯质量检验

毛坯的质量直接影响到零件的质量。无论是铸、锻件毛坯，还是焊接结构，均要根据国家规定的检验项目和标准进行质量检查，以免因毛坯生产质量问题造成机械加工工序的工时浪费，和设备、工、夹、量具的不必要的磨损。

一、毛坯检验分类

1. 破坏检验 从焊件或试件上切取试样，或以产品(或模拟件)的整体做破坏试验，以检查其各种力学性能的试验法。如拉伸、弯曲、冲击、硬度、断裂韧度等力学性能试验，金相检验及化学检验，如化学成分分析、耐腐蚀试验等，均须从被检毛坯上切取试样或破坏被检验件。它多用于新材料、新工艺、新产品试制阶段的检验。

2. 无损检验 不损坏被检查材料或成品的性能和完整性而检测其缺陷的方法。

二、常用毛坯的检验方法

1. 外观检查 用肉眼或借助样板，或用低倍放大镜观察焊件，以发现未熔合气孔、咬边、焊瘤以及焊接裂纹等表面缺陷的方法。铸件毛坯外观缺陷，如铸件的冷隔、浇不到、气孔、砂眼、粘砂、裂纹、错箱等；锻件的外观缺陷，如外形、尺寸、重皮、裂纹、错模；焊缝的外观缺陷，如咬边、气孔、夹渣、裂纹、未焊透、焊瘤等。重要零件的毛坯不但要检验外观还要进行内在质量的检验。

2. 内部质量检验

(1) 气密性检验 将压缩空气(或氨、氟利昂、氦、卤素气体等)压入焊接容器，利用容器内外气体的压力差检查有无泄漏的试验法。

(2) 耐压检验 将水、油、气等充入容器内徐徐加压，以检查其泄漏、耐压、破坏等的试验。主要用于检验压力容器、管道、贮罐等结构的穿透性缺陷。还可做为结构的强度试验。

(3) 探伤检验

1) 磁粉探伤 利用在强磁场中，铁磁性材料表层缺陷产生的漏磁场吸附磁粉的现象而进行的无损检验法。在被检处加一磁场，无缺陷处磁力线均匀通过，如内部存在缺陷，磁力线通过受阻，在缺陷两端产生了磁力线密集，见图 4-2。当在表面撒有铁粉时就会被吸附在缺陷处。

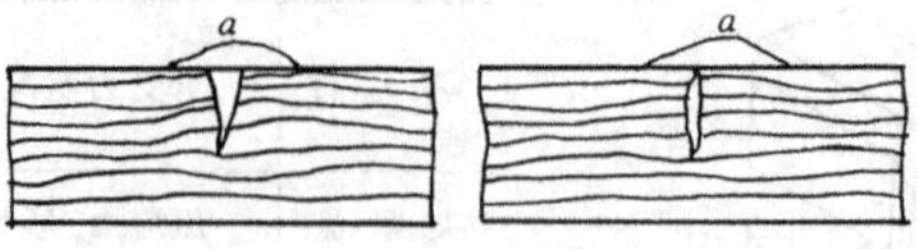

图 4-2　磁粉探伤示意图

2）超声波探伤　利用超声波探测材料内部缺陷的无损检验法。超声波的频率超过2000Hz，被检处如有缺陷，就分别产生反射波束，并在荧光屏上显示出脉冲波形，以此可判断缺陷的位置和大小。超声波可探测10mm以上厚度的工件，最小厚度为2mm。超声波探伤见图4-3。

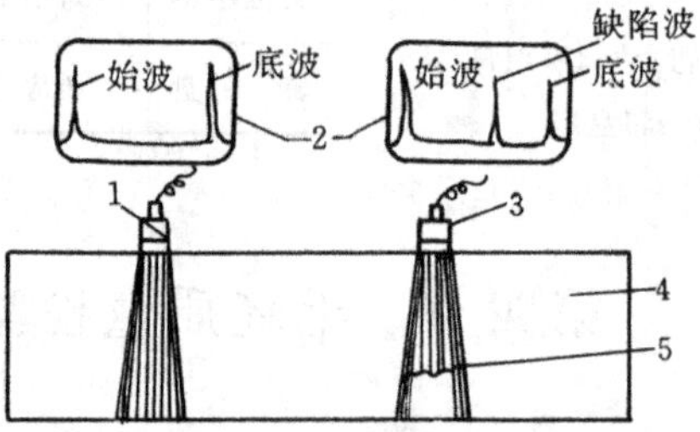

图 4-3　超声波探伤示意图

1、3—探头　2—荧光屏　4—焊件　5—缺陷

3）射线探伤　采用X射线或γ射线照射焊接接头检查内部缺陷的无损检验法。X射线和γ射线可穿透一定厚度的金属材料，当遇到缺陷时，射线衰减程度减小，缺陷处在感光底片上感光较强，冲洗后可明显看到黑色的条纹或斑点见图4-4。射线探伤主要用于重要的铸、锻件毛坯和焊缝的检验，如内部裂纹、气孔、夹渣、砂眼等缺陷。

X射线可检验厚度为0.1mm～60mm的毛坯，γ射线可检验的厚度为60mm～150mm。

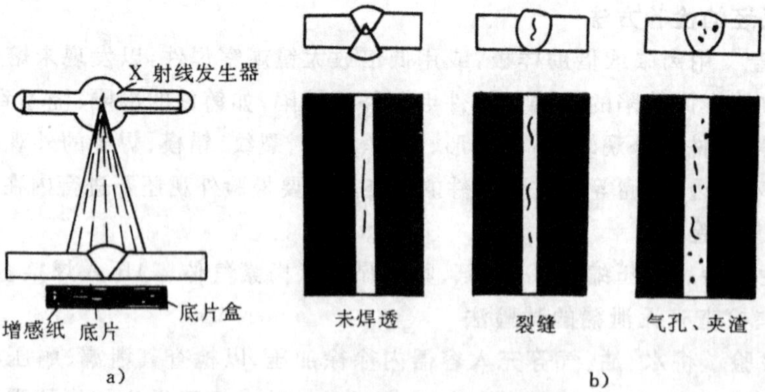

图 4-4　射线探伤示意图

a）X射线透视示意图　b）X光底片识别

以上介绍的各种检验方法，各有其适用范围，要根据要求选择经济而可靠的检验方法。

复习思考题

1. 为什么齿轮多用锻件,而带轮和飞轮多用铸件?

2. 为什么说一般毛坯材料确定后,毛坯种类也就基本上确定了?

3. 试根据单件和成批生产分别确定齿轮减速器箱体材料,毛坯种类及生产方法,并说明理由。

4. 常用毛坯有几种类型,各适应什么零件的毛坯?

5. 一根受力复杂的重要轴应选用什么类型的毛坯,并说明原因。

6. 螺杆与螺母配合使用,两者硬度要求相同吗?如不同,哪个低一些?为什么?

7. 举例说明生产批量对选用毛坯加工方法有何影响?

8. 试确定下列齿轮的材料及毛坯的生产方法:

(1) 农机用受力小无润滑大型直齿圆柱齿轮,年产量 500 件。

(2) 承受冲击的高速重载中型齿轮,年产量 2 万件

(3) 无冲击、低速、中等载荷的中型齿轮,年产量 50 件。

9. 举出几种使用焊接件作毛坯的实例?并分析原因。

实　验

实验一　铸造合金热应力的测定

一、实验目的

了解和证实铸件中存在着内应力；了解热应力产生的原因及其影响因素；了解应力变形的特点和减小热应力的措施。

二、实验内容

测定铝合金应力框铸件中的残余应力。应力框铸件的具体尺寸，见图。

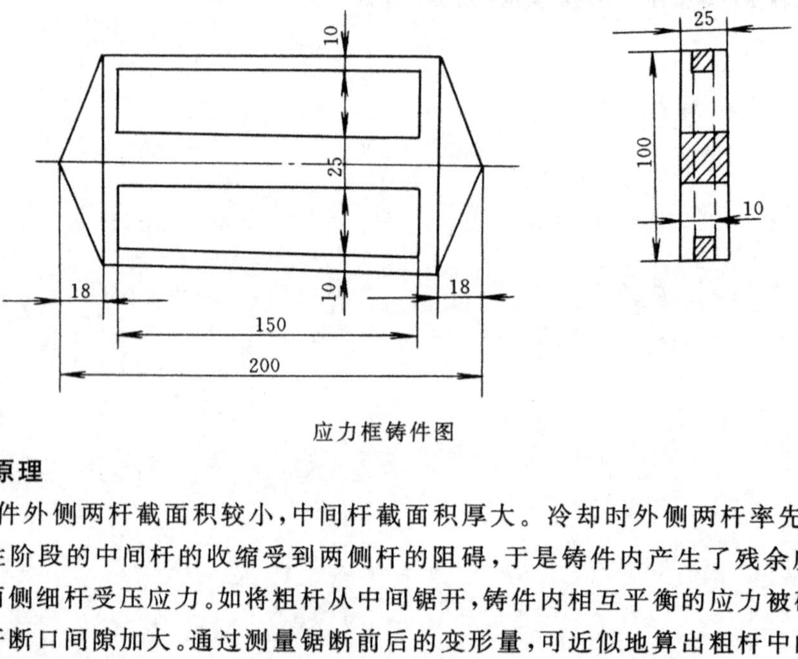

应力框铸件图

三、实验原理

应力框铸件外侧两杆截面积较小，中间杆截面积厚大。冷却时外侧两杆率先进入弹性阶段，后进入弹性阶段的中间杆的收缩受到两侧杆的阻碍，于是铸件内产生了残余应力，中间粗杆受拉应力，两侧细杆受压应力。如将粗杆从中间锯开，铸件内相互平衡的应力被破坏，应力框产生变形，粗杆断口间隙加大。通过测量锯断前后的变形量，可近似地算出粗杆中的内应力值。

四、实验步骤

1. 铸出应力框铸件若干个（采用铝硅合金）。
2. 在铸态应力框铸件的中间杆上选取两点，作出标记，并用卡尺测量两点间的距离 l_0。
3. 用钢锯从两点间切断中间粗杆，观察所发生的现象，并测量切断后两点间的距离 l_1。
4. 根据公式计算铸件内残余应力

$$\sigma=E\frac{2f_2}{2f_2+f_1}\left(\frac{l_1-l_0}{L}\right)$$

式中　σ——粗杆中的应力值（MPa）；

E——铝合金的弹性模量　$E=67000\text{MPa}\sim84400\text{MPa}$；

f_1——中间杆截面积（mm^2）；

f_2——两侧细杆截面积（mm^2）；

L——杆的长度(mm)；

l_0——切断前标记点间的距离(mm)；

l_1——切断后标记点间的距离(mm)。

5. 用同样方法测退火后应力框的残余应力。

五、实验记录

应力框编号	f_1/mm^2	f_2/mm^2	L/mm	l_1/mm	l_0/mm	l_1-l_0/mm	σ/MPa

六、实验报告

1. 分析铸件产生应力的原因。
2. 计算中间杆残余应力的大小。
3. 提出消除或减小铸造应力的有效措施。

实验二　冷变形强化及再结晶实验

一、实验目的

掌握冷变形对性能变化的影响规律；了解消除冷变形强化、恢复塑性的方法。

二、实验原理

金属受外力作用产生的应力大于材料的弹性极限时，不但发生弹性变形，而且还发生塑性变形。塑性变形的结果，不仅改变金属的外形和尺寸，而且也改变金属内部的组织和性能。在冷变形时，随着变形程度的增加，金属材料的所有强度指标（弹性极限、比例极限、屈服强度和抗拉强度）和硬度都有所提高，但塑性有所下降，这种现象称为冷变形强化。冷变形强化后的金属，由于晶粒破碎、伸长及位错、空位和间隙原子等缺陷增加，引起内能增加，使晶体中的原子处于不稳定状态。处于不稳定状态的原子有转向稳定态的自发趋势，冷变形后的金属通过加热，原子获得足够的能量，则将自发地重新排布，从而减少晶体缺陷，恢复到冷变形前的稳定状态。

三、实验步骤

1. 将试棒放在台钳上，锯为三段。
2. 用卡尺测量每段试棒的直径。
3. 用平锉锉平每段试棒的端面，并用砂纸磨平。
4. 用洛氏硬度计测量每段的 HRB 硬度。
5. 按不同的锻造比对试棒进行冷塑性变形后，按 2、3、4 顺序进行测定。
6. 将试样放入箱式电阻炉中，分别加热到 500℃ 和 650℃，保温 20min 后取出。
7. 再次用砂纸磨平试样端面，测量其硬度值。
8. 将数据填入下表。

试样编号	直径/mm	硬　度　HRB			
		冷变形前	冷变形后	加热 500℃	加热 650℃

四、实验报告

根据实验数据分析各试样硬度差异的产生原因；说明再结晶退火的作用和应用。

实验三　冲压模具结构分析和拆装

一、实验目的

1. 了解典型模具的结构特点、工作零件及拆装过程。

2. 了解模具上各零件的功用、装配关系及加工和选用要求。

3. 掌握模具在压力机中的安装与调整方法。

二、实验用设备、工具

1. 典型的单工序冲模、复合冲模、连续冲模多套。

2. 工具和量具：游标卡尺、钢直尺、扳手、一字旋具、内六角扳手、锤子、铜棒。

3. 相应吨位的压力机。

三、实验内容及步骤

（一）模具拆装

1. 将模具上下两部分拆开、观察，弄清可见零件的名称、作用，模具所完成冲压工序名称、顺序及坯料与工件的形状。

2. 分别拆开上、下模，观察凸、凹模整体结构和固定方法。了解定位部分的零件名称、结构和定位特点。熟悉卸料、压料、导向、固定零件的结构形式和名称。了解紧固及其它零件的作用和应用。在拆卸过程中记清各零件的位置及联接关系。

3. 画出凸、凹模零件草图和模具装配草图，并标明零件的名称和数量。

4. 把各零件擦试干净装配还原。

（二）模具的安装与调整

1. 依模具安装尺寸，选冲床的规格。

2. 将连杆调至最短，滑块行至上止点。

3. 把模具放在冲床工作台中心，手动使滑块行至下止点，调至连杆长度，模柄进入模柄孔中，并使滑块底面与模具上平面接触，然后固定好上下模。

4. 手搬动飞轮滑动看模具有无障碍，并用纸片试冲，看模具间隙合理与否。

5. 开机空行 2～3 次，如无异常，锁紧连杆，用坯料试冲。

四、实验报告内容及要求

1. 画出冲模结构简图，标明零件名称。

2. 画出凸、凹模结构草图和模具装配草图，并标明各零件的名称和数量。

3. 简述模具工作过程和主要零件的作用。

4. 简述冲模拆装、安装及调整的方法步骤与注意事项。

实验四　焊接接头组织和性能实验

一、实验目的

观察低碳钢焊接接头组织形态，熟悉焊接接头的性能。

二、实验原理

由于焊接时焊缝区的金属都是由常温状态开始被加热到较高温度，然后再逐渐冷却到室温。

但随着各点金属所处位置不同，其最高加热温度不同。所以焊接过程中，焊缝附近的金属相当于受到了一次不同规范的热处理，因此必然有相应的组织和性能的变化。焊接接头包括焊缝、熔合区和热影响区，热影响区又可分为过热区、正火区和部分相变区。

三、实验步骤

1. 取一块焊条电弧焊的焊接接头，沿焊缝横向取样，经磨削、抛光、腐蚀，制成显微组织试样。

2. 把制好的试样放在金相显微镜下，观察各个小区的显微组织形态。

3. 用维氏硬度计分别测量各个小区的硬度，作好记录。

四、实验报告

1. 画出焊接接头各区域显微组织。

2. 标出每个区域的名称，并对显微组织加以说明，填入下表。

名称：	名称：	名称：	名称：	名称：
说明：	说明：	说明：	说明：	说明：

参考文献

1 邓文英主编．金属工艺学．北京：高等教育出版社，1990

2 丁根宝等编．铸造工艺学．北京：机械工业出版社，1987

3 谈荣生等编．金属工艺学．南京：江苏科学技术出版社，1981

4 范全福等编．金属工艺学．北京：高等教育出版社，1984

5 王允禧主编．锻压与冲压工艺学．北京：冶金工业出版社，1994

6 赵一善等编．热加工工艺基础．北京：机械工业出版社，1990

7 司乃钧等编．热加工工艺基础．北京：高等教育出版社，1991

8 刘友和等编．金工工艺设计．广州：华南理工大学出版社，1991

9 郭炯凡等编．机械加工工艺和实例．南京：金工信息交流站，1993

10 曹丰等编．金属工艺学．北京：中央广播电视大学出版社，1986

11 田锡唐主编．焊接结构．北京：机械工业出版社，1995

12 陈文明等编．工程材料及机械制造基础．北京：机械工业出版社，1993
13 骆志斌主编．金属工艺学．南京：东南大学出版社，1994
14 吕炎主编．锻造工艺学、北京：机械工业出版社，1995
15 钱增新等主编．金属工艺学、上海：高等教育出版社，1987
16 邹荣莲主编．焊接理论及工艺基础．北京：北京航空航天大学出版社，1992
17 周振丰等编．焊接冶金与金属焊接性．北京：机械工业出版社，1993
18 侯玉山等主编．工程材料与热加工基础．北京：机械工业出版社，1994
19 李瑞昌等主编．热加工工艺基础．湖南：中南工业大学出版社，1991
20 陈榕林等主编．机械制造常用资料及新旧标准对照手册．北京：中国劳动出版社，1994
21 张建强等编．“金工”名词术语标准选编、南京：江苏省高校金属工艺学教学研究会金工信息站、1992
22 潘际銮等主编．焊接手册，北京：机械工业出版社，1993
23 中国机械工程学会锻压学会编．锻压词典、北京：机械工业出版社，1989
24 段树言等编　气体保护焊工艺，哈尔滨：哈尔滨工业大学出版社　1989
25 （日）吉田亨主编．现場焊接技术．刘知飞等译．石家庄：河北人民出版社，1992
26 （美）M．M．舍瓦尔兹著．金属焊接手册、袁文钊等译．北京：国防工业出版社，1988
27 （日）米津荣著．機械工作法．東京：朝倉書店，1987·第11刷
28 （日）大平五郎·井川克也共著．铸造工学．仙台：日本金属学会．昭和46年
29 （日）大矢根守哉監修　新编塑性加工学．東京：養賢堂　昭和63年第6版發行
30 （日）千千岩健兒编著．机械制造概论．吴桓文等译．重庆．重庆大学出版社，1992

工程材料及机械制造基础系列教材书目

工程材料及机械制造基础（实习教材）

工程材料及机械制造基础Ⅰ（工程材料）

工程材料及机械制造基础Ⅱ（热加工工艺基础）

工程材料及机械制造基础Ⅲ（机械加工工艺基础）